室内设计制图

主　审　　陈君丽

主　编　　王　宏

副主编　　樊　磊　　鞠　杰　　黄春敏

　　　　　张　虎　　高　钰

参　编　　李　函　　岳锐金　　齐婧妍

　　　　　黄大勇　　葛　航

北京理工大学出版社

BEIJING INSTITUTE OF TECHNOLOGY PRESS

内 容 提 要

本书为校企双元制编写，编写时教师与企业技术人员共同围绕企业一线需求编排内容，以职业岗位标准、人才培养方案为依据，引用实际工作岗位的真实工作案例，采用项目任务驱动方式，结合信息化资源，贯穿劳动教育，遵循"在做中学"的原则，循序渐进介绍建筑装饰施工图的识图与绘图理论及实践技巧，图文并茂，具有较强的实用性。本书共分 9 个项目，主要包括基础图形绘制、房屋三视图绘制、复杂房屋三视图绘制、房屋轴测图绘制、室内透视图绘制、别墅建筑工程图绘制、室内装饰工程图绘制、房屋构造详图、综合应用等内容。本书附有习题及参考答案，另外，学习网站（中国大学 MOOC）提供视频、仿真模型、单元测验、单元作业、讨论交流等资源。

本书可作为高等职业院校建筑类专业的教材，也可作为"1+X"职业技能等级证书培训教材及建筑装饰装修技能应用竞赛参考教材，还可作为相关工程技术人员的参考书或自学用书。

版权专有　侵权必究

图书在版编目（CIP）数据

室内设计制图 / 王宏主编 . -- 北京：北京理工大
学出版社，2024.7
ISBN 978-7-5763-3016-8

Ⅰ . ①室… Ⅱ . ① 干… Ⅲ . ①室内装饰设计－建筑制图 Ⅳ . ① TU238

中国国家版本馆 CIP 数据核字（2023）第 204434 号

责任编辑：时京京	文案编辑：江 立
责任校对：周瑞红	责任印制：王美丽

出版发行 / 北京理工大学出版社有限责任公司
社　　址 / 北京市丰台区四合庄路 6 号
邮　　编 / 100070
电　　话 / （010）68914026（教材售后服务热线）
　　　　　　（010）68944437（课件资源服务热线）
网　　址 / http：//www.bitpress.com.cn

版 印 次 / 2024 年 7 月第 1 版第 1 次印刷
印　　刷 / 河北鑫彩博图印刷有限公司
开　　本 / 787 mm×1092 mm　1/16
印　　张 / 20
字　　数 / 497 千字
定　　价 / 89.00 元

总体设计

1. 教学内容框架设计

本书为校企双元编写，全书以职业岗位标准、人才培养方案为依据，采用实际工作岗位的真实工作案例；秉承"项目引领、任务驱动、行动导向"的理念，便于学生在职业活动中形成能力、掌握知识。教学内容框架如图1所示。

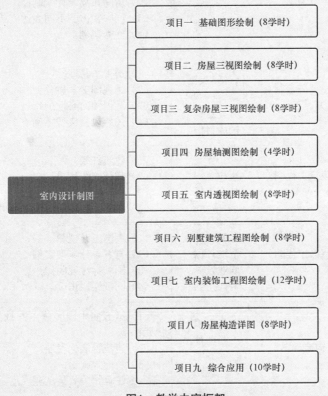

室内设计制图

- 项目一　基础图形绘制（8学时）
- 项目二　房屋三视图绘制（8学时）
- 项目三　复杂房屋三视图绘制（8学时）
- 项目四　房屋轴测图绘制（4学时）
- 项目五　室内透视图绘制（8学时）
- 项目六　别墅建筑工程图绘制（8学时）
- 项目七　室内装饰工程图绘制（12学时）
- 项目八　房屋构造详图（8学时）
- 项目九　综合应用（10学时）

图1　教学内容框架

2. 教学设计

本书将立德树人作为根本任务，以培养德智体美劳全面发展的社会主义建设者和接班人为目标，在传授知识、培养技能的同时，采用榜样引领、案例渗透、提炼引申等方法，有机融入民族自信、爱国情怀、工匠精神、职业素养、环保意识、创新思维等，实现价值引领、精神塑造的育人功效。素养提升总体教学设计见表1。

表1 素养提升总体教学设计

序号	项目名称	素养提升主题	素养提升契合点	学时
1	项目一 基础图形绘制	爱国精神 文化自信 规则意识	（1）传统民族建筑简介； （2）鲁班等能工巧匠简介； （3）国标规范； （4）传统文化	8
2	项目二 房屋三视图绘制	辩证思维 规则意识 爱国情怀	（1）三视图的必要性； （2）三等规律； （3）点线面的组成关系； （4）点线面的投影规律	8
3	项目三 复杂房屋三视图绘制	一丝不苟 工匠精神 辩证思维 创新意识	（1）大国工匠视频； （2）组合体分析； （3）组合体绘制； （4）组合体识读	8
4	项目四 房屋轴测图绘制	创新思维 辩证思维 探究精神	（1）家具设计绘制； （2）房间布局设计绘制； （3）同一物体的不同表达方式； （4）优秀案例	4
5	项目五 室内透视图绘制（选修）	拓宽视野 情怀要深远 美育德智 看齐意识 民族自信	（1）透视图特性； （2）透视图美学教育； （3）透视图向心性的特点； （4）民族风格典型案例	8
6	项目六 别墅建筑工程图绘制	法律意识 社会责任	（1）建筑红线； （2）超越红线后果； （3）中国建筑大师梁思成； （4）上海证券大厦、中国国际贸易中心	8
7	项目七 室内装饰工程图绘制	工匠精神 节能环保 职业素养 责任担当	（1）大国工匠视频； （2）方案设计典型案例； （3）图纸标注说明； （4）图纸绘制识读	12
8	项目八 房屋构造详图	创新意识 工匠精神 严谨务实 严守规则	（1）第五届中国装修工匠技能大赛状元； （2）建筑智能化发展； （3）装配式施工； （4）建筑相关人员从业规范	8
9	项目九 综合应用（选修）	大局意识 团队意识 道德与责任 法律意识	（1）设计流程； （2）团队协作； （3）设计方案； （4）典型施工案例	10

3. 与"1+X"证书技能点匹配

本书将"1+X"证书"建筑装饰装修数字化设计"职业技能等级标准（中级）的技能点与项目内容相匹配，重新整合项目内容，以实现书证融通，提升核心职业能力。本书项目内容与"1+X"证书技能点的总体匹配关系如图2所示。

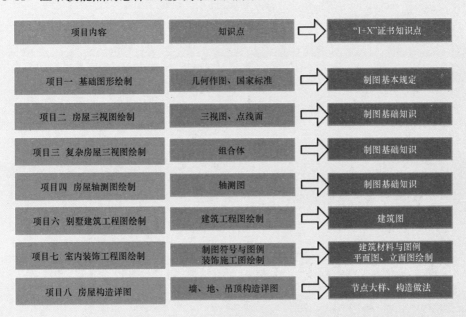

图2 项目内容与"1+X"证书技能点的总体匹配关系

前言

本书以习近平新时代中国特色社会主义思想为指导，以党的二十大精神为导向，将立德树人作为根本任务，以培养德智体美劳全面发展的社会主义建议者和接班人为目标，在传授知识、培养技能的同时，采用榜样引领、案例渗透、提炼引申等方法，有机融入民族自信、爱国情怀、工匠精神、职业素养、环保意识、创新思维等育人元素，推进文化自信自强，铸就社会主义文化新辉煌，弘扬诚信文化，健全诚信建设长效机制，引导读者做社会主义法治的忠实崇尚者、自觉遵守者、坚定捍卫者，实现价值引领、精神塑造的育人功效，努力培养造就更多一流科技领军人才和创新团队、青年科技人才、大国工匠、高技能人才。

室内设计制图是一门实践性较强的专业基础课程，本书按照国家职业教育发展规划和"三教"改革要求编写，旨在围绕工作岗位一线要求，着力提高学生的职业技能。本书以应用为目的，以"必需、够用"为原则，以职业岗位标准、人才培养方案为依据，采用实际工作岗位的真实工作案例，采用项目任务驱动方式编写。"小提示"版块明确知识难点和疑点，厘清思路，培养学生的解决问题的思维能力。"知识图谱"将学生学习过的内容条理化、清晰化；"任务实施"模块更好地将理论应用到实际工作中。本书结合信息化资源，贯穿劳动教育，遵循"做中学"原则，循序渐进介绍建筑装饰施工图的识读与绘制理论及实践技巧，图文并茂，具有较强的实用性。

本书由具有丰富教学及实践工作经验的教学一线的教师和企业一线的工程技术人员编写，内容更贴近工程实际，更符合企业职业能力培养要求。

本课程建议学时为56（必修）+18（选修）学时，具体内容可以根据专业特点选定，各项目学时也可根据不同专业和各学校实际情况灵活调整。各项目建议学时分配见下表。

章节	内容	学时	备注
项目一	基础图形绘制	8	
项目二	房屋三视图绘制	8	
项目三	复杂房屋三视图绘制	8	
项目四	房屋轴测图绘制	4	
项目五	室内透视图绘制	8	选修
项目六	别墅建筑工程图绘制	8	
项目七	室内装饰工程图绘制	12	
项目八	房屋构造详图	8	
项目九	综合应用	10	选修
合计		56+18	

针对室内设计制图的特点，为了使学生能更加直观地认识和了解投影原理及制图识图规则，也方便教师讲解，编者以"互联网+教材"的模式开发了本书配套资源。学生可登录学习网站"中国大学MOOC"，学习配套慕课，参加单元测验、单元作业，随堂检测所学，并能与教师互动交流。学生可以通过扫描书中的二维码观看教师对知识点讲解的视频，也可以通过扫描二维码查看书中案例的三维模型和效果图，帮助建立空间概念。每个项目后附有交互网页二维码，学生可以自我检测学习效果。

本书由河南应用技术职业学院王宏担任主编；河南应用技术职业学院樊磊、鞠杰、黄春敏、张虎、高钰担任副主编；河南应用技术职业学院李函、岳锐金、齐婧妍，广州名阳建筑设计有限公司注册建筑师黄大勇，河南睿聪建设工程有限公司设计师葛航参与编写。具体编写分工为：王宏编写项目一、项目二、项目七，樊磊编写项目二中知识拓展及小链接内容和项目三，张虎、高钰编写项目四，黄春敏编写项目五、项目九，鞠杰编写项目六、项目八，李函、岳锐金、齐婧妍参与课程标准、教学设计、试题库等资源的编写制作，黄大勇和葛航提供企业案例。全书由王宏统稿，陈君丽主审。

由于编者水平有限，知识更新速度加快，书中难免存在疏漏之处，诚望各位读者批评指正。

编　者

项目一　基础图形绘制

知识图谱

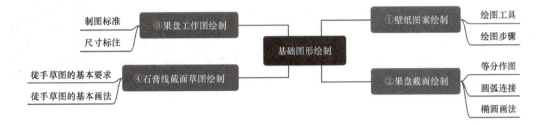

学习目标

1. 能够正确使用各种绘图工具、用品。
2. 能够熟练运用常用几何作图方法绘制图形。
3. 遵守国家标准对建筑制图图纸幅面、比例、字体、图线、尺寸标注等的基本规定。
4. 能够使用徒手草图表达简单物体形状。

微课：项目导入

学习重点

1. 图纸幅面、比例、字体、图线、尺寸标注等国家标准规定。
2. 常用几何作图方法。
3. 绘图工具使用。

学习指南

在进行本项目的学习时，建议参考以下方法：
1. 了解任务目标，阅读文字教材。
2. 观看视频，完成练习，并模仿实践操作。
3. 重点、难点反复观看微课视频。

任务一　壁纸图案绘制

任务目标

1. 掌握绘图工具的用法和绘图流程。
2. 能够正确使用绘图工具绘制图形。
3. 培养严谨细致的工作作风和精益求精的工匠精神，增强民族自信。

任务导入

在室内装修设计中，壁纸常常用于营造室内温馨氛围，设计工作离不开壁纸图案的绘制，因此需要学生掌握使用绘图工具绘制简单图形的方法。

知识拓展

知识拓展：应县木塔

知识准备

一、绘图工具

1. 图板和胶带

（1）图板。图板用来铺放和固定图纸。图板左边是丁字尺导边，应保持平直、光滑。
（2）胶带。胶带用来将图纸四角固定在图板上。
图板和胶带如图 1-1 所示。

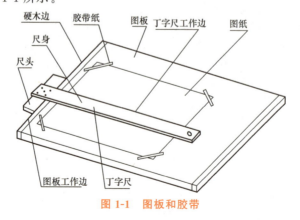

图 1-1　图板和胶带

2. 丁字尺和三角板

(1)丁字尺。丁字尺与图板配合可以绘制水平线，如图1-2、图1-3所示。

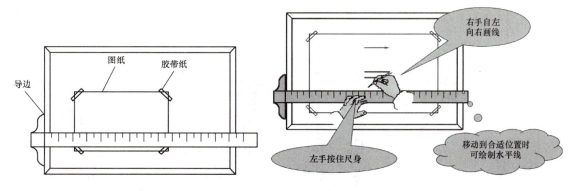

图1-2　丁字尺与图板配合　　　　图1-3　丁字尺绘制水平线

(2)三角板。利用三角板可以绘制平行线，如图1-4所示。

丁字尺和三角板配合可以绘制竖直线和特殊位置线，如图1-5和图1-6所示。

3. 圆规和分规

(1)圆规。圆规主要是用来绘制圆和圆弧，使用时钢针的插脚固定在圆心，右手扶着圆规的头向绘制的前方倾斜转动，进行绘制。圆规结构及使用方法如图1-7、图1-8所示。

(2)分规。分规可以用于测量尺寸、等分线段。其结构及使用方法如图1-9、图1-10所示。

图1-4　三角板绘制平行线

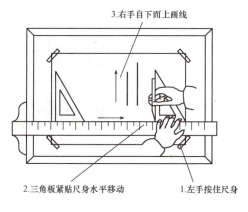

图1-5　丁字尺绘制竖直线

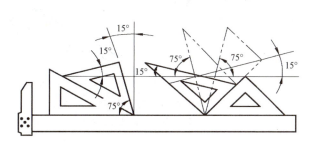

图1-6　丁字尺与三角板配合绘制特殊角度线

4. 铅笔和擦图片

(1)铅笔。铅笔主要用来绘制图形，可分为软铅、硬铅和中性铅。其中，硬铅、中性铅的铅芯削成圆锥形，宽度为 6～8 mm；软铅的铅芯削扁成铲形，宽度为 0.6～0.8 mm，如图1-11所示。

铅笔书写字母、数字和绘制线段时的使用方法如图1-12所示。

(2)擦图片。擦图片与橡皮配合可以擦去图中不需要的图线，如图1-13所示。

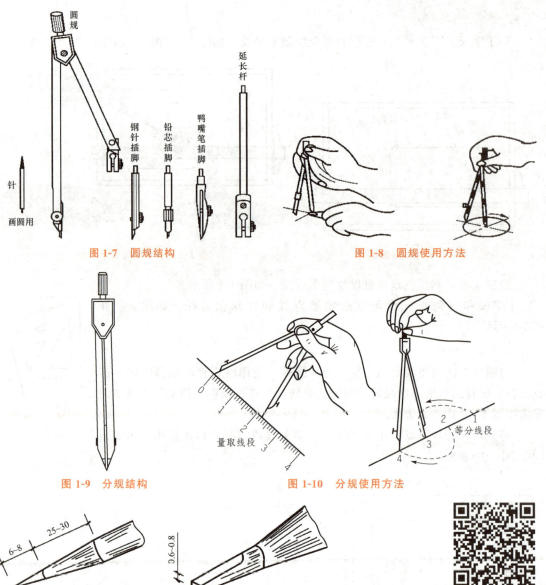

图 1-7　圆规结构　　　　　　　　图 1-8　圆规使用方法

图 1-9　分规结构　　　　　　　图 1-10　分规使用方法

技能点：铅笔削制

图 1-11　铅笔削制

(a)2H、HB 铅笔；(b)2B 铅笔

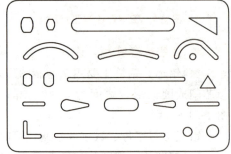

图 1-12　铅笔书写　　　　　　　图 1-13　擦图片

5. 建筑模板和曲线板

（1）建筑模板。建筑模板可以绘制常用的建筑图例，如图1-14所示。

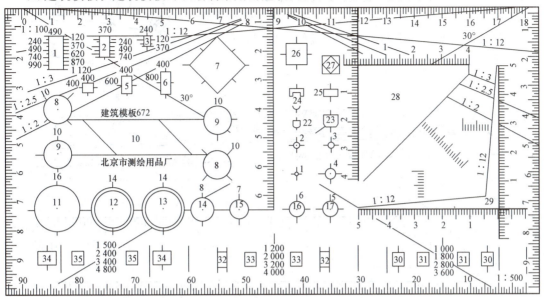

图1-14　建筑模板

（2）曲线板。曲线板可以用来绘制不规则曲线，绘制方法如图1-15所示。

图1-15　曲线板绘制方法

（a）定出曲线上若干点；（b）徒手连成线；（c）选曲线板上至少与曲线上三个点重合的一段，连接三点画线；

（d）继续画下一段曲线；（e）完成曲线

6. 三棱尺

三棱尺是测量、换算图纸比例尺度的主要工具，如图 1-16 所示。

使用时要根据图纸比例来选择相应的三棱尺，如图 1-17 所示。

图 1-16　三棱尺

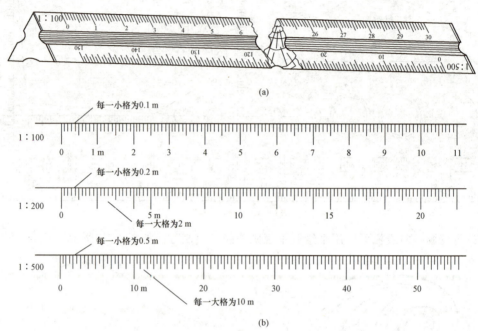

(a)

(b)

图 1-17　三棱尺使用

7. 图纸和砂纸板、排笔

（1）图纸。图纸有绘图纸和描图纸两种，如图 1-18 所示。

（2）砂纸板和排笔。砂纸的主要用途是将铅芯磨成所需的形状，如图 1-19 所示；图面用橡皮擦拭后，可用排笔掸掉碎屑，如图 1-20 所示。

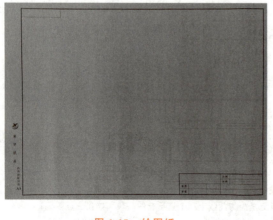

图 1-18　绘图纸

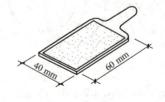

图 1-19　砂纸板

图 1-20　排笔

8. 其他

绘图时，还需要橡皮(图 1-21)、削笔刀(图 1-22)等。橡皮用于去除痕迹，削笔刀用于削制铅笔。

图 1-21　橡皮　　　　　　　　　　图 1-22　削笔刀

【小链接】　阅读《最早的绘图工具》资料，了解我国很早就出现的绘图工具，感受中华民族的智慧，坚定民族自信和文化自信，弘扬和传承工匠精神。

小链接：最早的绘图工具

■ 二、绘图步骤

绘图时要遵循以下三个步骤：

(1)准备工作。准备绘图工具和固定图纸，如图 1-23 所示。

(2)绘制底稿。使用 2H 铅笔绘制底稿，显示出来的图线会比较浅，如图 1-24 所示。

(3)检查加深。检查错误并修改，最后予以加深，完成图形的绘制，如图 1-25 所示。

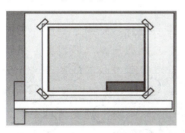

图 1-23　准备工作　　　　　　　　图 1-24　绘制底稿

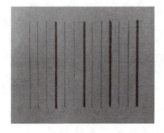

图 1-25　检查加深

任务实施

1. 任务内容

设计并使用绘图工具绘制壁纸图案（直线款和曲线款），如图1-26所示。

微课：壁纸图案绘制

图1-26 绘图工具及壁纸图案

2. 任务要求

(1)设计内容：直线款和曲线款壁纸。

(2)绘图工具：使用绘图工具绘制。

(3)图纸规格：A4图纸。

3. 操作提示

(1)直线款。

1)准备工作：固定图纸等。

2)绘制底稿：使用H铅笔绘制图线，三角板、丁字尺配合平推。

3)检查加深：使用HB、2B铅笔加深图线，三角板、丁字尺配合平推，如图1-27所示。

(2)曲线款。

1)准备工作：固定图纸等。

2)绘制底稿：使用硬铅圆规绘制图线。

3)检查加深：使用软铅圆规加深图线，如图1-28所示。

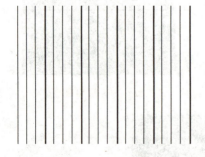

图1-27 直线款　　　　　　　　图1-28 曲线款

【小提示】 绘制过程中注意铅芯削制的形状，细线用圆锥形，粗线用扁铲形；三角板、丁字尺配合绘制水平线、竖直线，为保证平行线间隔均匀，初学者可以根据丁字尺上的刻度均匀平推三角板绘制垂直线；加深线条时应更换铅芯。

1. 绘制图案时使用了哪些绘图工具？
2. 这些绘图工具在使用中有哪些特点？

任务二　果盘截面绘制

任务目标

1. 掌握等分作图、圆弧连接、椭圆绘制等几何作图方法。
2. 能够正确使用几何作图方法绘图。
3. 培养民族自信、文化自信，弘扬和传承工匠精神。

微课：任务引入

任务导入

在室内设计中，常常需要绘制一些装饰物，如果盘、灯具等，这些装饰物具有一些曲面和平面的装饰造型，需要使用绘图工具正确绘制这些造型，因此，学生需要掌握使用绘图工具进行几何作图的方法。

微课：几何作图

知识拓展

知识拓展：能工巧匠鲁班

知识准备

■ 一、等分作图

1. 等分线段

在制图中常常需要将线段等分若干份，如果线段不能被等分段数整除（如 3 等分），则需要通过辅助线进行等分。其具体步骤如图 1-29 所示。

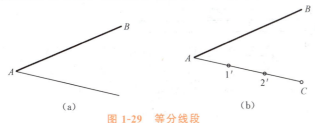

（a）　　　　　　　　　　（b）

图 1-29　等分线段

（a）绘制辅助线；（b）截取线段

技能点：等分线段

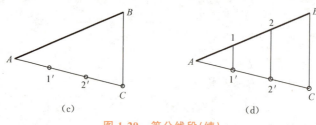

图 1-29 等分线段(续)

(c)连线；(d)等分

2. 等分圆周

(1)三等分。已知圆心为 O、半径为 R 的圆周，如图 1-30 所示。其三等分步骤如图 1-31、图 1-32 所示。

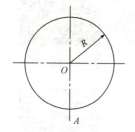 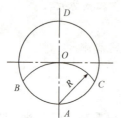 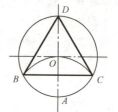 

图 1-30 圆周   图 1-31 半径作弧   图 1-32 三等分圆周   技能点：等分圆周

(2)六等分。

1)三角板六等分。使用三角板将圆六等分步骤如图 1-33 所示。

2)圆规六等分。使用圆规将圆六等分步骤如图 1-34 所示。

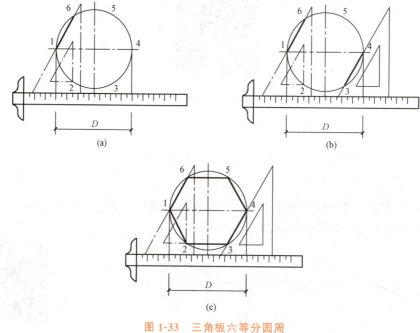

(a)   (b)

(c)

图 1-33 三角板六等分圆周

（a）连接两点；（b）平移连线；（c）六等分连线

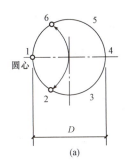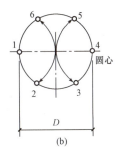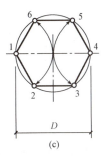

(a)　　　　　　　(b)　　　　　　　(c)

图 1-34　圆规六等分圆周

(a)左侧作弧；(b)右侧作弧；(c)六等分连线

■ 二、圆弧连接

1. 圆弧连接直线与直线

已知 AB 线段、CD 线段，用半径为 R 的圆弧进行连接，如图 1-35 所示。其连接步骤如图 1-36、图 1-37 所示。

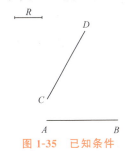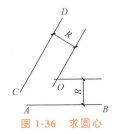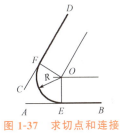

图 1-35　已知条件　　　图 1-36　求圆心　　　图 1-37　求切点和连接

2. 圆弧连接直线与圆弧

已知圆弧与一条直线，需要用半径为 R 的圆弧连接，如图 1-38 所示。其连接步骤如图 1-39、图 1-40 所示。

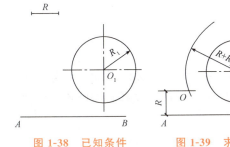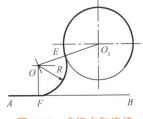

图 1-38　已知条件　　　图 1-39　求圆心　　　图 1-40　求切点和连接　　　技能点：圆弧连接
圆弧与直线

3. 圆弧连接圆弧与圆弧

已知两段圆弧，中间需要用圆弧连接。依据连接方式的不同，圆弧连接分为外连接和内连接两种情况。

(1)圆弧与圆弧外连接。圆弧与圆弧外连接时的特点如图 1-41 所示，即两个圆弧之间的圆心距离为半径之和，两个圆心的连线与圆周的交点为切点。

(2)圆弧与圆弧内连接。圆弧与圆弧内连接时的特点如图 1-42 所示，即两个圆弧的圆心的距离为半径之差，切点为两个圆心的连线与圆周的交点。

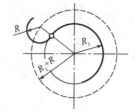

图 1-41　圆弧与圆弧外连接

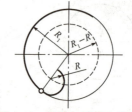

图 1-42　圆弧与圆弧内连接

【例 1-1】　已知圆弧如图 1-43 所示，使用 $R18$、$R40$ 圆弧连接已知圆弧，如图 1-44 所示。

图 1-43　已知圆弧

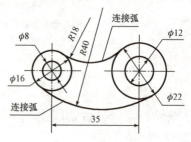

图 1-44　圆弧连接

案例分析：如图 1-44 所示，目前已知同心圆，要求进行圆弧连接。首先，需要找到圆心，知道圆心，知道切点，已知半径，就可以进行相互连接。

作图步骤如下：

1）求圆心，步骤如图 1-45 所示。

2）找切点，步骤如图 1-46 所示。

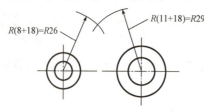

图 1-45　求圆心

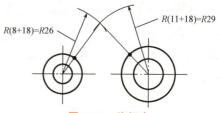

图 1-46　找切点

3）画连接弧，步骤如图 1-47 所示。

用同样的办法找 $R40$ 连接弧，先求圆心，再找切点，再画连接弧。找交点圆心，如图 1-48 所示。找到切点，如图 1-49 所示。以它为圆心，以 40 为半径，从切点之间画圆弧，完成了圆弧的连接，如图 1-50 所示。

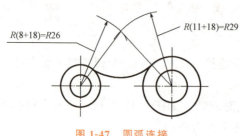

图 1-47　圆弧连接

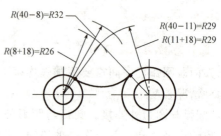

图 1-48　求圆心

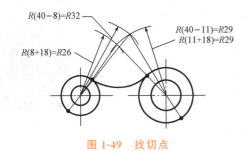

图 1-49　找切点　　　　　　　　　　图 1-50　圆弧连接

■ 三、椭圆画法 ···

1. 同心圆法

已知椭圆的短轴和长轴，其作图步骤如图 1-51～图 1-53 所示。

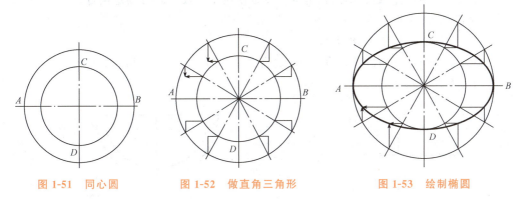

图 1-51　同心圆　　　　图 1-52　做直角三角形　　　　图 1-53　绘制椭圆

2. 四心法

已知椭圆的长轴和短轴，其作图步骤如图 1-54～图 1-56 所示。

图 1-54　连线截取　　　　图 1-55　做垂直平分线　　　　图 1-56　绘制椭圆

【小互动】　分组讨论：同学们，从圆弧连接和椭圆四心画法可以发现，作图需要严谨认真、一丝不苟，才可以光滑连接线段，请同学们分组讨论，对于工作、学习、生活、做人、做事有哪些感悟？

任务实施

1. 任务内容

本任务是果盘截面绘制，参考样例如图 1-57 所示。

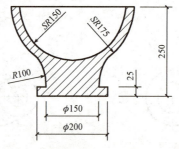

图 1-57 果盘截面图形

2. 任务要求

依据绘图方法绘制果盘截面形状。

3. 操作提示

(1)准备工作：固定图纸、削制铅笔等，图纸使用丁字尺、胶带固定位置。

(2)绘制底稿(H 铅笔)：

1)绘制定位轴线，如图 1-58 所示。

2)绘制圆弧 $SR150$、$SR175$、直线 200、直线 25 等，如图 1-59 所示。

3)绘制圆弧 $R100$。

图 1-58 定位轴线　　　　　　　　**图 1-59 绘制已知线段**

①求圆心，如图 1-60 所示。

②找切点，如图 1-61 所示。

③连接圆弧，如图 1-62 所示。

图 1-60 求圆心　　　　**图 1-61 求切点**　　　　**图 1-62 绘制连接线段**

(3)检查加深(HB、2B 铅笔)：加深图线，先圆弧再直线。

【小提示】 绘制平面图形的步骤是先绘制可以直接绘制的已知线段，再绘制在前面基础上可以绘制出的线段。绘制连接圆弧时按照求圆心、找切点、连接圆弧的步骤进行即可。

1. 如何等分任意线段？
2. 如何光滑连接圆弧？
3. 如何绘制椭圆？

任务三　果盘工作图绘制

任务目标

1. 掌握图幅、图线、字体、比例等制图标准和尺寸标注方法。
2. 能够正确使用规范绘制工作图。
3. 培养耐心、细致的工作作风和规则意识。

微课：任务导入

任务导入

在室内设计中，为了保证图样基本统一，图面清晰简明，提高制图效率，符合设计、存档等需要，必须共同遵循国家标准及规范，绘制符合国家标准及相关规范的工作图，因此同学们需要掌握相应的国家标准及规范。

【小链接】　阅读《房屋建筑制图统一标准》(GB/T 50001—2017)，了解相关制图标准规范，遵守规范，养成规则意识。

小链接：《房屋建筑制图统一标准》(GB/T 50001—2017)

知识准备

■ 一、制图标准

1. 图纸幅面

图纸幅面指的是图纸的大小，简称图幅。图纸的幅面、图框尺寸、格式应符合国家制图标准《房屋建筑制图统一标准》(GB/T 50001—2017)的有关规定。图纸幅面分为 A0、A1、A2、A3、A4 共 5 种幅面，依次由大到小。图纸的幅面图框尺寸格式都应该符合国家制图标准的规定，见表 1-1。

微课：制图标准

表 1-1　图纸幅面及图框尺寸

尺寸代号＼幅面代号	A0	A1	A2	A3	A4
$b \times l$	841×1 189	594×841	420×594	297×420	210×297
c	10				5
a	25				

注：b 为图幅短边尺寸，l 为图幅长边尺寸，a 为装订边尺寸，其余三边尺寸为 c。

　　图纸以短边作垂直边称为横式，以短边作水平边称为立式，如图 1-63 所示。一般 A0～A3 图纸宜横式使用，必要时也可立式使用。

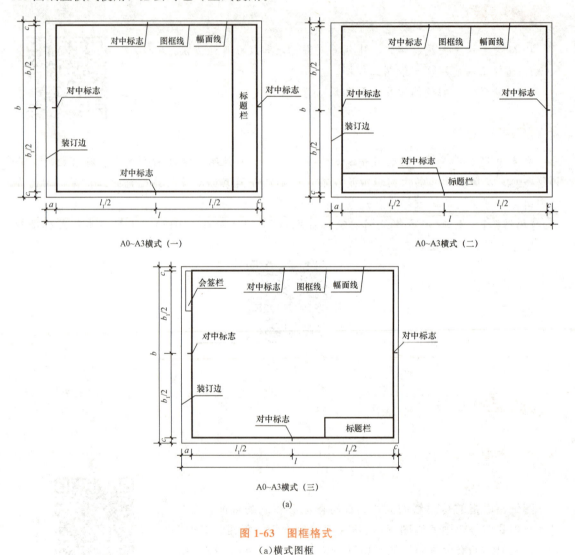

A0~A3横式（一）　　　　　　　A0~A3横式（二）

A0~A3横式（三）

(a)

图 1-63　图框格式

(a)横式图框

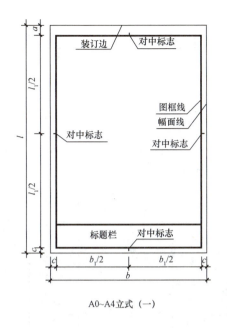

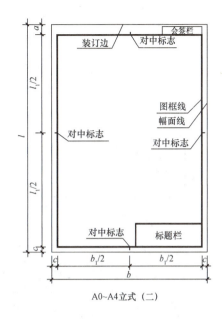

A0~A4立式（一）　　　　　　　　　A0~A4立式（二）

(b)

图 1-63　图框格式(续)

（b）立式图框

　　图幅之间的大小关系如图 1-64 所示，A0 图纸尺寸为 841×1 189，一张 A0 为两张 A1，一张 A1 为两张 A2，一张 A2 为两张 A3，一张 A3 为两张 A4，即沿上一号图纸的长边对折，为下一号图纸的幅面。

2. 标题栏和会签栏

　　(1)标题栏。标题栏简称图标，是将工程图的设计单位名称、工程名称、图名、图号、设计号及设计人、绘图人、审批人的签名和日期等，集中罗列的表格。根据工程需要选择确定其尺寸，如图 1-65 所示。

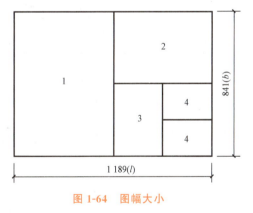

图 1-64　图幅大小

　　(2)会签栏。会签栏是为各种工种负责人签字所列的表格，会签栏尺寸为 100 mm×20 mm(图 1-66)，栏内应填写会签人员所代表的专业、姓名、日期；一个会签栏不够时，可另加一个，两个会签栏应并列；不需会签的图纸可不设会签栏。

3. 比例

　　比例为图形与实物相应要素的线性尺寸之比，即图中∶实际，1∶1 指的是图中绘制的长度与实际尺寸的长度相同。

　　比例宜注写在图名的右侧，与字的基准线取平，比例的字高宜比图名的字高小一号或者两号，如图 1-67 所示。不同比例绘制同一个物体，图中绘制图形的大小不同，但是标注的尺寸均为实际的尺寸，即尺寸标注与比例大小无关。

　　绘图所用比例，有常用比例和可用比例，见表 1-2。在使用时优先选用常用比例。

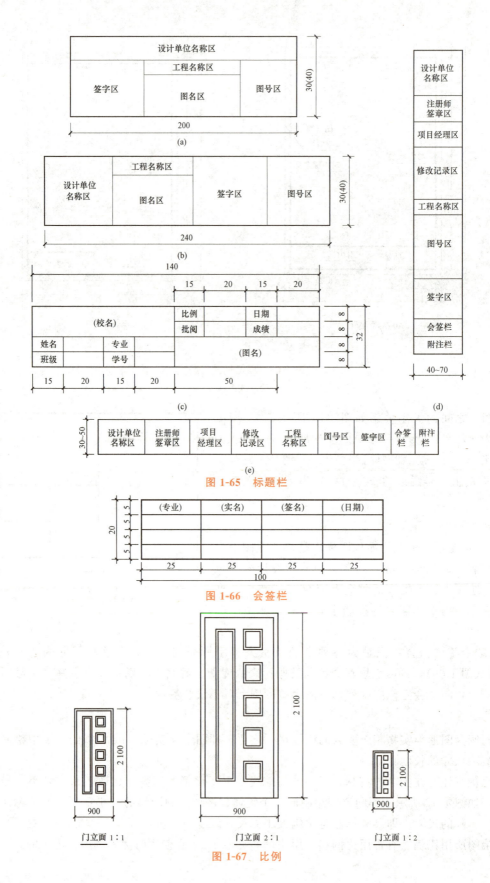

图 1-65　标题栏

图 1-66　会签栏

图 1-67　比例

表 1-2　绘图所用比例

常用比例	1∶1、1∶2、1∶5、1∶10、1∶20、1∶30、1∶50、1∶100、1∶150、1∶200、1∶500、 1∶1 000、1∶2 000
可用比例	1∶3、1∶4、1∶6、1∶15、1∶25、1∶40、1∶60、1∶80、1∶250、1∶300、1∶400、 1∶600、1∶5 000、1∶10 000、1∶20 000、1∶50 000、1∶100 000、1∶200 000

比例注写的两种方式，如图 1-68 所示，标注在图名的右侧、详图符号的右侧。

平面图 1∶100　　⑥ 1∶20

图 1-68　比例标注

4. 图线

(1)线宽及线型。为了表达工程图样的不同内容，并能够分清主次，须使用不同的线型和线宽的图线。主要有实线、虚线、单点长画线、双点长画线、折断线和波浪线，其中实线、虚线分为粗、中粗、中、细四种线宽，单点长画线、双点长画线分为粗、中、细三种线宽，见表 1-3。

表 1-3　图线、线宽、线型、用途

名称		线型	线宽	用途
实线	粗	———————	b	主要可见轮廓线
	中粗	———————	$0.7b$	可见轮廓线、变更云线
	中	———————	$0.5b$	可见轮廓线、尺寸线
	细	———————	$0.25b$	图例填充线、家具线
虚线	粗	- - - - - -	b	见各有关专业制图标准
	中粗	- - - - - -	$0.7b$	不可见轮廓线
	中	- - - - - -	$0.5b$	不可见轮廓线、图例线
	细	- - - - - -	$0.25b$	图例填充线、家具线
单点长画线	粗	—·—·—·—	b	见各有关专业制图标准
	中	—·—·—·—	$0.5b$	见各有关专业制图标准
	细	—·—·—·—	$0.25b$	中心线、对称线、轴线等
双点长画线	粗	—··—··—	b	见各有关专业制图标准
	中	—··—··—	$0.5b$	见各有关专业制图标准
	细	—··—··—	$0.25b$	假设轮廓线、成型前原始轮廓线
折断线	细	——／\——	$0.25b$	断开界线
波浪线	细	～～～	$0.25b$	断开界线

【例 1-2】 楼梯剖面图中线型使用，如图 1-69 所示。

楼梯剖面图中剖到墙体轮廓，使用粗实线；材料图例采用细实线。

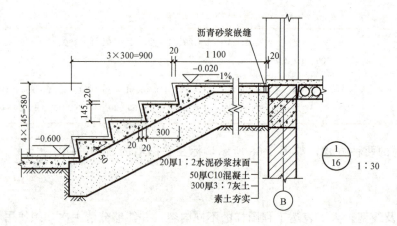

图 1-69　楼梯剖面图

【例 1-3】　书柜立面图中线型使用，如图 1-70 所示。

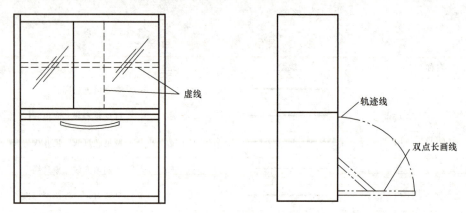

图 1-70　书柜立面图

(2)每个图样绘制前，应根据复杂程度与比例大小，先确定基本的线宽 b，再选用表 1-4 中相应的线宽组。

表 1-4　线宽比、线宽组

线宽比	线宽组			
b	1.4	1.0	0.7	0.5
$0.7b$	1.0	0.7	0.5	0.35
$0.5b$	0.7	0.5	0.35	0.25
$0.25b$	0.35	0.25	0.18	0.13

(3)图纸的图框线和标题栏线，可采用表 1-5 中线宽。

表 1-5　各幅面图框线、标题栏线宽选择

幅面代号	图框线	标题栏外框线	标题栏分隔线、幅面线
A0、A1	b	$0.5b$	$0.25b$
A2、A3、A4	b	$0.7b$	$0.35b$

(4)图线画法。绘制图形过程中需要注意以下几个方面：

1)两图线间间隙宽度要大于粗实线宽度或不小于 0.7 mm，如图 1-71(a)所示。

2)细点画线画法如图 1-71(b)所示。

3)虚线段画法如图 1-71(c)所示。

4)两条相交线段画法如图 1-71(d)所示。

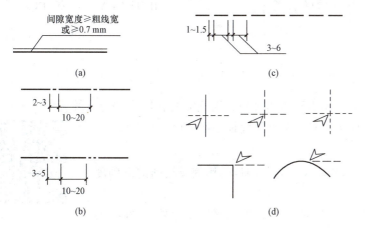

技能点：图线画法

图 1-71　图线画法

5. 字体

图样中书写的汉字、数字、字母等必须做到：字体端正，笔画清楚，间隔均匀，排列整齐。字体的高度，汉字字高不小于 3.5 mm；数字、字母不小于 2.5 mm。

(1)汉字。汉字应采用国家正式公布的简化汉字，用长仿宋体书写。字体高度与宽度之比大致为 3：2，并一律从左到右横向书写。汉字书写示范如图 1-72 所示。

图 1-72　字体写法示例

(2)数字和字母。数字和字母可写成斜体和直体。斜体字字头向右倾斜，与水平线成 75 度。写法示范如图 1-73 所示。

斜体　*ABCDEFGHIJKLMN*
　　　　OPQRSTUVWXYZ
　　　　0123456789
　　　　I II III IV V VI VII VIII IX X

直体　ABCDEFGHIJKLMN
　　　　OPQRSTUVWXYZ
　　　　0123456789
　　　　I II III IV V VI VII VIII IX X

图 1-73　字体写法示例

■ 二、尺寸标注

物体不仅需要表达形状，还需要表达大小，因此需要在图中进行尺寸标注，下面从基本原则、尺寸组成、尺寸排列与布置、常见尺寸标注四方面进行介绍。

1. 基本原则

(1)图样上所注尺寸均为实际尺寸，与图样的比例及绘图的准确度无关。

(2)图样上的尺寸单位默认为毫米(标高及总平面图除外)，在图上不标单位名称，如图 1-74 所示。

(3)物体的每一尺寸一般只标注一次，并且应标注在反映该结构最清晰的图形上，如图 1-74 所示。

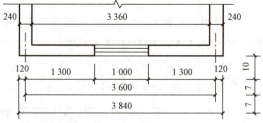

微课：尺寸标注

2. 尺寸组成

(1)尺寸线：细实线绘制，一般应与被注长度平行。图样本身图线不得用作尺寸线，如图 1-75 所示。

(2)尺寸界限：细实线绘制，与被注长度垂直，必要时图样轮廓线可用作尺寸界限，如图 1-75 所示。

图 1-74　尺寸标注基本原则

(3)尺寸起止符号：一般用中粗斜短线绘制，如图 1-75 所示。

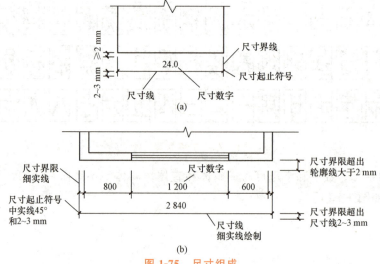

图 1-75　尺寸组成

(4)尺寸数字：图样上的尺寸应以数字为准，不得从图上直接取量。

尺寸数字宜注写在尺寸线读数上方的中部，如果相邻的尺寸数字注写位置不够，可错开或引出注写。竖直方向的尺寸数字，注意应由下往上注写在尺寸线的左方中部，如图1-76所示。

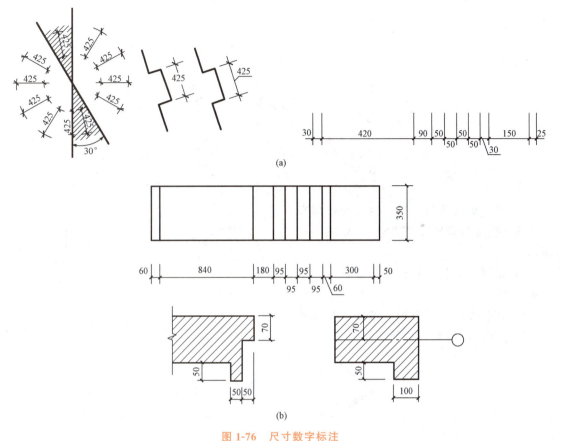

图 1-76　尺寸数字标注

3. 尺寸排列与布置

(1)尺寸宜标注在图样轮廓线以外，不宜与图线、文字及符号等相交。

(2)互相平行尺寸线排列，从轮廓线向外，先小尺寸和分尺寸，后大尺寸和总尺寸。

(3)第一层尺寸线距图样最外轮廓线之间的距离不宜小于10 mm。平行排列的尺寸线的间距，宜为7～10 mm，并应保持一致。

(4)几层的尺寸线总长度应一致。

(5)尺寸线应与被注长度平行，两端不宜超出尺寸界限。

效果如图1-77所示。

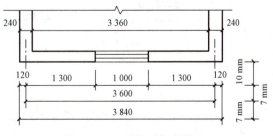

图 1-77　尺寸排列与布置

4. 常见尺寸标注

(1)半径：一端从圆心开始，另一端画箭头指向圆弧。半径数字前应加注半径符号"R"，如图1-78所示。

(2)直径：直径数字前应加注符号"φ"，在圆内标注的直径尺寸线应通过圆心，较小圆的直径可以标注在圆外，如图1-79所示。

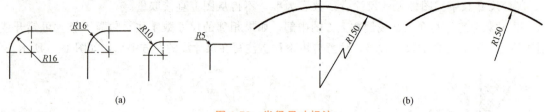

(a)

图 1-78 半径尺寸标注

(b)

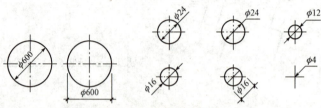

图 1-79 直径尺寸标注

（3）球：标注球的半径、直径时，应在尺寸数字前加注符号"SR""Sϕ"，如图 1-80 所示。

（4）角度、弧长、弦长的尺寸标注，如图 1-81 所示。

（5）薄板厚度、正方形、坡度、非圆曲线等尺寸标注，如图 1-82 所示。

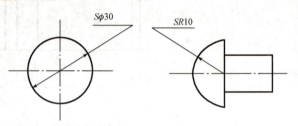

图 1-80 球半径、直径尺寸标注

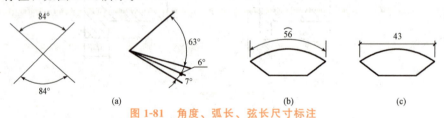

(a)   (b)   (c)

图 1-81 角度、弧长、弦长尺寸标注

(a)角度尺寸标注；(b)弧长尺寸标注；(c)弦长尺寸标注

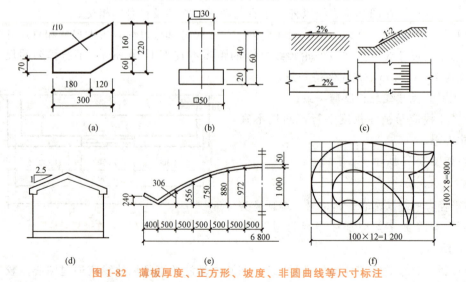

(a)   (b)   (c)

(d)   (e)   (f)

图 1-82 薄板厚度、正方形、坡度、非圆曲线等尺寸标注

(a)薄板厚度尺寸标注；(b)正方形尺寸标注；(c)、(d)坡度尺寸标注；(e)坐标法标注曲线尺寸；(f)网络法标注曲线尺寸

数字前加 t 表示厚度，$t10$ 即为薄板厚度为 10。□后加数字，指这条线表示的截面形状为正方形，边长为 15，图 1-82(b)中下方的□50，说明下方的截面形状为正方形，边长为 50。

（6）简化尺寸标注，如图 1-83 所示。

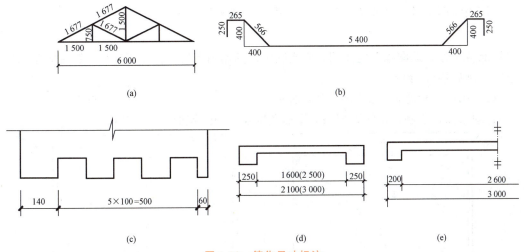

(a)　　　　　　　　　　　　(b)

(c)　　　　　　　　　(d)　　　　　　　　(e)

图 1-83　简化尺寸标注

（a）、（b）单线图尺寸标注方法；（c）等长尺寸简化标注方法；（d）相似构件尺寸标注方法；（e）对称构件尺寸标注方法

【小互动】　分组讨论：同学们，从图幅、比例、图线、字体及尺寸标注可以发现，作图需要大家共同遵守国家标准规范的规定，并严谨认真、一丝不苟，才可以规范地完成绘图。

任务实施

1. 任务内容

本任务是绘制果盘工作图，参考样例如图 1-84 所示。

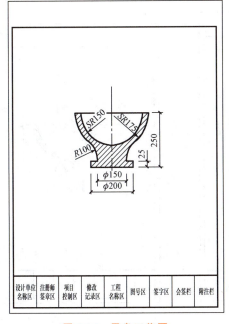

微课：果盘工作图绘制

图 1-84　果盘工作图

2. 任务要求

(1)依据国家标准，合理选择图幅、比例(A4图纸，比例：1：5)。

(2)合理绘制图框、标题栏。

(3)使用绘图工具绘制如图1-57所示的图形，并标注尺寸。

3. 操作提示

(1)准备工作：选图幅、定比例，固定图纸、削制铅笔等，使用丁字尺、胶带固定图纸。

(2)绘制底稿(H铅笔)：

1)绘制图框、标题栏，如图1-85(a)所示。

2)合理布图，绘制定位线，把果盘图形布置在绘图区域的中心，如图1-85(b)所示。

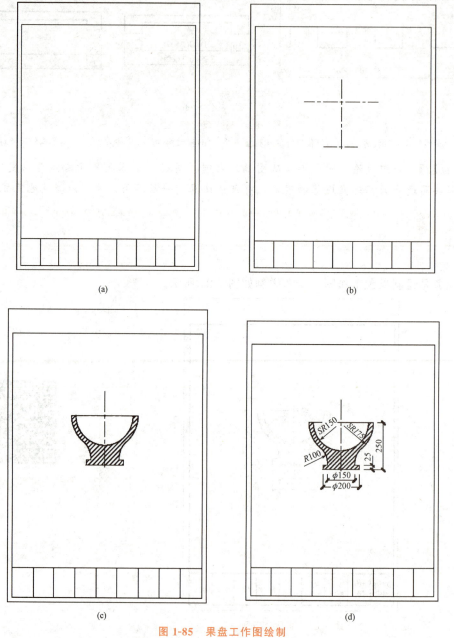

图 1-85　果盘工作图绘制

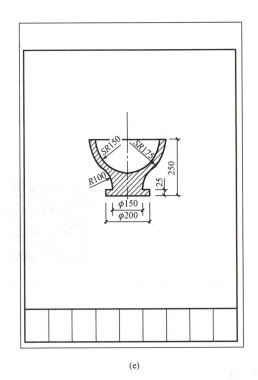

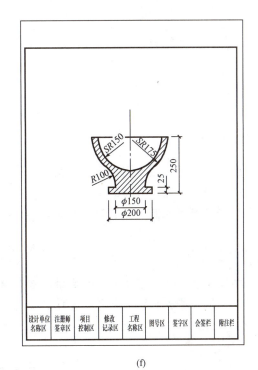

设计单位名称区	注册师签章区	项目控制区	修改记录区	工程名称区	图号区	签字区	会签栏	附注栏

(e)　　　　　　　　　　　　　　　　　　(f)

图 1-85　果盘工作图绘制(续)

3)绘制果盘截面图形，连接圆弧，如图 1-85(c)所示。

4)标注尺寸，如图 1-85(d)所示。

(3)检查加深(HB、2B 铅笔)：1)加深图线，先圆弧再直线。注意 A4 图幅线宽选择，图框线为 b，标题栏外框为 $0.7b$，标题栏分割线为 $0.35b$。果盘截面轮廓线为 $0.7b$，中心线为 $0.25b$，材料图例是细实线 $0.25b$，如图 1-85(e)所示。

2)填写标题栏。采用长仿宋体字填写标题栏，数字采用直体或斜体填写，如图 1-85(f)所示。

【小提示】 绘制工作图选择图幅和比例时，可以先大致确定一个比例(以可以反映清楚图形结构为度)；然后按比例计算出图中绘制图形大致的总长、总宽、总高，初步选择图幅；再考虑是否匹配，如果不合适(图幅太大或太小)，再考虑调整相应的比例或图幅。

任务拓展

1. 图纸的幅面分为几种？

2. A4 幅面图纸的尺寸是多少？

3. 尺寸标注由哪几部分组成？

4. 尺寸标注采用什么线绘制？

任务四　石膏线截面草图绘制

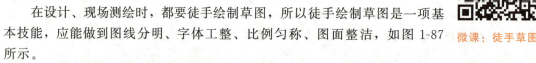
知识准备

不使用绘图仪器，采用目估比例方法徒手绘制的图形，称为徒手草图，简称草图，如图 1-86 所示。

微课：徒手草图

在设计、现场测绘时，都要徒手绘制草图，所以徒手绘制草图是一项基本技能，应能做到图线分明、字体工整、比例匀称、图面整洁，如图 1-87 所示。

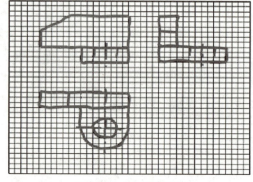

图 1-86　三视图草图

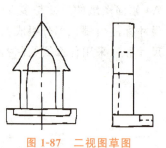

图 1-87　二视图草图

■ **一、徒手草图的基本要求** ·······················

(1)线型分明：粗实线、细实线、虚线、点画线等要清楚区分。
(2)铅笔选用：铅笔要软，如 B、HB 铅笔；铅芯呈圆锥形，笔尖圆滑。
(3)符合比例：图形大致符合比例，最好使用坐标纸，如图 1-86 所示。
(4)绘图过程：先整体，再细部。

■ **二、徒手草图的基本画法** ·······················

1. 直线

可先画出直线两端点，然后持笔沿直线位置悬空比划，掌握好方向，再轻轻画出底线。然后眼睛盯住笔尖，沿底线画出直线，如图 1-88 所示。

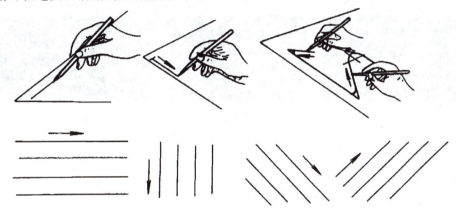

图 1-88　直线绘制

2. 等分直线段

徒手等分直线段是通过目测估计来进行，要先定中点，后定局部，先分大段后分小段，如图 1-89 所示。

3. 30°、60°、45°斜线

先徒手画一直角，再分别近似等分此直角，从而可得与水平线成 30°、45°、60°角的斜线，如图 1-90 所示。

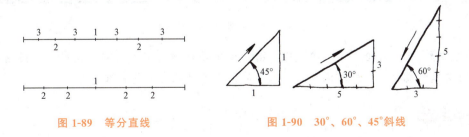

图 1-89　等分直线　　　　　　图 1-90　30°、60°、45°斜线

4. 对称图形

画对称图形时应先画出对称轴线，把较复杂的图形分解成矩形、圆形、三角形等基本图形，组合完成所需绘制的对称图形，如图 1-91 所示。

5. 圆形

直径较小圆：作十字中心线，中心线上按半径目测画四点徒手连接，如图 1-92 所示。

直径较大圆：作十字中心线，过圆心增加 45°斜线，其余同前，如图 1-92 所示。

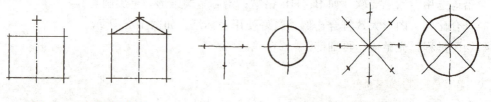

图 1-91 对称图形绘制　　　　　　　　　　图 1-92 圆形绘制

6. 椭圆

椭圆的画法如图 1-93 所示。

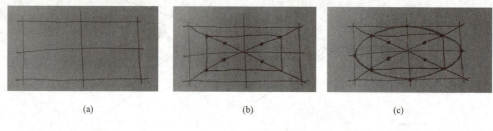

(a)　　　　　　　　　　(b)　　　　　　　　　　(c)

图 1-93 椭圆绘制

7. 对称曲线

对称曲线的画法如图 1-94 所示。

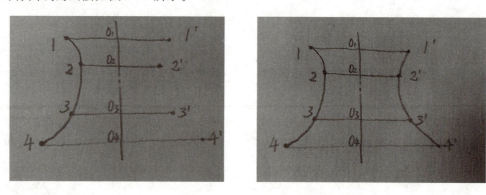

图 1-94 对称曲线绘制

【小互动】　分组讨论：同学们，从草图的绘制要求和绘制方法可以发现，作图需要共同遵守绘图要求和规律，并严谨认真、一丝不苟，才可以规范完成草图绘制。

任务实施

1. 任务内容

本任务是绘制石膏线截面草图，参考样例如图 1-95 所示。

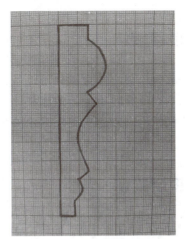

微课：石膏线截面
草图绘制

图 1-95　石膏线截面草图

2. 任务要求

(1)选择坐标纸，如图 1-96(a)所示。

(2)合理绘制石膏线截面草图。

3. 操作提示

(1)准备工作：固定图纸、削制铅笔等。

(2)绘制底稿(HB 铅笔)：

1)绘制直线轮廓，如图 1-96(b)所示。

2)绘制曲线轮廓，如图 1-96(c)所示。

(3)检查加深(2B 铅笔加深图线)：加深图线如图 1-96(d)所示。

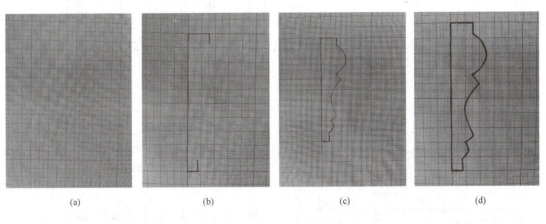

(a)　　　　　　　　(b)　　　　　　　　(c)　　　　　　　　(d)

图 1-96　石膏线截面草图绘制

【小提示】　操作过程中注意在坐标纸上，借助方格解决图线横平竖直及比例问题。

任务拓展

1.草图的基本要求有哪些？

2.如何徒手绘制圆弧？

3.如何徒手绘制特殊角度斜线？

本项目通过完成壁纸图案绘制、果盘截面绘制、果盘工作图绘制、石膏线截面草图绘制等任务，学习了绘图工具的用法、绘图流程；等分作图、圆弧连接、椭圆画法等几何作图方法；图幅、图线、字体、比例等标准和尺寸标注；徒手草图绘图方法和规则。通过学习，同学们可以达到绘制简单物品工作图的水平。

项目实训

实训一：(10分)抄绘图样，如图1-97所示。

任务要求：

(1)按照比例抄绘图形并标注尺寸。

(2)线型分明，粗细匀称，图面整洁。

(3)图纸选用A3幅面。

实训二：(10分)抄绘图样，如图1-98所示。

任务要求：

(1)按照比例抄绘图形并标注尺寸。

(2)线型分明，粗细匀称，图面整洁。

(3)图纸选用A3幅面。

测验：基础图形
绘制检测

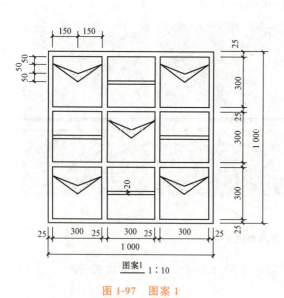

图案1 1:10

图 1-97　图案 1

图案2 1:10

图 1-98　图案 2

项目二　房屋三视图绘制

知识图谱

学习目标

1. 了解三视图形成，理解投影规律，掌握三视图画法。
2. 掌握点的投影规律。
3. 掌握线的投影规律。
4. 掌握面的投影规律。

微课：项目导入

学习重点

1. 投影规律、三视图画法。
2. 三视图上点投影。
3. 三视图上线投影。
4. 三视图上面投影。

学习指南

在进行本项目的学习时，建议参考以下方法：
1. 回顾项目一的重点，熟练掌握工具使用、几何作图方法。
2. 课前了解学习目标，重点理解三等规律，反复观看微课视频。
3. 将点、线、面的空间位置与其投影相联系，建立空间概念，帮助理解。

任务一 三视图绘制

微课：任务导入

任务目标

1. 了解三视图形成，理解投影规律，掌握三视图画法。
2. 能够正确绘制三视图。
3. 培养辩证思维、创新意识、工匠精神。

任务导入

在工程界图形是按照一定的投影关系来绘制的，常常使用三视图表达物体形状，因此需要学生学习三视图投影规律及画法。

【小链接】 阅读《星·圆·方》和《零件与投影视图》资料，增强对投影视图的直观认识，启发创新思维，培养创新意识、辩证思维。

小链接：星·圆·方

小链接：零件与投影视图

知识拓展

知识拓展：匠心——建筑工程梦想家

知识准备

■ 一、三视图形成

1. 投影的概念

(1)投影的形成。投影现象：光源发出光线，照射物体在地面产生影子，这种现象称为投影现象，如图 2-1 所示。

(2)投影法的分类。常用投影法可分为中心投影法和平行投影法。

1)中心投影法。投射线从投射中心点发出，照射物体，在投影面上产生投影，这种投影法称为中心投影法，如图 2-2 所示。

投影特性：投射中心、物体、投影面三者之间的相对距离对投影的大小有影响。度量性较差，如图 2-3 所示。中心投影法适用于绘制透视图。

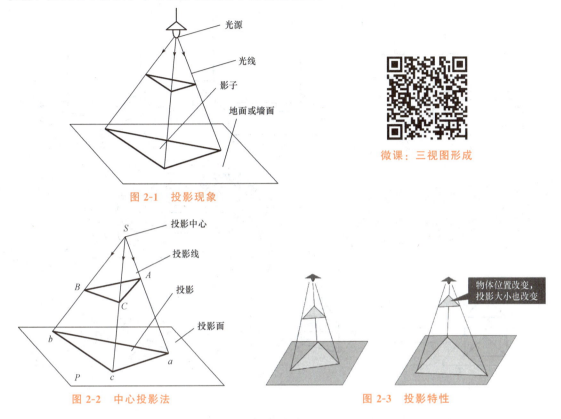

图 2-1　投影现象

图 2-2　中心投影法

图 2-3　投影特性

物体位置改变，投影大小也改变

光源

光线

影子

地面或墙面

微课：三视图形成

投影中心

投影线

投影

投影面

2）平行投影法。投影线相互平行照射物体，在投影面上产生投影，这种投影法称为平行投影法。平行投影法又可分为斜角投影法和直角投影法。斜角投影法投射线相互平行，与投影面倾斜，如图 2-4（a）所示；直角投影法也称正投影法，投射线相互平行，与投影面垂直，如图 2-4（b）所示。

投影特性：投影大小与物体和投影面之间的距离无关。度量性好，工程图样一般都采用正投影法绘制。

（3）工程中常用的投影图。

1）正投影图，如图 2-5 所示。

2）轴测投影图，如图 2-6 所示。

3）透视投影图，如图 2-7 所示。

4）标高投影图，如图 2-8 所示。

（a）

（b）

图 2-4　平行投影法

（a）斜角投影法；（b）直角投影法

2. 正投影特性

（1）显实性。平面平行于投影面，采用正投影法投影，其投影与空间的物体全等，反映实形；直线平行于投影面，其投影反映实长，这种性质称为显实性，如图 2-9（a）所示。

（2）积聚性。平面垂直于投影面，其投影积聚为一条直线段；直线垂直于投影面，其投影积聚为点，这种性质称为积聚性，如图 2-9（b）所示。

（3）类似性。平面倾斜于投影面，其投影为类似的图形；直线倾斜于投影面，其投影为类似的线段，这种性质称为类似性，如图2-9（c）所示。

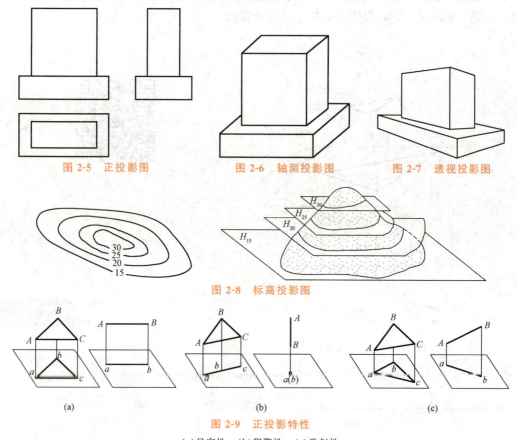

图2-5　正投影图　　　　图2-6　轴测投影图　　　　图2-7　透视投影图

图2-8　标高投影图

图2-9　正投影特性

（a）显实性；（b）积聚性；（c）类似性

3. 三视图形成

视图：根据正投影法所绘制出物体的图形，如图2-10所示。

物体采用正投影法向投影面投射，如图2-10所示，三种不同物体的投影相同，因此，单一的正投影不能完全确定物体的形状和大小，需要建立三投影面体系，如图2-11所示。

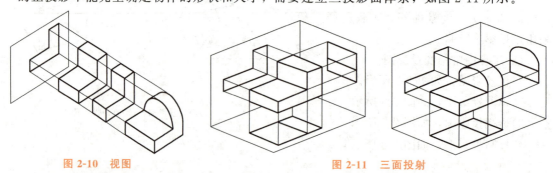

图2-10　视图　　　　　　　　　　　　图2-11　三面投射

（1）三投影面体系。三投影面体系由三个相互垂直的投影面组成，如图2-12所示。

1）三个相互垂直的投影面：

①正立投影面：位于正前方的为正立投影面，V面。

②水平投影面：位于正下方的为水平投影面，H面。

③侧立投影面：位于侧面的为侧立投影面，W 面。

2）三个相互垂直的投影轴：

①OX 轴（X 轴），V 面与 H 面交线，长度方向。

②OY 轴（Y 轴），W 面与 H 面交线，宽度方向。

③OZ 轴（Z 轴），V 面与 W 面交线，高度方向。

3）三轴交于一点——O 点。

（2）三视图的形成。物体放入三投影面体系中，采用正投影法分别投影，如图 2-13（a）所示；展开摊平，得到三视图，如图 2-13（b）所示。三个视图可以准确地表达物体的形状与大小。

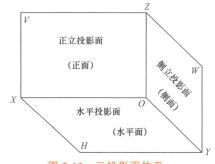

图 2-12　三投影面体系

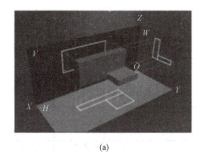
(a)

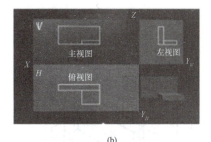
(b)

图 2-13　三视图形成

（a）三视图投影；（b）三视图展开

长方体三视图的形成分析：长方体放入三投影面体系中，投影得到三视图，如图 2-14 所示。

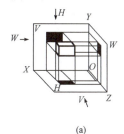
(a)

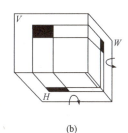
(b)

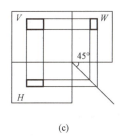
(c)

模型：三视图形成

图 2-14　长方体三视图形成

（a）三视图投影；（b）三视图展开；（c）三视图

二、三视图投影规律

1. 位置关系

物体放入三投影面体系中，得到三视图。其位置关系如图 2-15 所示。

2. 尺寸关系

物体尺寸关系如图 2-16 所示。

总结：主、俯视图长度相等；

　　　主、左视图高度相等；

　　　俯、左视图宽度相等。

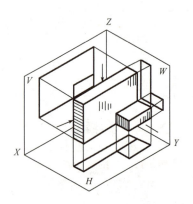
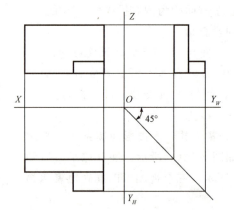

图 2-15　位置关系

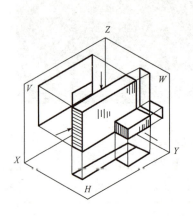
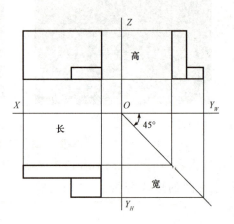

图 2-16　尺寸关系

3. 方位关系

物体方位关系如图 2-17、图 2-18 所示。

总结：主、俯视图反映左右关系；

主、左视图反映上下关系；

俯、左视图反映前后关系。

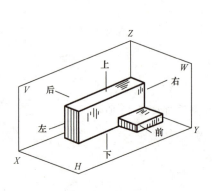
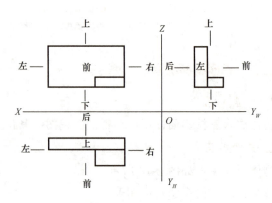

图 2-17　投影关系

图 2-18　方位关系

4. 投影规律

物体投影规律如图 2-19、图 2-20 所示。

总结：主、俯视图长对正；

　　　　主、左视图高平齐；

　　　　俯、左视图宽相等。

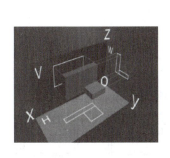

图 2-19　投影关系

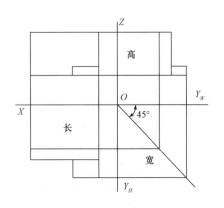

图 2-20　投影规律

■ 三、三视图画法

1. 三视图画法步骤

(1)由轴测图想出三视图的形状，如图 2-21(a)、(b)所示。

(2)在规定位置绘制主要特征面，如图 2-21(c)所示。

(3)根据"三等关系"补全其他投影，如图 2-21(d)所示。

要点：初学者可先绘制一个完整视图，再由"三等关系"完成其他视图。

微课：三视图画法

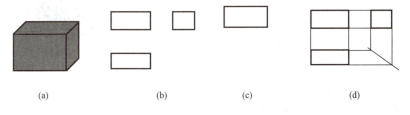

(a)　　　　　　(b)　　　　　　(c)　　　　　　(d)

图 2-21　三视图绘图步骤

(a)轴测投影；(b)想出投影；(c)特征面投影；(d)三视图

技能点：三视图

2. 案例

【例 2-1】　三棱柱三视图绘制。

(1)由轴测图想出三视图的形状，如图 2-22(a)、(b)所示。

(2)在规定位置绘制主要特征面，如图 2-22(c)所示。

(3)根据"三等关系"补全其他投影，如图 2-22(d)所示。

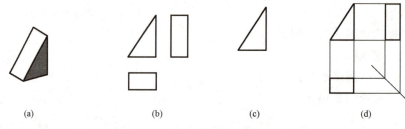

(a)　　　　　　　(b)　　　　　(c)　　　　　　(d)

图 2-22　三棱柱三视图绘图步骤

(a)轴测投影；(b)想出投影；(c)特征面投影；(d)三视图

【例 2-2】　床头柜三视图绘制。

(1)由轴测图想出三视图的形状，如图 2-23(a)、(b)所示。

(2)在规定位置绘制主要特征面，如图 2-23(c)所示。

(3)根据"三等关系"补全其他投影，如图 2-23(d)所示。

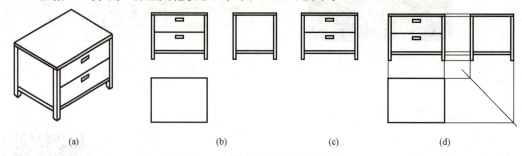

(a)　　　　　　(b)　　　　　　(c)　　　　　　(d)

图 2-23　床头柜轴测图绘图步骤

(a)轴测投影；(b)想出投影；(c)特征面投影；(d)三视图

任务实施

微课：绘制房屋三视图

1. 任务内容

本任务是依据轴测图绘制房屋三视图，如图 2-24 所示。

2. 任务要求

(1)依据轴测图，绘制三视图草图。

(2)由三视图大小，合理选择图幅、比例(建议：图幅 A4，比例为 1∶20)。

(3)使用绘图工具绘制三视图，标注尺寸。

3. 操作提示

(1)准备工作：定图幅比例，固定图纸，削制铅笔，绘制草图等。

(2)绘制底稿(H 铅笔)：由轴测图想出三视图的形状，绘制底稿，如图 2-25(a)、(b)所示。

1)绘制特征面，特征面为左视图五边形，如图 2-25(c)所示。

2)依据三等规律绘制其他视图，如图 2-25(d)所示。

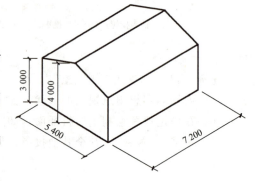

图 2-24　房屋轴测图模型

3)标注尺寸,如图 2-25(e)所示。

(3)检查加深:HB、2B 铅笔加深图线。

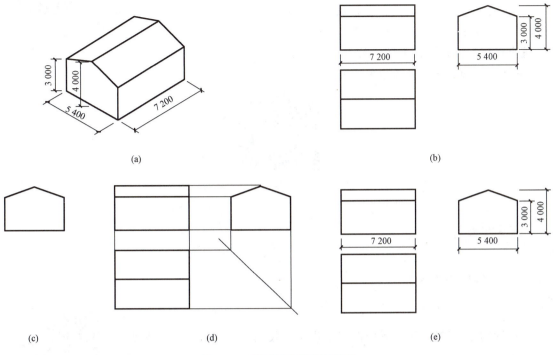

图 2-25　房屋三视图绘图步骤

(a)轴测投影;(b)想出投影;(c)特征面投影;(d)三视图;(e)标注尺寸

【小提示】 绘制三视图时,无论从整体还是到局部,一定要遵循"长对正、高平齐、宽相等"三等规律。

任务拓展

1. 投影法分为哪几种?

2. 正投影法的投影特性有哪些?

3. 三视图的三等规律是什么?

任务二　点投影规律探究

任务目标

1. 掌握点的投影规律。

2. 能够正确绘制三视图上点投影。

3. 培养创新思维、探究精神、文化自信、爱国情怀。

任务导入

任何物体都是由点、线、面组成的，因此学生需要掌握点、线、面的投影规律。本任务学习点的投影规律。

【小链接】 阅读《覆盖全球的中国导航系统》资料，启发学生对实现空间位置点定位的思考，促使学生坚定文化自信，增强民族自豪感。

微课：任务导入

小链接：覆盖全球的中国导航系统

知识准备

■ 一、一般位置点的投影

1. 点投影

空间点放入三投影面体系中向三个投影面投射，展开摊平，如图 2-26（a）、（b）所示。

点的标记：空间点用大写字母表示，点的投影用小写字母表示，如图 2-26（c）所示。

微课：点投影规律

a ——点 A 的水平投影；

a' ——点 A 的正面投影；

a'' ——点 A 的侧面投影。

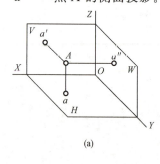
(a)

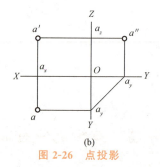
(b)

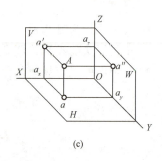
(c)

图 2-26　点投影

投影连线：$a'a \perp OX$ 轴，$a'a'' \perp OZ$ 轴，如图 2-26（b）所示。

投影距离：$aa_x = a''a_z =$ 点 A 到 V 面的距离，如图 2-26（c）所示。

$a'a_x = a''a_y =$ 点 A 到 H 面的距离，如图 2-26（c）所示。

$aa_y = a'a_z =$ 点 A 到 W 面的距离，如图 2-26（c）所示。

2. 投影与坐标

在三投影面体系中，投影面相当于坐标面，投影轴相当于坐标轴，轴的交点 O 相当于坐标原点。距离和坐标的关系如图 2-27 所示。

3. 两点的相对位置

X 坐标大的在左，Y 坐标大的在前，Z 坐标大的在上，如图 2-28 所示。

【例 2-3】 判断 A、D 两点的相对位置，如图 2-29 所示。

从投影图上可知，X 方向 A 点坐标大于 D 点坐标，所以 A 点在 D 点的左侧，Y 坐标 A 点比 D 的坐标小，所以 A 点在 D 点的后方，A 点的 Z 坐标大于 D 点的 Z 坐标，所以 A 点在 D 点的上方，因此，A 点在 D 点的左后上方。

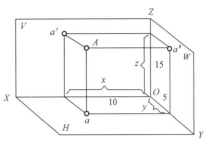

图 2-27　点投影与坐标

4. 重影点

两点相对位置中特殊的是重影点，如图 2-30(a)所示。不可见点的标记加括号，如图 2-30 (b)所示。

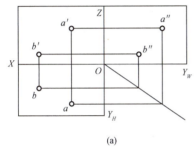

(a)

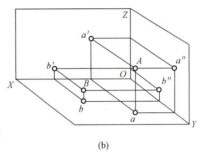

(b)

图 2-28　两点相对位置

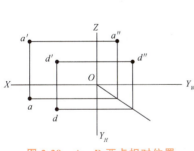

图 2-29　A、D 两点相对位置

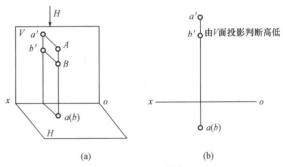

(a)　　　　(b)

图 2-30　重影点

5. 点投影求法

【例 2-4】 已知点的坐标值为 $A(20，10，15)$ 和 $B(0，15，20)$，求它们的三面投影。

案例分析：如图 2-31 所示，先画坐标轴，轴上分别找出坐标值；画点的投影。

首先，作投影连线截取 X 坐标和 Z 坐标，得到主视投影 a'，截取 Y 坐标，得到俯视投影 a，由高平齐和宽相等得到左视投影 a''，同样的方法做出 B 的三面投影。

【例 2-5】 已知点的两个投影，如图 2-32(a)所示。求第三面投影。

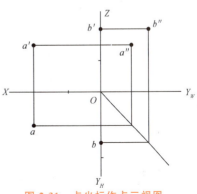

图 2-31　点坐标作点三视图

案例分析：如果已知点的两个投影，求第三面投影，有以下三种方法：

方法一：利用三等规律，画45°辅助线保证宽相等，得侧视投影，如图2-32(b)所示。

方法二：利用高平齐、宽相等，利用分规量取保证宽度相等，得到a''，如图2-32(c)所示。

方法三：使用高平齐、宽相等，使用圆弧保证宽度相等，得到a''，如图2-32(d)所示。

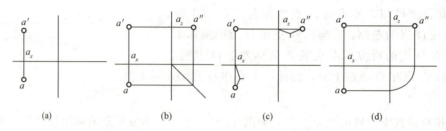

(a)　　　　　　(b)　　　　　　(c)　　　　　　(d)

图 2-32　已知点两面投影作点三视图

【小链接】　阅读《点投影》资料，启发学生对点投影及三视图形成过程的直观认识，通过教学手段创新启发学生的创新思维，培养学生的辩证思维。

小链接：点投影

■ 二、特殊位置点的投影

投影轴、面等上的特殊位置点，其坐标值有特殊性，如图2-33所示。

总结：空间点，三个坐标非零；

　　　投影面上的点，一个坐标为零；

　　　投影轴上的点，两个坐标为零；

　　　与原点重合的点，三个坐标都为零。

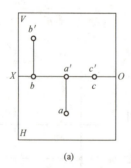 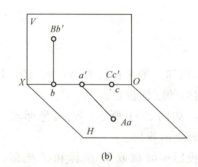

(a)　　　　　　　　　　　　　　(b)

图 2-33　特殊位置点的投影

【例 2-6】　下列各点的位置在哪里？

(1)$A(15，20，10)$：A 点，由于三个坐标都为非零，因此，A 点是空间点。

(2)$B(15，20，0)$：B 点，Z 坐标为零，因此，B 点是在 H 面上。

(3)$C(15，0，0)$：C 点，Y 和 Z 坐标为零，只有 X 坐标，C 点应该是在 X 轴上。

(4)$D(0，0，0)$：D 点，三个坐标为零，因此 D 点应该是在坐标原点 O 上。

【小链接】　阅读《手机导航原理》资料，激发学生的学习兴趣，对确定空间点位置坐标的原理有清晰认识，对学习和理解点的投影有极好的帮助作用，培养学生的创新意识、探究意识，激发学生的爱国情怀。

小链接：手机导航原理

任务实施

1. 任务内容

本任务是绘制房屋表面点的三视图投影，参考样例如图 2-34 所示。

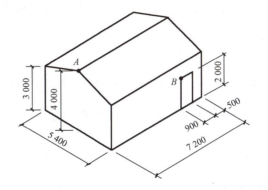

微课：房屋表面点的
三视图投影

图 2-34　房屋表面点的轴测投影

2. 任务要求

(1)依据轴测图，绘制房屋三视图草图。

(2)由三视图大小，合理选择图幅、比例。

(3)绘制房屋三视图及 A 点、B 点的三面投影。

3. 操作提示

(1)准备工作：选图幅，定比例，固定图纸、削制铅笔、绘制草图等。绘制草图是依据轴测图，绘制出三视图草图，如图 2-35(a)所示。

(2)绘制底稿(H 铅笔)：

1)绘制三视图。先绘制出特征面，再绘制其他投影，如图 2-35(b)、(c)所示。

2)A 点主视投影及其他投影。在三视图上绘制 A 点的主视投影及其他投影，如图 2-35(d)所示。

3)B 点主视投影及其他投影。绘制 B 点的主视投影，绘制 B 点的其他投影，如图 2-35(e)所示。

（3）检查加深（HB、2B铅笔）：加深图线，完成房屋表面点的三视图绘制。

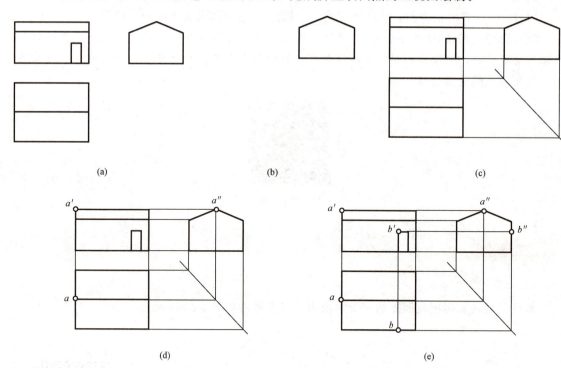

图 2-35　房屋表面点的三视图投影

(a)草图；(b)特征面；(c)三视图；(d)A点投影；(e)B点投影

【小提示】　点的投影一样遵循三等规律，即"长对正、高平齐、宽相等"。

任务拓展

1. 两点的相对位置如何判定？
2. 点的投影特性有哪些？
3. 点的坐标与投影的关系有哪些？

任务三　线投影规律探究

任务目标

1. 掌握线的投影规律。
2. 能够正确绘制三视图中线的投影。
3. 培养学生勇于探索的精神及辩证思维，弘扬工匠精神。

任务导入

任何物体都是由点、线、面组成的，因此学生需要掌握点、线、面的投影规律。本任务学习线的投影规律。

【小链接】 阅读《海底隧道施工模拟》资料，培养学生的探究精神及辩证思维，弘扬工匠精神。

小链接：海底隧道施工模拟

知识准备

一、直线的投影特性

两点确定一条直线，将直线两端点同名投影用直线连接，就得到直线的同名投影，如图 2-36 所示。

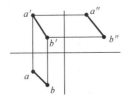

图 2-36 直线投影

直线投影特性：显实性、积聚性、类似性，如图 2-37 所示。

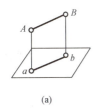

(a)

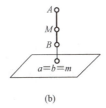

(b)

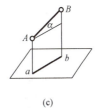

(c)

图 2-37 直线投影特性

(a)显实性；(b)积聚性；(c)类似性

二、直线的三面投影

根据相对于投影面的位置不同，直线可分为投影面的平行线、垂直线、一般位置线三种。投影面平行线根据位置不同，分为正平线、侧平线、水平线；投影面垂直线根据位置不同，分为正垂线、侧垂线、铅垂线；一般位置直线是与三个投影面都倾斜的直线。

其中，投影面的平行线、垂直线均称为特殊位置线。

1. 一般位置直线

与三个投影面都倾斜的直线称为一般位置直线，如图 2-38 所示。

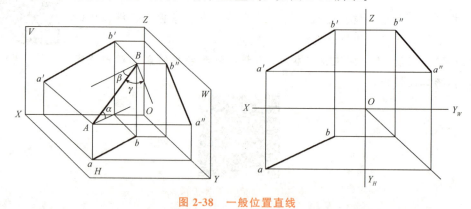

图 2-38　一般位置直线

投影特性：三个投影都不反映直线实长，三个投影均对投影轴倾斜。

2. 投影面平行线

直线平行于一个投影面，倾斜于另两个投影面，称为投影面的平行线，分为水平线、正平线、侧平线，如图 2-39 所示；与 H 面的夹角，称为阿尔法角(α)；与 V 面的夹角，称贝塔角(β)；与 W 面的夹角，称伽马角(γ)。

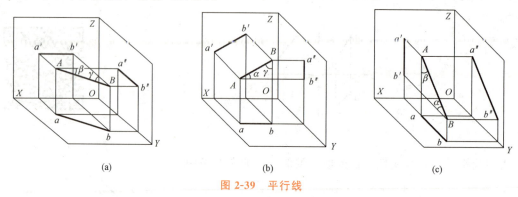

(a)　　　　　　　(b)　　　　　　　(c)

图 2-39　平行线

(a)水平线；(b)正平线；(c)侧平线

(1)水平线。水平线平行于 H 面，所以 H 面上的投影反应实长，并且反映 β 和 γ 的实际大小，另外两个投影为类似图形，平行于相应的投影轴，如图 2-40 所示。

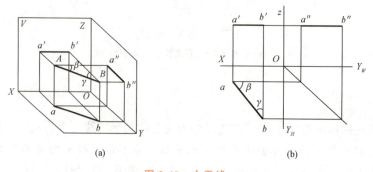

(a)　　　　　　　　　　　　(b)

图 2-40　水平线

(a)水平线轴测图；(b)水平线三视图

投影特性:

1)V 面和 W 面投影<实长,$a'b'//OX$;$a''b''//OY$;

2)$ab=AB$ 反映实长,倾斜于 OX 轴,反映 β、γ 角的实际大小。

(2)正平线。正平线平行于 V 面,在 V 面上的投影反映实长,反映 α 和 γ 的实际大小,其余的两个投影为类似图形,如图 2-41 所示。

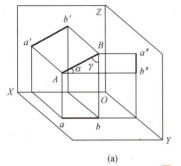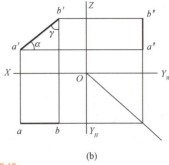

(a)　　　　　　　　　　　　　(b)

图 2-41　正平线

(a)正平线轴测图;(b)正平线三视图

投影特性:

1)H 面和 W 面投影<实长,$ab//OX$;$a''b''//OZ$;

2)$a'b'=AB$ 反映实长,倾斜于 OX 轴,反映 α、γ 角的实际大小。

(3)侧平线。侧平线平行于 W 面,W 面上的投影反映实长,并且反映 α 和 β 的实际大小,其余两个投影不反映实长,为类似图形,如图 2-42 所示。

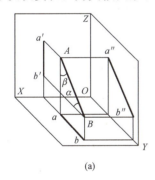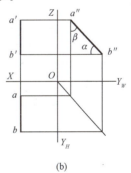

(a)　　　　　　　　　　　　　(b)

图 2-42　侧平线

(a)侧平线轴测图;(b)侧平线三视图

投影特性:

1)H 面和 W 面投影<实长,$ab//OY$;$a'b'//OZ$;

2)$a''b''=AB$ 反映实长,倾斜于 OX 轴,反映 α、β 角的实际大小。

平行线的投影特性:在平行投影面上投影反映实长,并且反映直线与另外两个投影面的倾角;另外两个投影面上的投影平行于相应的投影轴。

3. 投影面垂直线

投影面垂直线垂直一个投影面,平行另外两个投影面。依据垂直位置的不同,可分为铅垂线、正垂线和侧垂线,如图 2-43 所示。

(1)铅垂线。铅垂线垂直于 H 面,在 H 面上的投影积聚为点,另外两面投影反映实长,如图 2-44 所示。

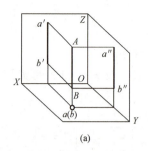

(a)

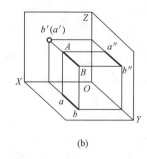

(b)

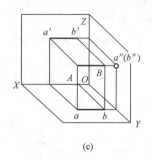

(c)

图 2-43 垂直线

(a)铅垂线；(b)正垂线；(c)侧垂线

投影特性：

1)水平投影 ab 积聚成一点；

2)$a'b'//OZ$；$a''b''//OZ$；$a'b'\perp OX$；$a''b''\perp OY_W$；

3)$a'b'=a''b''=AB$，反映实长。

(2)正垂线。正垂线垂直于 V 面，在 V 面上积聚为一个点，另外的两面投影反映实长，如图 2-45 所示。

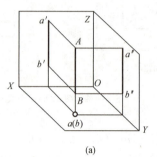

(a)

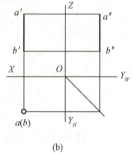

(b)

图 2-44 铅垂线

(a)铅垂线轴测图；(b)铅垂线三视图

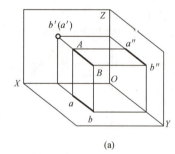

(a)

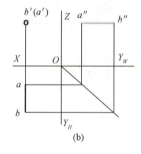

(b)

图 2-45 正垂线

(a)正垂线轴测图；(b)正垂线三视图

投影特性：

1)正面投影 $a'b'$ 积聚成一点；

2)$ab//OY_H$；$a''b''//OY_W$；$ab\perp OX$；$a''b''\perp OZ$；

3)$ab=a''b''=AB$，反映实长。

(3)侧垂线。侧垂线垂直于 W 面，在 W 面上积聚为一个点，另外的两面投影反映实长，如图 2-46 所示。

投影特性：

1)侧面投影 $a''b''$ 积聚成一点；

2)$ab//OX$；$a'b'//OX$；$ab\perp OY_H$；$a'b'\perp OZ$；

3)$ab=a'b'=AB$，反映实长。

垂直线的投影特性：垂直的投影面上积聚为点，另外的两个投影面上反映实长，并且垂直于相应的投影轴。

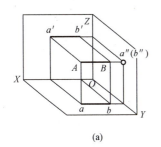
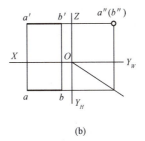

(a)　　　　　　　　　　　　　　(b)

图 2-46　侧垂线

(a)侧垂线轴测图；(b)侧垂线三视图

■ 三、直线上点投影

1. 从属性

点在直线上，则点的各个投影必定在该直线的同面投影上，且符合点的投影规律，如图 2-47 所示。

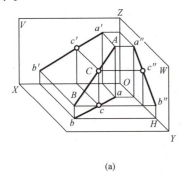
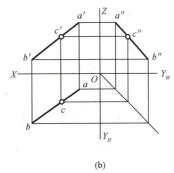

(a)　　　　　　　　　　　　　　(b)

图 2-47　从属性

(a)从属性轴测图；(b)从属性三视图

2. 定比性

若点将直线分为两段，则两段的实长之比等于其投影长度之比，如图 2-48 所示。

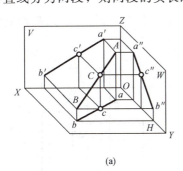
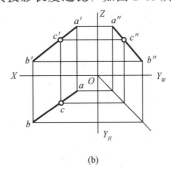

(a)　　　　　　　　　　　　　　(b)

图 2-48　定比性

(a)定比性轴测图；(b)定比性三视图

【例 2-7】　已知直线段 AB 的两面投影 ab 和 $a'b'$，如图 2-49(a)所示。在直线 AB 上求作一点 C，使 $AC：CB＝1：2$，绘制出 C 点的两面投影。

案例分析：依据定比性，C 点一定是在直线同面投影 1：2 的位置处；先等分线段，找出

C 点的俯视投影位置，由从属性，C 点的投影，必定在直线的同面投影上，c' 一定在 $a'b'$ 上，且符合投影规律，找到 c'，完成了 C 点的两面投影，如图 2-49(b) 所示。

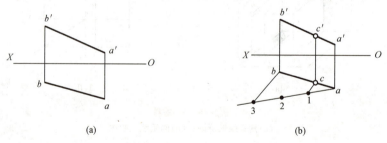

图 2-49　求 C 点投影

(a)线段 AB 投影；(b)C 点投影

■ 四、两直线的相对位置

1. 两直线平行

空间两条直线相互平行，则其在三个投影面上的投影相互平行，如图 2-50 所示。

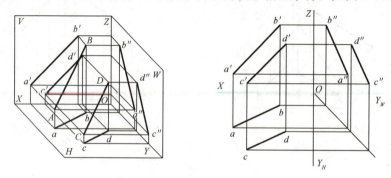

图 2-50　两直线平行

(1)空间两直线平行，其在三个投影面上的投影平行。

(2) 三个投影面上的投影平行，空间两直线平行。

【例 2-8】 已知两侧平线 AB 和 CD 两面投影，如图 2-51(a)所示。判断两直线空间是否平行。

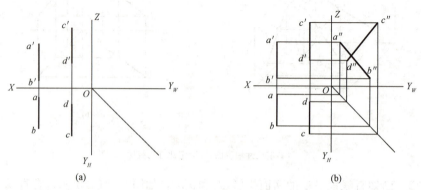

图 2-51　两直线空间位置

(a)直线两面投影；(b)直线三面投影

案例分析：如果两条直线空间相互平行，那么它的三面投影必定相互平行，需要求出它的侧视投影，如果侧视投影相互平行，就说明空间直线相互平行；侧视投影，先找出点的投影，找到线段两个端点的投影，同面投影连接，如图 2-51(b)所示。侧面投影，投影相交不平行。因此可以判断两条直线空间不平行。

2. 两直线相交

空间直线相交，其三个投影面上的投影也相交，并且投影交点符合点的投影规律。

三个投影面上的投影如果都相交，且交点投影符合投影规律，则空间直线必定相交，如图 2-52 所示。

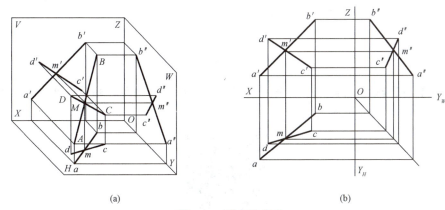

(a)   (b)

图 2-52　两直线相交

(a)两直线相交；(b)两直线相交三面投影

(1)空间直线相交，其三个投影面上投影也相交，投影交点符合点投影特性。

(2)三个投影面上的投影如果都相交，且交点投影符合投影规律，则空间直线必定相交。

【例 2-9】　已知 A 点与直线 BC 的投影，如图 2-53(a)所示。试过 A 点作一条与直线 BC 相交的水平线 AD 的两面投影。

案例分析：由水平线投影特性可知，H 面上的投影反映实长，V 面上的投影平行于 OX 轴，可过 a' 做 OX 轴平行线与直线 $b'c'$ 相交。由于直线 AD 与直线 BC 相交，则可找到交点 d'。D 点既在直线 AB 上，也在直线 BC 上，找到 D 点俯视投影，连接即可，如图 2-53(b)所示。

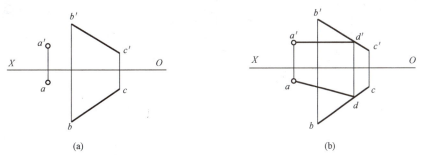

(a)   (b)

图 2-53　过点作相交水平线

(a)点与直线两面投影；(b)直线 AD 两面投影

3. 两直线交叉

交叉直线投影，可能有一组或两组投影相互平行，但一定不会有三组同面投影相互平行；交叉直线，各个同面投影也许相交，但交点一定不会符合点投影规律，如图 2-54 所示。

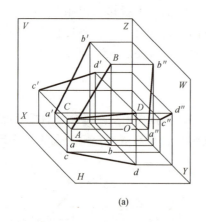
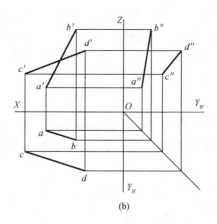

(a)　　　　　　　　　　　　(b)

图 2-54　两直线交叉

【小链接】　阅读《建筑师江文渊》资料，激发学生的学习兴趣，培养学生保护自然环境的意识和辩证思维，培养学生的探究精神和创新思维。

小链接：建筑师江文渊

任务实施

1. 任务内容

本任务是绘制房屋表面线的三视图投影，参考样例如图 2-55 所示。

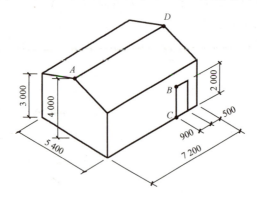

微课：绘制房屋表面线的三视图投影

图 2-55　房屋表面线 *AD*、*BC* 的轴测投影

2. 任务要求

(1)依据轴测图，绘制房屋三视图草图。

(2)由三视图大小，合理选择图幅、比例。

(3)绘制房屋三视图及表面线 *AD*、*BC* 的三面投影。

3. 操作提示

(1)准备工作：选图幅、定比例、固定图纸、削制铅笔、绘制草图等，由轴测图，首先想出其三视图草图，如图 2-56(a)、(b)所示。依据三视图选择图幅，确定比例。

(2)绘制底稿(H 铅笔)：

1)绘制三视图。依据草图绘制底稿三视图，绘制主要特征面、主视投影、俯视投影，如图 2-56(c)所示。

2)绘制 A 点、D 点主视投影及其他投影，并连接。在轴测图上找到直线 AD 的位置，在三视图对应位置绘制 A 点、D 点的主视投影、俯视投影、左视投影，连接各投影点，得到直线 AD 的三面投影，如图 2-56(d)所示。

3)绘制 B 点、C 点主视投影及其他投影，并连接。在轴测图上找到直线 BC 的位置，在三视图中找到 B 点、C 点的主视投影、俯视投影、左视投影，连接各投影点，得到直线 BC 的三面投影，如图 2-56(e)所示。

(3)检查加深(HB、2B 铅笔)：加深图线。

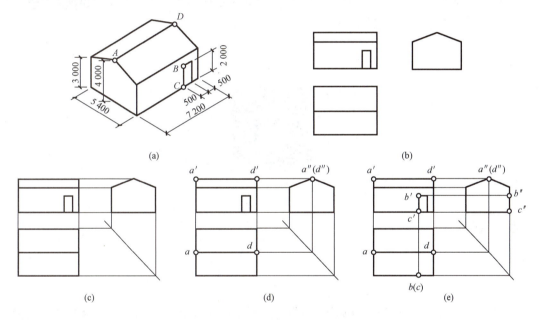

图 2-56　房屋表面线的三视图投影绘制

【小提示】　绘图中注意重影点问题，从投影方向进行判断，可见点遮盖不可见点，不可见点标记加括号。

任务拓展

1. 线上点投影的特性有哪些？

2. 线的投影特性有哪些？

3. 两直线的相对位置有哪些？

任务四　面投影规律探究

1. 掌握面的投影规律。
2. 能够正确绘制三视图中面的投影。
3. 培养创新思维，增强民族自豪感。

任务导入

任何物体都是由点、线、面组成的，因此学生需要掌握点、线、面的投影规律。本任务学习面的投影规律。

微课：任务导入

知识拓展

知识拓展：骄傲的少年

知识准备

■ 一、平面投影特性

平面相对于投影面有平行、垂直、倾斜三种位置。它们的投影特性为平面平行于投影面，投影显示实形，显实性；平面垂直于投影面，投影积聚为直线，积聚性；平面倾斜于投影面，投影为类似图形，类似性，如图 2-57 所示。

微课：面投影规律

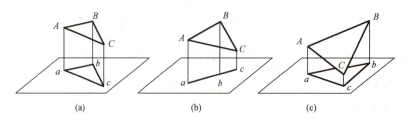

| (a) | (b) | (c) |

图 2-57　面的投影特性
(a)显实性；(b)积聚性；(c)类似性

投影特性：显实性，即平面平行投影面——投影显示实形；积聚性，即平面垂直投影面——投影积聚直线；类似性，即平面倾斜投影面——投影类似图形。

■ 二、平面三面投影

平面放入三投影面体系中，向三个投影面投射得到三视图，只要找出平面上各点的三面投影，连接其同面投影，即可得到平面的投影，如图 2-58 所示。

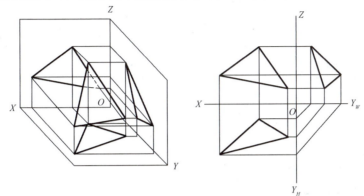

图 2-58　平面三面投影

■ 三、各种位置面三面投影

依据平面在三个投影面中的位置，分为平行面、垂直面、一般位置面。投影面平行面，依据位置不同又分为正平面、水平面、侧平面；投影面垂直面，依据位置不同分为正垂面、铅垂面、侧垂面；与三个投影面倾斜的面，称为一般位置平面。其中，平行面和垂直面又称为特殊位置平面。

1. 一般位置平面

与三个投影面都倾斜的平面称为一般位置平面，如图 2-59 所示。

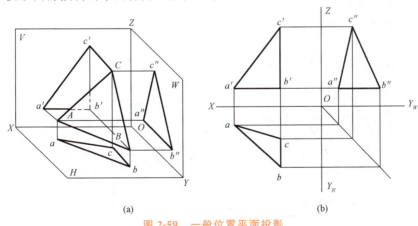

(a) (b)

图 2-59　一般位置平面投影

2. 投影面平行面

平行于一个投影面、垂直于另两个投影面的平面称为投影面平行面。依据位置不同，投影面平行面分为水平面、正平面和侧平面，如图 2-60 所示。

投影特征：在所平行投影面上的投影反映实形，另外两个投影积聚成直线，并且与相应的投影轴平行。

(1)水平面。平行于 H 面，垂直于 V 面和 W 面的称为水平面。依据显实性，可知 H 面投影反映实形；依据积聚性，可知 V 面和 W 面投影积聚为直线，如图 2-61 所示。

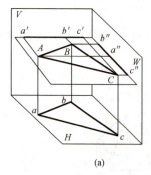 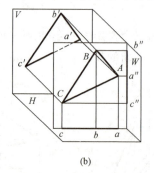 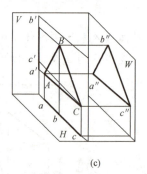

(a) (b) (c)

图 2-60 投影面平行面

(a)水平面；(b)正平面；(c)侧平面

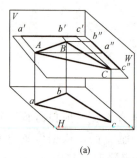 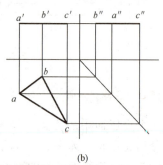

(a) (b)

图 2-61 水平面投影

(a)轴测图；(b)三视图

投影特性：

1)水平投影反映实形。

2)正面、侧面投影积聚为直线，正面投影//OX 轴；侧面投影//OY_W 轴。

(2)正平面。正平面是平行于 V 面，垂直丁 H 面和 W 面。依据显实性，V 面投影反映实形，H 面和 W 面投影积聚为直线，如图 2-62 所示。

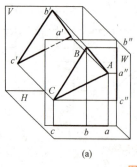 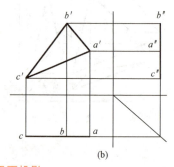

(a) (b)

图 2-62 正平面投影

(a)轴测图；(b)三视图

投影特性：

1)正面投影反映实形。

2)水平投影$//OX$，侧面投影$//OZ$，分别积聚成直线。

（3）侧平面。侧平面是平行于W面，垂直于V面和H面。依据显实性，W面投影反映实形，H面和V面投影反映积聚性，积聚为直线，如图2-63所示。

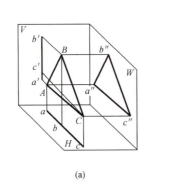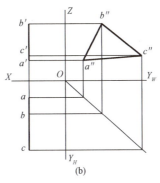

（a）

（b）

图 2-63　侧平面投影

（a）轴测图；（b）三视图

投影特性：

1)侧面投影反映实形。

2)正面投影$//OZ$，水平投影$//OY_H$，分别积聚成直线。

3. 投影面垂直面

垂直一个投影面、与另外的两个投影面倾斜，称为投影面垂直面。根据位置不同，投影面垂直面可分为铅垂面、正垂面、侧垂面，如图2-64所示。

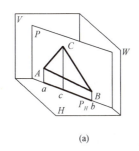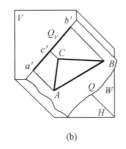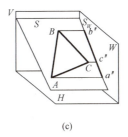

（a）

（b）

（c）

图 2-64　投影面垂直面

（a）铅垂面；（b）正垂面；（c）侧垂面

投影特性：在所垂直的投影面上的投影积聚为直线，积聚投影与投影轴的夹角反映了平面与相应投影面之间的夹角；另外两个投影具有类似性。

（1）铅垂面。铅垂面垂直于H面，依据积聚性，H面投影积聚为直线，倾斜于另外两个面；依据类似性，另外两个面的投影为类似图形，如图2-65所示。

投影特性：

1)水平投影积聚成直线，并反映倾角β和γ。

2)正面投影和侧面投影不反映实形，是缩小的类似形。

（2）正垂面。正垂面垂直于V面，正立投影面上的投影积聚为直线，另外两个面的投影为类似图形，并且反映倾角α和γ，如图2-66所示。

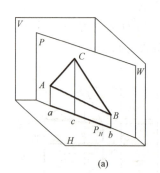 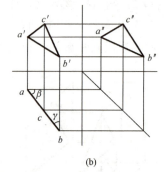

(a)   (b)

图 2-65   铅垂面投影

(a)轴测图；(b)三视图

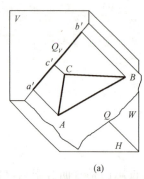 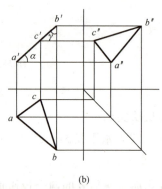

(a)   (b)

图 2-66   正垂面投影

(a)轴测图；(b)三视图

投影特性：

1)正面投影积聚成直线，并反映倾角 α 和 γ。

2)水平投影和侧面投影不反映实形，是缩小的类似形。

（3）侧垂面。侧垂面垂直于 W 面，倾斜于另外两个投影面，侧面投影积聚为直线，另外两个面的投影为类似图形，如图 2-67 所示。

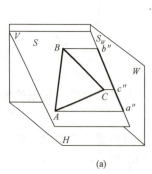 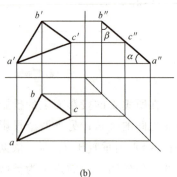

(a)   (b)

图 2-67   侧垂面投影

(a)轴测图；(b)三视图

投影特性：

1)侧面投影积聚成直线，并反映倾角 α 和 β。

2)水平和正面投影不反映实形，是缩小的类似形。

1. 平面上的点

点在平面上的几何条件：点在平面内的一条已知直线上。

分析：在三角形 ABC 平面内作一个平面上的 N 点，如图 2-68(a)所示。可以先作出平面上的一条直线 $a'1'$ 和 $a1$，如图 2-68(b)所示。在这条直线上取点，如图 2-68(c)所示。如果点在这个平面的直线上，那么点一定在这个平面上。

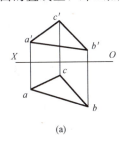 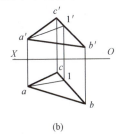 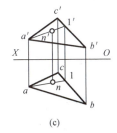

(a)   (b)   (c)

图 2-68　面上取点

2. 平面上的直线

直线在平面上的几何条件如下：

(1)直线通过平面内的两个已知点。

分析：如图 2-69 所示，在三角形 ABC 平面上，已知直线 12 的投影，在其上面截取一直线段 ef。由于 e 点和 f 点是直线 12 投影上的点，而直线 12 又是平面上的直线，因此，E 点和 F 点一定是平面上的点，由于两点决定一线，EF 通过了平面内的两个已知点，因此，直线 EF 一定是平面内的直线。

(2)直线通过平面内的一个已知点，且平行于平面的一条直线。

分析：如图 2-70 所示，直线 CD 平行于三角形 ABC 平面上的某一条直线，主视投影平行，俯视投影平行，则可以判断出空间直线 AB 和 CD 也是相互平行，由于符合直线通过了三角形 ABC 上的一个点，并且平面内的一条直线平行，所以直线 CD 一定是三角形 ABC 平面内的一条直线。

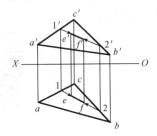   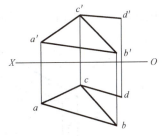

图 2-69　直线通过平面内的两个已知点　　　图 2-70　直线通过平面内一个已知点，
　　　　　　　　　　　　　　　　　　　　　　　　　　　　　且平行平面内一条直线

【例 2-10】已知四边形 $ABCD$ 的 V 面投影，以及直线 AB 和 AD 的 H 面投影，如图 2-71(a)所示，求直线 CB、CD 的 H 面投影。

案例分析：只要找到 C 点的俯视投影，连接 cb 和 cd 即可。C 点在 $ABCD$ 这个平面上的某一条直线上；先连接直线 AC 的主视投影，再连接直线 BD 主视投影和俯视投影，由 $a'c'$

和 $b'd'$ 的交点 $1'$ 作出其俯视投影 1，如图 2-71(b) 所示。然后连接直线 $a1$，c 点在这条直线上，利用长对正找到 c 点的俯视投影，如图 2-71(c) 所示。连接 bc 和 cd 即可，如图 2-71(d) 所示。

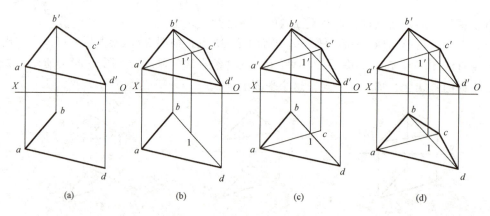

(a)   (b)   (c)   (d)

图 2-71　完成直线 *cd*、*bc*

【小链接】　阅读《面投影》资料，激发学生对线、面投影及三视图形成过程的认识，通过教学手段创新启发学生的创新思维，培养学生的辩证思维。阅读《责任重于泰山》资料，树立学生对生活、学习和工作正确的价值观，培养其责任心和使命感。

小链接：面投影　　　　　　　　　　　　　小链接：责任重于泰山

任务实施

1. 任务内容

本任务是绘制房屋表面的三视图投影，参考样例如图 2-72 所示。

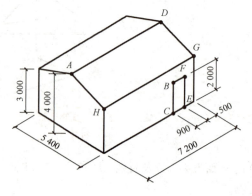

微课：绘制房屋表面的三视图投影

图 2-72　房屋表面 *ADGH*、*BCEF* 的轴测投影

2. 任务要求

(1)依据轴测图，绘制房屋三视图草图。

(2)根据三视图大小，合理选择图幅、比例。

(3)绘制房屋三视图及房屋表面 *ADGH*、*BCEF* 的投影。

3. 操作提示

(1)准备工作：选图幅、定比例、固定图纸、削制铅笔、绘制草图，依据轴测图绘制出三视图草图，然后依据三视图大小选择图幅、比例，如图 2-73(a)、(b)所示。

(2)绘制底稿(HB 铅笔)：

1)绘制三视图。由草图绘制出三视图，如图 2-73(c)所示。

2)表面 *ADGH* 主视投影及其他投影。绘图顺序为先绘制一个面的主视投影，再由主视投影利用三等规律绘制俯视投影和侧视投影。一个面的投影绘图顺序为先点投影，再线投影，再面投影，如图 2-73(d)所示。

3)表面 *BCEF* 主视投影及其他投影。另一个面的绘制方法，先找点，然后连线成面，完成面的三面投影，如图 2-73(e)所示。

(3)检查加深(2B 铅笔加深图线)：加深图线。

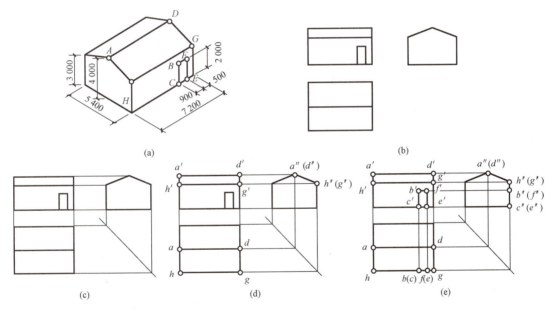

图 2-73 房屋表面三视图投影绘制

(a)轴测图；(b)三视图草图；(c)三视图；(d)表面 *ADGH* 投影；(e)表面 *BCEF* 投影

【小提示】 绘图过程中注意标记，空间点大写，投影点小写，俯视投影不加撇，主视投影加一撇，侧视投影加两撇。

任务拓展

1. 垂直面的投影特性有哪些？

2. 平行面的投影特性有哪些？

3. 如何判断点是否在面上？

本项目通过完成房屋三视图绘制、房屋表面点的三视图投影绘制、房屋表面线的三视图投影绘制、房屋表面的三视图投影绘制等任务，了解三视图形成，理解投影规律，掌握画法；掌握点、线、面的投影规律；通过学习，同学们可以达到依据模型，利用投影规律正确绘制三视图的水平。

项目实训

实训：(20 分)依据房屋轴测图绘制房屋三视图，如图 2-74 所示。

任务要求：

(1)按照房屋轴测图，绘制房屋三视图(比例自定)。

(2)线型分明，粗细匀称，图面整洁。

测验：房屋三视图绘制检测

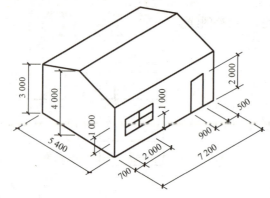

图 2-74　房屋轴测图

项目三 复杂房屋三视图绘制

知识图谱

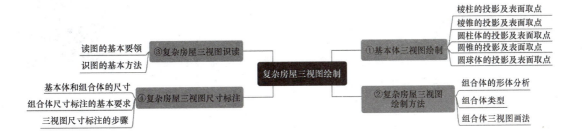

棱柱的投影及表面取点
棱锥的投影及表面取点
圆柱体的投影及表面取点
圆锥的投影及表面取点
圆球体的投影及表面取点
①基本体三视图绘制

读图的基本要领
识图的基本方法
③复杂房屋三视图识读

复杂房屋三视图绘制

②复杂房屋三视图绘制方法
组合体的形体分析
组合体类型
组合体三视图画法

基本体和组合体的尺寸
组合体尺寸标注的基本要求
三视图尺寸标注的步骤
④复杂房屋三视图尺寸标注

学习目标

1. 掌握基本体三视图及表面点投影绘制的方法。
2. 掌握形体分析及绘制组合体三视图的方法。
3. 掌握三视图识读方法，补画组合体投影。
4. 掌握组合体尺寸标注的基本要求和步骤，进行复杂房屋三视图的尺寸标注。

学习重点

1. 正确识读并绘制基本体三视图表面点的投影。
2. 正确绘制组合体三视图。
3. 正确识读三视图并补画组合体投影。
4. 正确标注三视图的尺寸。

微课：项目导入

学习指南

在进行本项目的学习时，建议参考以下方法：
1. 回顾项目二的重难点，理解投影规律，熟练掌握三视图的绘制方法。
2. 课前了解学习目标，模仿绘制组合体三视图及标注三视图尺寸。
3. 强化组合体投影练习，熟练掌握形体分析法，重难点反复观看微课视频。

任务一　基本体三视图绘制

任务目标

1. 理解平面体、曲面体的投影规律。
2. 能运用投影规律绘制基本体及其表面点的投影。
3. 培养严谨务实的工作作风、精益求精的工匠精神和创新思维。

任务导入

　　任何物体均可认为是由一些简单物体组成，学习复杂物体的三视图前有必要学习简单物体即基本体的三视图。

微课：任务导入

知识拓展

知识拓展：天津大学古建筑之美　　　　　　微课：基本体三视图绘制

知识准备

　　立体的形状是各种各样的，但任何复杂立体都可以分析成是由一些简单的几何体组成，如棱柱、棱锥、圆柱、圆锥、球等，这些简单的几何体统称为基本几何体。

　　根据基本几何体表面的几何性质，它们可分为平面体和曲面体。立体表面全是平面的立体称为平面体，如图 3-1 所示；立体表面全是曲面或既有曲面又有平面的立体称为曲面体，如图 3-2 所示。

图 3-1　平面体　　　　　　　　　　　　　图 3-2　曲面体

■ 一、棱柱的投影及表面取点 ···

1. 棱柱的组成

底边为多边形，各棱线相互平行的立体就是棱柱。棱柱分为正棱柱和斜棱柱。棱线垂直于底面的棱柱称为正棱柱；棱线倾斜于底面的棱柱称为斜棱柱。正棱柱的各侧面均为矩形，斜棱柱的各侧面均为平行四边形。图 3-3 所示为正六棱柱。

正六棱柱有两个互相平行的六边形底面，侧面为 6 个矩形，相邻侧面的公共边，称为侧棱，6 条侧棱相互平行。

2. 棱柱三视图绘制

平面体的投影实质上就是点、直线和平面投影的组合。绘制六棱柱的三视图时，先绘制轴线和中心线，根据其摆放的位置，顶面平行于水平面，在水平投影中轮廓可见且反映其实际形状和尺寸大小。六个侧面为铅垂面，水平投影积聚成线，底面为水平面，在水平投影中被顶面投影遮拦。结合六棱柱的高度，根据长对正、宽相等、高平齐的投影规律，绘制出正六棱柱的三视图投影，如图 3-4 所示。

3. 棱柱面上取点

求解正棱柱表面上的点的投影，需要用到积聚性法，正六棱柱前侧面上一点 A，在主视图投影 a' 点，根据点投影的规律，过 a' 点做垂直于 OX 轴的直线，交顶面与前左侧面棱线的水平投影线上于 a 点，根据宽相等、高平齐的投影规律，确定出 A 点的侧投影 a''，且 a'' 点可见，如图 3-5 所示。

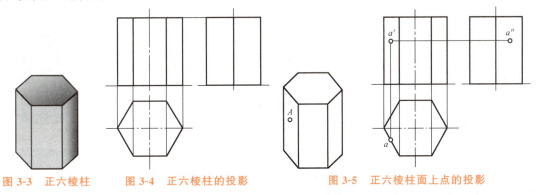

图 3-3　正六棱柱　　　图 3-4　正六棱柱的投影　　　图 3-5　正六棱柱面上点的投影

■ 二、棱锥的投影及表面取点 ···

1. 棱锥组成

底面为多边形，各棱线交于一点的立体就是棱锥。棱锥可分为正棱锥和斜棱锥。图 3-6 所示为正三棱锥。正三棱锥有一个正三角形的底面，其余各面是有公共顶点的三角形。过顶点做底面的垂线是棱锥的高，垂足落在底面三角形的中心上。

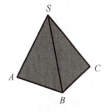

图 3-6　正三棱锥

2. 棱锥三视图绘制

在绘制正三棱锥三视图时，首先摆放好位置，绘制轴线和中心线，底面正三角形与水平面平行，水平投影显实；侧面倾斜于水平投影面，由于类似性，投影也为三角形，但不表示实际尺寸，侧面与底面相交形成的棱线与三个侧面相交形成的斜棱线在水平投影中均可见。

可见轮廓线用粗实线表示。

结合正三棱锥的高度，根据长对正、宽相等、高平齐的投影规律，绘制出正三棱锥的三视图投影，如图 3-7 所示。

3. 棱锥面上取点

求解棱锥斜表面上的点的投影，需要用到辅助线法，过 s' 点连接 k' 点延长线交底面 ABC 在正投影面上的投影 $a'b'c'$ 于 $1'$ 点，过 K 点的辅助线 $S1$ 在正投影面上的投影为 $s'1'$，在水平面上的投影线为 $s1$。K 点的水平投影 k 点根据从属性和定比性原则，过 k' 点作垂直于 Ox 轴的直线交辅助线 $s1$ 水平投影于 k 点。根据宽相等、高平齐的投影规律，确定出 K 点的侧投影 k'' 点，且 k'' 点可见，如图 3-8 所示。

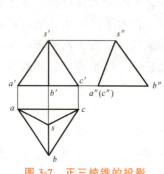

图 3-7 正三棱锥的投影

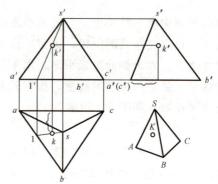

图 3-8 正三棱锥面上点的投影

■ 三、圆柱体的投影及表面取点

1. 圆柱体组成

圆柱体由上、下圆和圆柱面组成，如图 3-9 所示。圆柱面的形成是由一条直线与其平行的轴线旋转形成。旋转的直线称为母线。母线在任一位置留下的轨迹线称为素线；母线上任一点的轨迹称为纬圆。

图 3-9 圆柱体

2. 圆柱三视图绘制

当圆柱轴线垂直于水平投影面时，圆柱的顶面和底面为水平圆，圆柱面上所有素线都垂直于水平投影面，在水平投影面上的投影积聚成点，这些点构成的圆为圆柱顶面和底面的水平投影，反映实形，顶面可见，底面不可见。

在绘制圆柱的三视图时，首先确定轴线和中心线，根据显实性原则，绘制顶圆的水平投影，结合正面投影为矩形，最左、最右的两条轮廓线是圆柱面上最左、最右两条素线的投影。这两条素线也是圆柱面前半部分和后半部分的分界线，投影时，圆柱前半部分和后半部分重合，前半部分可见，后半部分不可见。

圆柱面的侧面投影也为矩形，最前、最后两条轮廓线是圆柱面上最前、最后素线的投影，投影时，左半部分和右半部分重合，左半部分可见，右半部分不可见。

当绘制圆柱投影时，应先作出圆柱轴线的投影（细单点长画线）及圆柱水平投影图的中心线，然后再根据中心线的位置和圆柱轴线的投影作出圆柱面的水平投影，结合圆柱的高度，根据长对正、宽相等、高平齐的投影规律，绘制出圆柱的三视图投影，如图 3-10 所示。

3. 圆柱面上取点

圆柱面上的点的水平投影，都会落在水平投影的轮廓圆上。投影点是否可见，看取点的位置。投影点不可见加小括号表示。根据宽相等、高平齐的投影规律，确定出圆柱面上 A 点的侧投影 a'' 点，图示的 a'' 点是可见的，如图 3-11 所示。

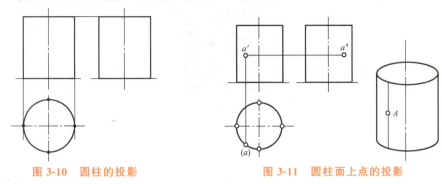

图 3-10　圆柱的投影　　　　　图 3-11　圆柱面上点的投影

■ 四、圆锥的投影及表面取点

1. 圆锥的组成

直母线绕与其相交的轴线旋转而形成的曲面，称为圆锥面。圆锥面上所有的素线交于一点，该点称为圆锥面的顶点。圆锥面被与圆锥轴线垂直的平面截断，则形成正圆锥体，如图 3-12 所示。

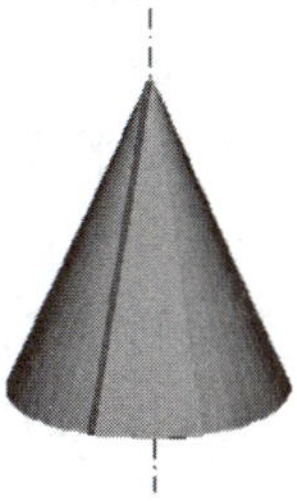

图 3-12　圆锥

2. 圆锥三视图绘制

圆锥的底面为水平面，在水平投影面上为一圆，反映实形；圆的对称中心线为圆锥最前、最后、最左、最右的四条素线。正面投影是一等腰三角形，三角形的两个腰是圆锥面最左、最右素线的投影，最左、最右素线也是圆锥前、后两部分的分界线。当绘制圆锥面的正面投影时，圆锥面的前半部分与后半部分重合，前半部分可见，后半部分不可见。圆锥面的侧面投影也为等腰三角形，三角形的两个腰是圆锥面上最前、最后素线的投影，最前、最后素线也是圆锥左右两部分的分界线。当绘制圆锥面侧面投影时，圆锥面左半部分和右半部分重合，左半部分可见，右半部分不可见，如图 3-13 所示。

3. 圆锥面上取点

作圆锥面投影与圆柱面的投影相同，都应先作出中心线和轴线的投影，再作其三面投影。

圆锥面上点的水平投影，利用作辅助素线的办法确定，再根据宽相等、高平齐的投影规律，确定出圆锥面上 K 点的侧投影 k'' 点，图示的 k'' 点是可见的，如图 3-14 所示。

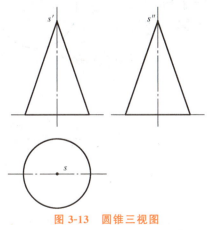

图 3-13　圆锥三视图

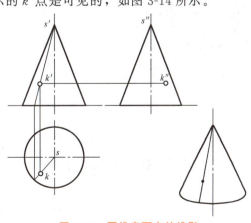

图 3-14　圆锥表面点的投影

【小链接】 阅读《陵川·南吉祥寺·过殿》资料，了解中华民族的智慧，培养学生一丝不苟、严谨细致的工作态度和工匠精神，树立文化自信，增强民族自豪感。

小链接：陵川·南吉祥寺·过殿

■ 五、圆球体的投影及表面取点

1. 圆球体的组成

由圆绕圆内的一直径旋转形成的曲面称为圆球面。这个圆又称为圆球面的曲母线。圆球体由圆球面围成，如图 3-15 所示。

球面体在三面投影体系中的投影为三个直径相等的圆，各投影的轮廓线是平行于投影面的最大圆周的投影。

图 3-15　圆球体

2. 圆球体三视图

绘制圆球体投影，应先作出中心线和轴线的投影，再绘制其三面投影，反映圆球体前后、左右、上下的位置关系，如图 3-16 所示。

3. 圆球面上取点

求圆球面上的点的水平投影，可利用在主视图作辅助平面的办法来解决。辅助平面在水平面的投影为圆，根据取点的前后位置确定球面点的水平投影，再根据宽相等、高平齐的投影规律，确定出圆球面上 K 点的侧投影 k'' 点，图示的 k'' 点是可见的，如图 3-17 所示。

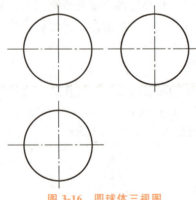

图 3-16　圆球体三视图

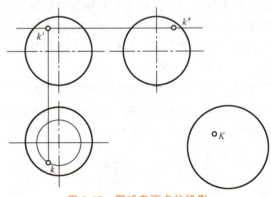

图 3-17　圆球表面点的投影

▍ 任务实施

1. 任务内容

绘制四棱柱三视图及表面点的投影(图 3-18)。

2. 任务要求

(1)绘制任务：绘制四棱柱及表面 A、B 点的投影。

(2)绘图工具：使用绘图工具进行尺规作图。

(3)图纸规格：A4 图纸。

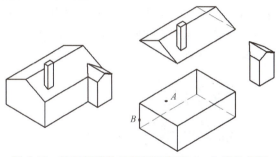

微课：四棱柱三视图
及表面点的投影

图 3-18　绘制四棱柱三视图及表面 *A*、*B* 点的投影

3．操作提示

(1)准备工作：固定图纸、削制铅笔等。

(2)绘制底稿(H 铅笔)：

1)画中心线和轴线；

2)绘制四棱柱的三面投影；

3)绘制表面点的三面投影。

(3)检查加深(HB、2B 铅笔)：加深图线，标注点的投影。

【小提示】　在选取绘图比例时，应尽量根据图幅大小选择合适比例，保证构造详图绘制清晰，大小布置适宜，在绘图时用 H 铅笔或 HB 铅笔，加深时用 2B 铅笔，注意保持图面干净整洁。

任务拓展

1. 辅助线法适用于绘制哪些基本体表面点的投影？

2. 纬圆法适用于绘制哪些基本体表面点的投影？

任务二　复杂房屋三视图绘制方法

任务目标

1. 掌握组合体的组合方式和组合体表面的连接方式。

2. 培养尺规作图的规范性。

3. 能运用形体分析法和投影规律绘制组合体的投影。

4. 培养创新思维、辩证思维，树立正确价值观。

任务导入

任何复杂的建筑形体从形体的角度看都可以认为是由一些基本体，如棱柱、棱锥、圆柱、圆锥、圆球等按照一定的组合方式组合而成的。组合

微课：任务导入

体是实际建筑形体的抽象，是形体由抽象几何体向实际建筑形体的过渡。通过学习组合体投影图的画法和读图，进一步培养空间概念，可以为后续工程图的识读打下一个良好的基础。

【小链接】 阅读《长屋计划》资料，培养学生创新思维、辩证思维，树立"人与自然共存"的意识，树立正确人生观、价值观和环境保护意识。

小链接：长屋计划

知识准备

■ 一、组合体的形体分析

任何复杂的物体都可以看成是由若干个基本几何体组合而成的。这些基本体可以是完整的，也可以是经过钻孔、切槽等加工的。在绘制组合体视图时，应首先将组合体分解成若干简单的基本体，并按各部分的位置关系和组合形式画出各基本几何体的投影，综合起来，即得到整个组合体视图，如图 3-19 所示。

这种假想将复杂的组合体分解成若干个基本形体，分析它们的形状、组合形式、相对位置和表面连接关系，使复杂问题简单化的思维方法称为形体分析法。它是组合体的画图、尺寸标注和看图的基本方法。

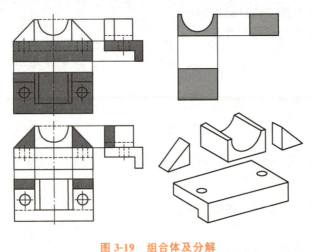

微课：复杂房屋三视图绘制

图 3-19　组合体及分解

■ 二、组合体类型

1. 组合体的组合形式

组合体可分为叠加和切割两种基本组合形式，或者是两种组合形式的综合。叠加是将各基本体以平面接触相互堆积、叠加后形成的组合形体。切割是在基本体上进行切块、挖槽、穿孔等形成的组合体。组合体经常是叠加和切割两种形式的综合，如图 3-20 所示。

（1）叠加型。由几个基本体按照一定方式叠加形成的组合体叫作叠加型组合体，如图 3-20（a）所示的组合体。该组合体是有两个底面不同大小的四棱柱按照上下位置关系叠加而成的。

（2）切割型。由一个基本体切去若干个几何体形成的组合体叫切割型组合体，如图 3-20（b）所示的组合体。该组合体是由一个大四棱柱切去小四棱柱而形成的。

（3）组合型。组合型又称为综合型、混合型，是既有叠加又有切割的基本几何形体组合而形成的。如图 3-20（c）所示的组合体由两个四棱柱、一个半圆柱组合后，切除掉两个三棱柱及两个四棱柱而形成。

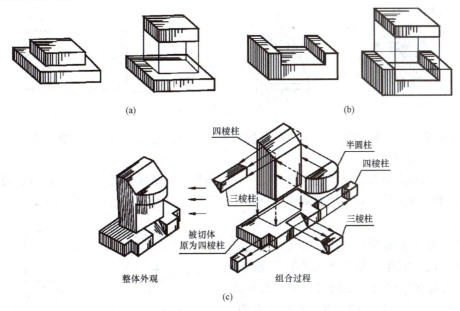

图 3-20　组合体类型

（a）叠加型；（b）切割型；（c）组合型

2. 组合体的表面连接关系

组合体表面连接关系有平齐、相交和相切三种形式。弄清楚组合体表面连接关系，对画图和看图都很重要。

（1）当组合体中两基本体的表面平齐（共面）时，在视图中不应画出分界线。

（2）当组合体中两基本体的表面相交时，在视图中的相交处应画出交线。

（3）当组合体中两基本体的表面相切时，在视图中的相切处不应画线。

■ 三、组合体三视图画法

1. 绘制组合体三视图的一般方法步骤

（1）形体分析。分清组成部分、相对位置、组合方式，可以看到该组合体由底板、支承板、肋板、圆筒四个零部件组合而成，又切割出两个圆柱而成。而每个零部件又由不同的基本体组合和切割而成，如图 3-21 所示。

（2）选择主视方向。原则是选择的主视方向能反映更多、更主要的形状特征。如图 3-22 所示，从 A、B、C、D 四个方向投影来看，宜选择 A 向作为主视方向。

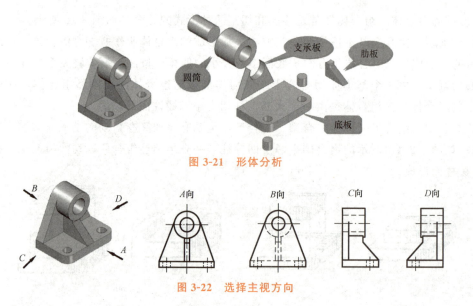

图 3-21　形体分析

图 3-22　选择主视方向

（3）摆放位置。为更清晰表达组合体的投影图，标注出组合体的尺寸，将组合体平行或垂直于投影面进行放置。

（4）根据图幅大小选择合适比例布置视图，使绘制的图形在图纸中表达得清晰、美观。

（5）画图。画图的步骤为绘制基准线→对照位置画各部分三视图→检查加深。

2. 组合体三视图绘制

按照三视图布图位置，绘制中心线和基准线。绘制底板，因为底板上下面平行于水平投影，根据显实性和积聚性绘制底板的三面投影。结合定位尺寸绘制圆柱孔中心线，圆柱孔在俯视图和侧视图中为不可见轮廓线，用虚线表示。在主视图上结合定位尺寸绘制圆柱孔中心线，根据正平面在主视图显实的投影性质，绘制圆筒的正投影轮廓线，根据三视图投影规律，绘制圆筒的水平投影和侧投影。绘制支承板、肋板主视图投影线。在水平投影中，被圆筒遮挡的不可见轮廓线绘制成虚线。最后，检查加深，完成组合体三视图绘制，如图 3-23 所示。

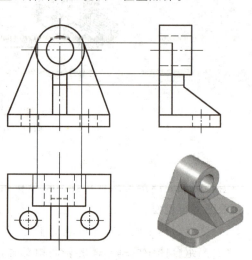

图 3-23　组合体三视图绘制

【小互动】　分组讨论：阅读《后疫情时代的住宅设计》资料，培养创新意识和弘扬工匠精神，树立文化自信和辩证思维，培养健全、独立的人格。请同学们分组讨论，在工作、学习和生活中，对于做人、做事有哪些感悟？

小互动：后疫情时代的住宅设计

任务实施

1. 任务内容

本任务是对组合体进行形体分析，并绘制组合体三视图，如图 3-24 所示。

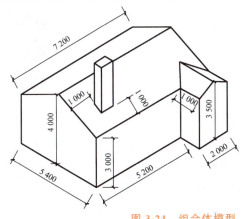
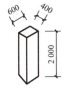

图 3-24　组合体模型

2. 任务要求

(1)进行组合体形体分析。

(2)进行组合体三视图绘制。

(3)图纸规格：A4 图纸。

3. 操作提示

(1)准备工作：选择比例确定图幅、固定图纸、削制铅笔等。

(2)绘制底稿(H 铅笔)：

1)形体分析；

2)各基本体三视图。

(3)检查加深：加深可见轮廓线(HB、2B 铅笔)。

【小提示】　绘制组合体三视图时，应注意比例的选取，保证图面大小适宜、美观。绘图时用 H 铅笔或 HB 铅笔，加深粗细线时换用 2B 铅笔，保证图面干净整洁。

任务拓展

1. 形体分析研究的对象是什么？能够解决哪些问题？

2. 简述组合体三视图绘制的步骤。

任务三　复杂房屋三视图识读

任务目标

1. 掌握组合体识读的方法步骤。

2. 能够识读组合体投影，还原立体形状，补画投影图。

3. 培养创新思维、创新意识、规范意识、工匠精神。

任务导入

　　画图是将物体用正投影法表示在二维平面上；看图则是依据视图，通过投影分析想象出物体的形状，是通过二维图形建立三维物体的过程。画图与看图是相辅相成的，看图是画图的逆过程。"照物画图"与"依图想物"相比，后者的难度要大一些。为了能够正确而迅速地看懂组合体视图，必须掌握看图的基本要领和基本方法，通过反复实践，不断培养空间思维能力，提高看图水平。

微课：任务导入

　　【小链接】　阅读《五星红旗标准绘制》资料，分享汇报五星红旗绘制的标准有哪些，培养学生的自主学习能力和自主探究能力，培养学生依法遵规的意识、严谨细致的工作态度。

小链接：五星红旗标准绘制

知识准备

■ 一、读图的基本要领

1. 几个视图联系起来读图

　　第一个要领是几个视图联系起来读图。仅有一个或两个视图往往不能唯一地表达组合体的形状，因而要把几个视图联系起来识读，综合起来判断其形状。如图 3-25 所示的两组图形，它们的主、俯视图相同，但它们是两种不同形状的物体，一个是两个基本体叠加的组合体；另一个是从一个基本体中切割出来一个基本体而形成的组合体。

微课：复杂房屋
三视图识读

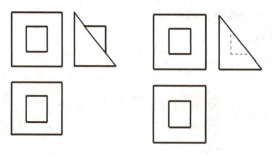

图 3-25　三个视图结合识读组合体

　　由此可见，看图时，必须将所给的视图联系起来看，才能想象出物体的正确形状。

(1)形状特征视图。为方便快速想象物体的几何形状，要寻找形状特征视图。如图 3-26 所示，主视图、侧视图反映的是上下两个基本体的叠加，并且上部基本体并不插入下部基本体内；基本体具体是棱柱还是圆柱无法迅速读出，但通过俯视图就能快速准确确定上下基本体是什么样的几何体。

(2)位置特征视图。找出最能反映物体相对位置的视图，即位置特征视图。如图 3-27 所示，根据主视图和俯视图，想象出图 3-27(b)所示的组合体。但是根据给出的左视图，发现主视图上的圆实际是在组合体上切割出来的一个圆孔，而俯视图上组合体前部凸出的矩形边界线实际是在组合体下部叠加出来的一个四棱柱[图 3-27(c)]。左视图反映出物体的位置特征，这是所说的读图的第一个基本要领，即几个识图联系起来读图，为方便快速、准确地识读，还需要结合位置形状视图和位置特征视图。

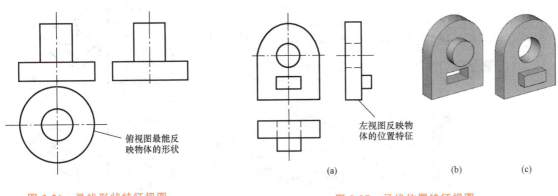

图 3-26 寻找形状特征视图

图 3-27 寻找位置特征视图
(a)三视图；(b)、(c)组合体形状

2. 明确视图中线框和图线的含义

第二个要领是明确视图中线框和图线的含义。视图中常见的图线有粗实线、细虚线和细点画线，如图 3-28 所示。

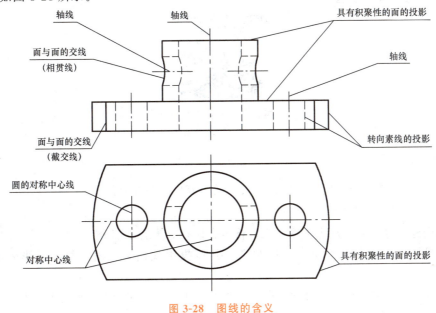

图 3-28 图线的含义

粗实线和细虚线可以表示具有积聚性的面的投影、面与面交线的投影、曲面转向素线的投影等；细点画线可以表示回转体的轴线、对称中心线、圆的中心线等。

视图是由一个个封闭线框组成的，而线框又是由图线构成的。因此，弄清楚图线及线框的含义是十分必要的。视图中的线框有三种情况，如图 3-29 所示。

(1)一个封闭的线框，表示物体的一个面或孔洞。

(2)相邻的两个封闭线，表示物体上位置不同的两个面，不同位置就需要结合其他视图加以判断。

(3)大封闭线框包含小封闭线框，便是大平面体(或曲面体)上凸出或凹进小平面体(或曲面体)。

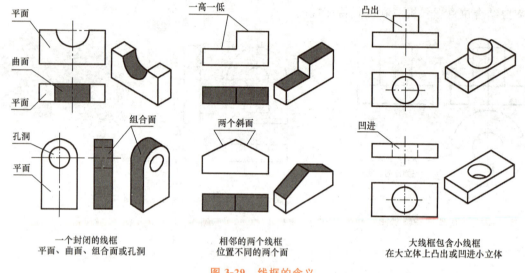

图 3-29　线框的含义

【小链接】　阅读《组合体形体分析》资料，强化空间思维想象能力，树立创新思维，培养良好的学习方法，树立自信心。

小链接：组合体形体分析

■ 二、识图的基本方法

识读组合体三视图通常使用形体分析法、线面分析法及综合法。

1. 形体分析法识读组合体三视图的方法和步骤

(1)画线框，分形体：从主视图入手，将组合体划分为若干部分。

(2)对投影，想形状：把每个线框对应的其他投影找出来，确定每组投影表示的形体形状。

(3)合起来，想整体：在读懂每部分形状的基础上，进一步分析它们之间的相对位置和连接关系，综合想象形成一个整体。

形体分析法读图如图 3-30 所示。

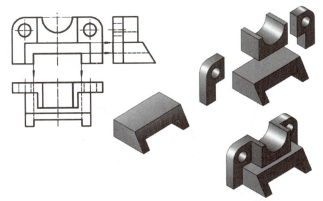

图 3-30　形体分析法读图

2. 线面分析法识读组合体三视图的方法和步骤

线面分析法就是运用投影规律，通过识别线、面等几何要素的空间位置、形状，进而想象出物体的形状。在看切割体的视图时，主要靠线面分析法。其主要的步骤：一是分析面的形状；二是分析面的相对位置。

3. 综合法识读组合体三视图的方法和步骤

综合法是将以上两种方法综合起来应用，在看懂每部分形体的基础上，根据形体的三面投影图进一步研究它们之间的相对位置和连接关系，进而想象出物体的形状。

【例 3-1】　组合体识读。

如图 3-31 所示，看到的组合体是长方体（四棱柱）被面切割之后的物体，双点画线是假想切割之前的轮廓线。下面使用线面分析法来进行识读。

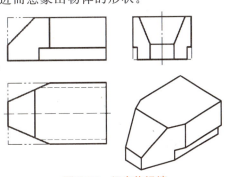

图 3-31　组合体识读

主视图左上方的缺角是用正垂面切出的，由于该面与正投影面垂直，积聚成一条线，对应的水平投影和侧面投影如图 3-32(a) 所示。

俯视图左端前后缺角是用两个铅垂面切出的，由于该面与水平投影面垂直，积聚成一条线，对应的正平投影和侧面投影如图 3-32(b) 所示。

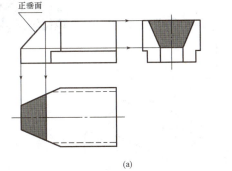
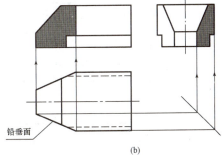

(a)　　　　　　　　　　　　　　(b)

图 3-32　主、俯视图分析

左视图下方前、后缺块是用正平面和水平面切出，由于该面与侧投影面垂直，积聚成一条线，对应的正平投影和水平投影如图 3-33 所示。

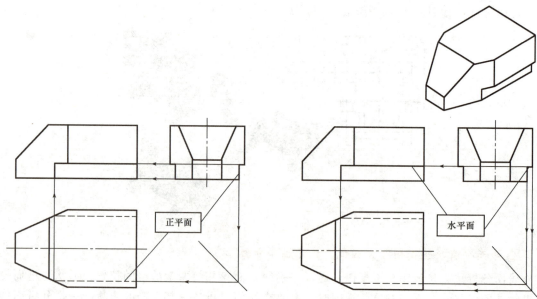

图 3-33 正投影、水平投影分析

【小互动】 分组讨论：阅读《航天人秉持的严谨细致精神》资料，培养学生一丝不苟、严谨细致的工作态度和工匠精神。请同学们分组讨论，在工作、学习和生活中，对于做人、做事有哪些感悟？

小互动：航天人秉持的严谨细致精神

任务实施

1. 任务内容

补画组合体投影，如图 3-34 所示。

微课：补画组合体投影

图 3-34 补画组合体侧面投影

2. 任务要求

(1)进行组合体形体分析。

(2)补画组合体侧面投影。

(3)图纸规格：A4图纸。

3. 操作提示

(1)准备工作：选择比例、确定图幅、固定图纸、削制铅笔等。

(2)绘制底稿：首先进行形体分析，分析组合体由哪些基本体组成。需要补画的第一部分由四棱柱和三棱柱组合而成；三棱柱被屋面斜切，根据组合体特殊位置点的水平投影和正投影，确定侧面视图上各点的投影，完成连线，进而完成侧面视图补画。

需要补画的第二部分是屋顶的烟囱，形体是四棱柱。四棱柱被屋面斜切，根据烟囱上相关点在水平投影面和正投影面上的投影，完成连线后，进而完成烟囱侧面视图补画。

各基本三视图，刚接触组合体三视图绘制练习时，可以从各个基本体的三视图绘制开始，使用H铅笔绘制底图。

(3)检查加深：使用HB、2B铅笔加深可见轮廓线，擦拭掉不可见轮廓线，必要不可见轮廓线呈细虚线。

任务拓展

1. 形状特征视图指的是什么？

2. 位置特征视图指的是什么？

任务四　复杂房屋三视图尺寸标注

任务目标

1. 掌握复杂组合体尺寸标注的基本要求。

2. 能够正确、完整、清晰地标注组合体尺寸。

3. 培养严谨、细致的工作作风、创新意识，增强文化自信，弘扬工匠精神。

任务导入

组合体三面投影图主要表达的是形体的形状，不能确定形体的大小。在实际工程中，不仅要知道它的形状，而且要知道它的大小，因此必须在组合体三面投影图中标注形体的尺寸。

微课：任务导入

【小链接】　阅读《中国建筑最高奖"鲁班奖"》资料，培养学生一丝不苟、严谨细致的工作态度，树立文化自信，增强民族自豪感，弘扬工匠精神。

小链接：中国建筑最高奖"鲁班奖"

知识准备

■ 一、基本体和组合体的尺寸

1. 基本体的尺寸

（1）标注平面体时，应标注平面体的长度、宽度和高度，如图 3-35 所示。

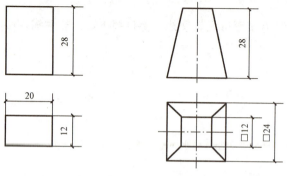

微课：复杂房屋
三视图尺寸标注

图 3-35　标注平面体

（2）标注曲面体时，应标注曲面体上圆的半径及曲面体的高度。在标注球体的半径或直径时，应在半径或直径前加注符号"SR"或"$S\phi$"。圆柱、圆锥、圆台尺寸标注，如图 3-36 所示。

圆柱　　　　　　　圆锥　　　　　　　圆台

图 3-36　标注曲面体

2. 组合体尺寸

组合体尺寸按照作用分为定形尺寸、定位尺寸、总体尺寸三种。

（1）定形尺寸：确定组合体中各基本体的形状和大小的尺寸。如图 3-37 所示的竖板圆孔直径 16、底板厚度 10 等尺寸。

（2）定位尺寸：确定组合体中各基本体之间相对位置的尺寸，如图 3-37 所示的竖板圆孔中心距底板底部的尺寸 32 等。

（3）总体尺寸：确定组合体外形的总长、总宽、总高尺寸。如图 3-37 所示的底板总长 50、总宽 34 等。

在组合体的尺寸标注中，首先应用形体分析法将其分成若干个基本体，标注基本体的尺寸，再标注各基本体之间的相对位置尺寸，最后标注组合体的总体尺寸。

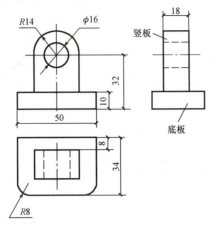

图 3-37　组合体尺寸

■ 二、组合体尺寸标注的基本要求 ··

对于组合体尺寸标注的基本要求有以下三点。

1. 完整正确

尺寸标注应符合国家标准，要求形体每一部分要有明确的尺寸，准确确定各部分的位置关系，各部分尺寸不能相互矛盾。如图 3-38 所示，底板俯视图两端为两个对称半圆，标注半径和两圆心间距后，就不再重复标注总体尺寸了。

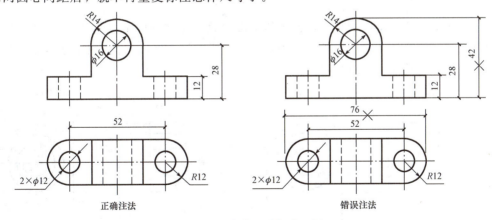

图 3-38　组合体尺寸标注示例 1

2. 清晰明了

在尺寸标注中，XYZ 三个方向的尺寸，每个尺寸都会在两个投影图中出现。从正确性的角度讲，要求在任一个投影图上的标注都是正确的；从合理性出发，要求尺寸应尽量标注在最能表达形体特征的投影图上；同一结构的尺寸应尽量标注在同一投影图上。

如图 3-39 所示，两定形尺寸尽可能标注在表示形体特征明显的视图上，定位尺寸尽可能标注在位置特征清楚的视图上。

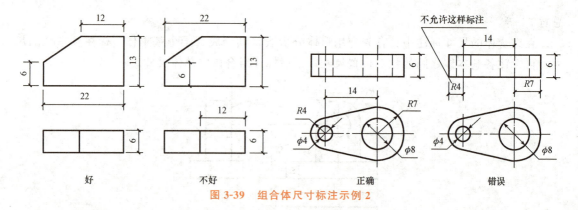

图 3-39　组合体尺寸标注示例 2

3. 分布合理

如图 3-40 所示，圆柱开槽后表面产生的截交线，两圆柱相交表面产生的相贯线，其尺寸标注在主视图上比较好。

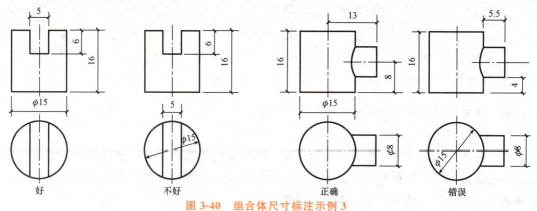

图 3-40　组合体尺寸标注示例 3

同一形体的尺寸尽量集中标注，但不能将尺寸只标注在一两个投影图上；排列尺寸时，应大尺寸在外，小尺寸在内，如图 3-41 所示。并且要求尺寸尽量不要标注在虚线上，避免尺寸线与其他线相交重叠，如图 3-42 所示。

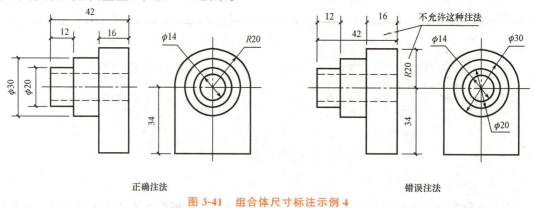

图 3-41　组合体尺寸标注示例 4

■ 三、三视图尺寸标注的步骤

(1)形体分析并选择尺寸基准。如图 3-43 所示，该组合体可以分解成底板、肋板、支承板、圆筒，绘制三视图时确定主视位置，绘制中心线及确定长度方向、宽度方向及高度方向的基准线，如图 3-43 所示。

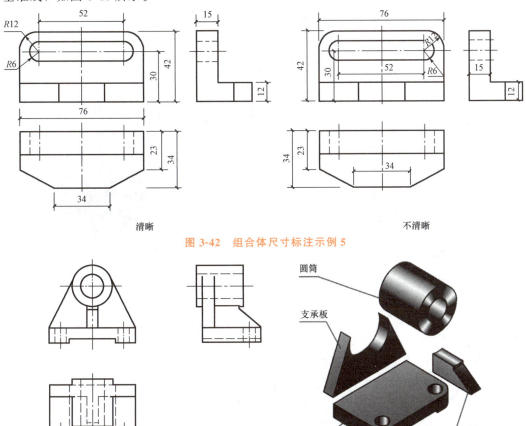

清晰   不清晰

图 3-42 组合体尺寸标注示例 5

圆筒

支承板

底板   肋板

图 3-43 组合体形体分析并选择尺寸基准

(2)标注各基本体的定形尺寸，如图 3-44 所示。

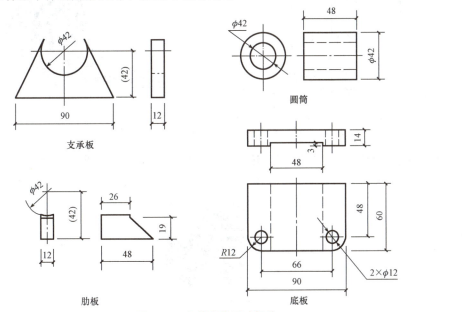

支承板   圆筒

肋板   底板

图 3-44 各基本体尺寸标注

（3）选定尺寸基准，标注定位尺寸，如图3-45所示。

（4）适当调整，标注全部尺寸，如图3-46所示。

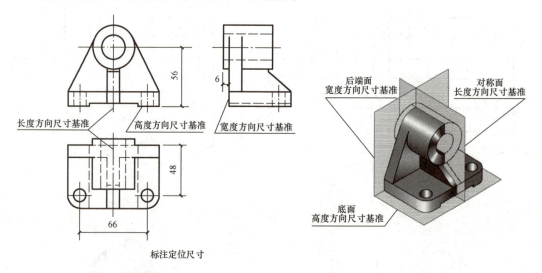

图 3-45　组合体尺寸标注

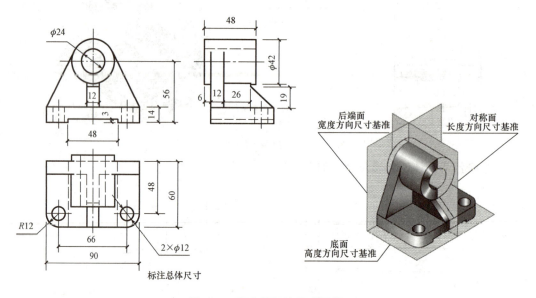

图 3-46　组合体标注尺寸调整

【小链接】　阅读《中华建筑之美》资料，培养学生一丝不苟、严谨细致的工作态度，弘扬工匠精神，树立文化自信，增强民族自豪感。

小链接：中华建筑之美

任务实施

1. 任务内容

图 3-24 所示为复杂房屋模型，绘制三视图，并进行尺寸标注。

2. 任务要求

(1)进行组合体形体分析，并绘制三视图。

(2)对组合体三视图进行尺寸标注。

(3)图纸规格：A4 图纸。

3. 操作提示

(1)准备工作：选择比例、确定图幅、固定图纸、削制铅笔等。

(2)绘制底稿：首先进行形体分析，分析组合体由哪些基本体组成，绘制作图基准线，绘制组合体三视图。

(3)尺寸标注：按照三视图尺寸标注的基本要求和步骤，标注出定形、定位尺寸，适当调整并标注全部尺寸。

微课：复杂房屋模型三视图
绘制及尺寸标注——案例

 任务拓展

(1)定形尺寸指的是什么？

(2)定位尺寸指的是什么？

项目总结

本项目通过完成基本体三视图绘制、复杂房屋三视图绘制、复杂房屋三视图识读、复杂房屋三视图尺寸标注四个任务，达到掌握基本体三视图及表面点投影的绘制方法、掌握形体分析及组合体三视图绘制方法、掌握三视图识读方法、补画组合体投影、掌握组合体尺寸标注的基本要求和步骤，进行复杂房屋三视图的尺寸标注等学习目标，使学生能够正确绘制、识读组合体三视图，正确标注三视图尺寸。

项目实训

实训：(10 分)如图 3-47 所示，根据组合体两个视图，补画左视图。

图 3-47　组合体补画视图

测验：复杂房屋
三视图绘制检测

项目四　房屋轴测图绘制

知识图谱

学习目标

1. 掌握轴测投影图的概念及分类、正等测图绘制方法。
2. 掌握正面斜二测图、水平斜等轴测图绘制方法。

学习重点

1. 轴测图概念、参数。
2. 正等测图绘制方法。
3. 斜轴测图绘制方法。

微课：项目导入

学习指南

在进行本项目的学习时，建议参考以下方法：
1. 回顾项目三的重点，熟练掌握复杂房屋三视图绘制及识图方法。
2. 课前了解学习目标，重点理解轴测投影图的特性，反复观看微课视频，模仿操作。
3. 关注轴测投影图、三视图相互之间的区别与联系，提升理解能力。

任务一　房屋正等测图绘制

任务目标

1. 掌握轴测投影图的概念及分类、正等测图绘制方法。
2. 掌握正面斜二测图、水平斜等测图等斜轴测图绘制方法。
3. 能够依据三视图正确绘制正等测图。
4. 培养辩证思维、探究精神和创新思维。

任务导入

前期学习了点、线、面及组合体的投影特性，根据空间物体可以绘制出其三视图。有时候还需要绘制三维立体，展示效果。本任务通过房屋正等测图绘制来学习正等测图的画法。

【**小链接**】 阅读《梁思成古建筑手绘稿》资料，从梁思成大师绘图手稿中发现，大部分建筑物图样使用轴测图绘制，一个物体从不同角度观察会有不同的表达，可激发学生的辩证思维、创新思维。

小链接：梁思成古建筑手绘稿

知识拓展

知识拓展：一生一事——建筑大师张锦秋

知识准备

三视图特点：能准确表达物体的形状大小，但缺乏立体感，不易读懂，如图 4-1 所示。轴测图特点：直观性好，立体感强，但不能反映物体的真实大小，常作为辅助图样，如图 4-2 所示。

图 4-1　床头柜三视图

图 4-2　床头柜轴测图

微课：正等测绘制

一、轴测投影图的概念

1. 轴测投影图的形成

将物体放入三投影面体系中，采用正投影法向投影面投射，得到主视和俯视投影；在物体上添加坐标轴，增加投影面，使用平行投影法向投影面投射得到的单面投影，称为轴测投影图，如图4-3所示。

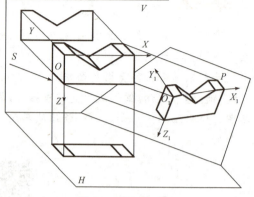

2. 轴测投影图的参数

（1）轴测轴。OX、OY、OZ 轴的轴测投影 O_1X_1、O_1Y_1、O_1Z_1，称为轴测轴，如图4-4所示。

（2）轴间角。轴测轴之间的夹角 $\angle X_1O_1Y_1$、$\angle X_1O_1Z_1$、$\angle Y_1O_1Z_1$，称为轴间角。轴间角确定了形体在轴测图中的方位，如图4-4所示。

（3）轴向伸缩系数。O_1X_1、O_1Y_1、O_1Z_1 上的线段与坐标轴 OX、OY、OZ 上的对应线

图 4-3 轴测投影图

段的长度比 p、q、r（即 $p=O_1A_1/OA$；$q=O_1B_1/OB$；$r=O_1C_1/OC$），分别称为 X_1、Y_1、Z_1 轴的轴向伸缩系数。轴向伸缩系数确定了轴测图的大小，如图4-4所示。

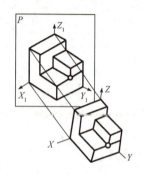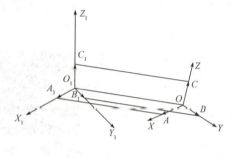

图 4-4 轴测投影图的参数

3. 轴测投影图的特性

（1）平行性。空间物体上相互平行的线段，在轴测图中仍然相互平行，为平行性，如图4 5(a)所示。

（2）从属性。空间点位于某直线段上，在轴测图中，点的投影依然在该直线段上，为从属性，如图4-5(b)所示。

（3）等比性。空间点等分线段，在轴测图上，此点投影仍然等分该线段投影，为等比性，如图4-5(b)所示。

（4）实形性。空间线段平行于投影面，在轴测图中该线段投影反映实形，为实形性，如图4-5(b)所示。

■ 二、轴测投影图的分类 ··

根据投射方向对轴测投影面的相对位置不同，轴测投影可分为正轴测投影和斜轴测投影。

1. 正轴测投影

投射方向垂直于投影面为正轴测投影。

（1）p、q、r 相等，为正等测；

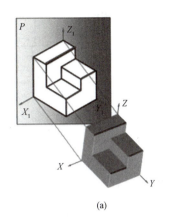
(a)

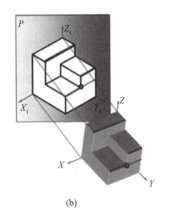
(b)

图 4-5　轴测图投影特性

(a)平行性；(b)从属性、等比性、实形性

(2)$p=r$，$q=r/2$，为正二测；

(3)p、q、r 不等，为正三测。

2. 斜轴测投影

投射方向不垂直于投影面为斜轴测投影。

(1)p、q、r 相等，为斜等测；

(2)$p=r$，$q=r/2$，为斜二测；

(3)p、q、r 不相等，为斜三测。

■ 三、正等轴测投影图

正等测形成：坐标轴系的三个轴 OX、OY、OZ 与投影面 P 的夹角均相等所得到的轴测投影，此时三个伸缩系数相等，故称为正等测。其画法简单、立体感强，在工程上最为常用。

正等测参数：正等测图的三个轴间角均为 $120°$；O_1Z_1 轴垂直，另两个轴测轴与水平线呈 $30°$；正等测图的三个伸缩系数理论值为 0.82，取简化值为 1，并不影响轴测图的形状，如图 4-6 所示。

1. 平面体正等测画法

(1)直接作图法。凡形体较为简单的空间物体，可直接绘制截面，然后沿轴向量尺寸作图，称为平面体等测画法，如图 4-7 所示。

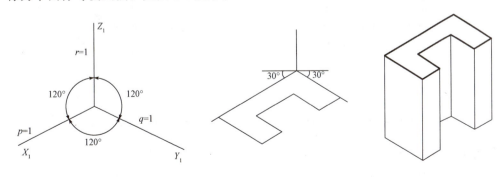

图 4-6　正等测图参数　　　　　　　　**图 4-7　直接作图法**

【例 4-1】 已知形体的两面投影，如图 4-8 所示。求其正等测图的画法。

案例分析：首先，在三视图中画出坐标轴，画出 X 轴、Y 轴的主视投影和俯视投影；其次，作出轴测轴，作出 X_1、Y_1 和 Z_1；然后作出特征面的也是底面的轴测图。先找出点的三面投影，然后利用坐标找到点的轴测投影 a 点，可以看到该点位于 OX 轴上，X 坐标可以在三视图中测量，因此可以由 O_1 向左侧截取 X_1 坐标，得到 a_1 点；同样的方法得到 b_1 点。c_1d_1 和 e_1f_1 可以利用 cd 线和 ef 线平行于 X 轴，三视图截取 Y_1 坐标，轴测图上找到这两条线段，然

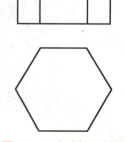

图 4-8　正六棱柱二视图

后截取 X 坐标，得到 c_1 点和 d_1 点、e_1 点和 f_1 点，连接各点，然后得到特征面的轴测图。然后从特征面的顶点向下拉伸作 Z_1 轴平行线，量取 Z 坐标，拉伸成体，擦去不可见的线，最后检查加深，得到正等测图。

作图步骤如下：

1）在三视图中画出坐标轴，如图 4-9（a）所示。

2）画出轴测轴，如图 4-9（b）所示。

3）画出特征面（底面）轴测图（点三视投影→点轴测），如图 4-9（c）所示。

4）过特征面的顶点，作 Z 轴的平行线，量取高，拉伸成立体，如图 4-9（d）所示。

5）擦去不可见图线，检查加深，如图 4-9（e）所示。

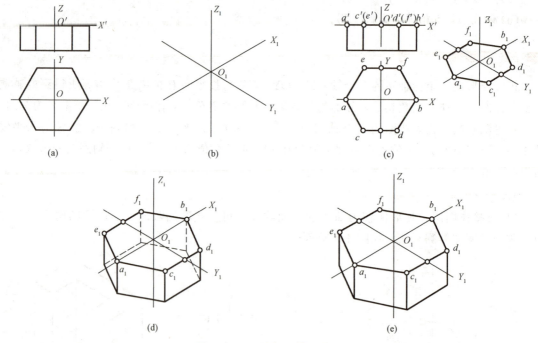

图 4-9　正六棱柱正等测做法

（a）坐标轴投影；（b）轴测轴；（c）特征面轴测图；（d）拉伸成体；（e）检查加深

（2）分块作图法。如遇到形体较为复杂的空间物体，可以将它分解为若干简单的形体，先从它的主要部分开始作图，然后将其余部分按组合顺序进行"加法"或"减法"来完成，如图 4-10 所示。

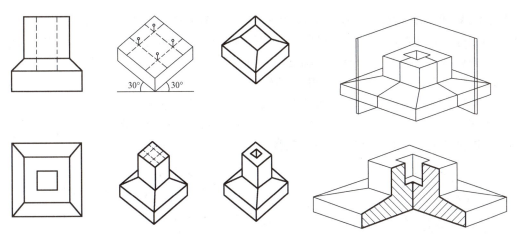

图 4-10　分块作图法

【例4-2】 已知形体的两面投影，如图4-11所示。画出其正等测。

案例分析：首先观察主视图和俯视图，如图4-11所示，这是个简单的组合体，由两个长方体叠加而成。先绘制三视图的坐标轴，如图4-12(a)所示；画出轴测轴，作出其中下方的一个长方体的正等测，如图4-12(b)所示；再依据相对位置，作出上方一个小的长方体的正等测，如图4-12(c)所示；最后加深完成，如图4-12(d)所示。

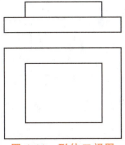

图 4-11　形体二视图

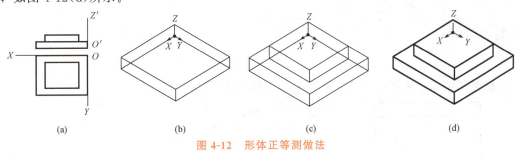

| (a) | (b) | (c) | (d) |

图 4-12　形体正等测做法

(a)坐标系投影；(b)下方长方体正等测；(c)叠加上方长方体正等测；(d)检查加深

2. 曲面体正等测画法

如遇到具有任意斜面、曲面、圆等复杂不规则形状的空间物体来绘制轴测图时，可依据在轴测图中只有当其轴或与轴相平行的线才能量取相应尺寸的原则，寻找与轴互相平行的辅助线或辅助网格作为作图时的辅助。例如，辅助网格法，圆及圆柱轴测画法，如图4-13所示。

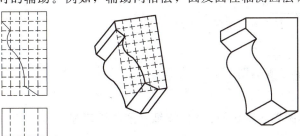

图 4-13　曲面体正等测画法

【例 4-3】 已知圆的投影，如图 4-14 所示。求正等轴测图的画法。

案例分析：采用坐标法：首先在圆的三视图上找到 X、Y 坐标轴投影，如图 4-15(a)所示；绘制出 X、Y 轴测轴，如图 4-15(b)所示；在三视图上找到象限点的投影，绘制出象限点的轴测投影，如图 4-15(c)所示；在三视图上沿 Y 轴绘制平行 X 轴的等分线段，轴测图上截取 Y 坐标，绘制 X 轴平行线，如图 4-15(d)所示；截取 X 坐标得到圆轴测图上的点；连接各个点，即可得到圆的正等测投影，如图 4-15(e)所示。

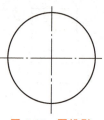

图 4-14　圆投影

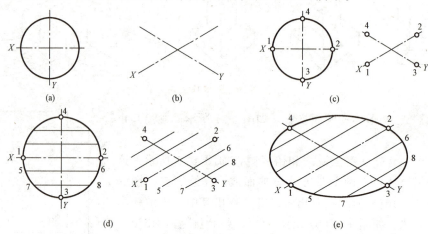

(a)　　　　　　　(b)　　　　　　　(c)

图 4-15　圆的正等测投影做法

(a)坐标系投影；(b)轴测轴；(c)象限点轴测投影；(d)等分线轴测投影；(e)圆的正等轴测投影

任务实施

1. 任务内容

本任务是依据三视图绘制房屋正等测，如图 4-16 所示。

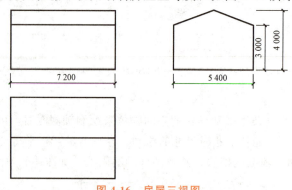

图 4-16　房屋三视图

微课：房屋正等测图绘制

2. 任务要求

依据三视图，绘制正等测图。

3. 操作提示

(1)准备工作：选图幅、定比例、固定图纸、削制铅笔等。

(2)绘制底稿(H 铅笔)：

1)在已知视图中定坐标轴，并确定 O_1X_1、O_1Y_1、O_1Z_1 轴测轴，如图 4-17(a)、(b)所示。

2)三视图标记特征面。在三视图中标记特征面，并截取各点 Y、Z 坐标，如图 4-17(c)所示。

3)作出特征面正等测。在轴测轴上，分别量取 Y、Z 坐标，找出相应点的轴测图，连接各点，绘制出特征面正等测图，如图 4-17(d)所示。

4)拉伸特征面。沿 X_1 轴拉伸特征面，得到房屋正等测图，如图 4-17(e)所示。

（3）检查加深：HB、2B 铅笔加深图线。检查加深图线，完成房屋正等测图，如图 4-17(f)所示。

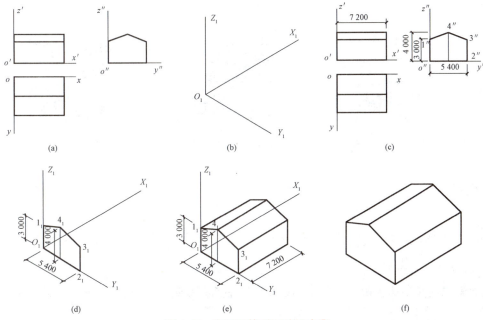

图 4-17　房屋正等测图绘图步骤

(a)坐标系投影；(b)轴测轴；(c)标记特征点投影；(d)特征点轴测图；(e)拉伸成体；(f)检查加深

【小提示】　初始学习绘制轴测图时，首先在三视图上标出坐标系投影，然后绘制轴测轴，明确物体在三投影面体系中的位置，再依据投影规律，即可正确绘制出轴测图。

任务拓展

1. 正等测的投影特性有哪些？

2. 正等测的轴间角、轴向伸缩系数是多少？

3. 正等测常用的画法有哪些？

任务二　房屋斜二测图绘制

任务目标

1. 了解正面斜二测图形成。

2. 掌握正面斜二测图、水平斜等测图等斜轴测图绘制。

3. 能够正确绘制斜轴测图。

4. 培养严谨细致工作作风、民族自豪感、创新思维、探究精神。

任务导入

前面学习了正等测图绘制，本任务学习房屋斜二测绘制。

微课：任务导入

知识拓展

知识拓展：西藏博物馆

知识拓展：大唐芙蓉园

微课：斜轴测绘制

知识准备

一、正面斜二测图

1. 正面斜二测图形成

正面斜二测是轴测投影面平行于 XOZ 坐标平面，投射方向倾斜于轴测投影面时得到的轴测图。

由于正面斜二测的投影面与正立投影面 V 平行，因此，物体表面的正平面上的所有图形在正面斜二测中都反映实形，作图与正等测的画图方法基本相同。

2. 正面斜二测参数

(1)轴间角。$\angle Z_1O_1X_1=90°$，$\angle X_1O_1Y_1=\angle Y_1O_1Z_1=135°$，如图 4-18 所示。

(2)轴向伸缩系数。两个伸缩系数相等，即 $p=r=1$，$q=0.5$，如图 4-18 所示。

3. 正面斜二测画法

(1)直接作图法。具有单一截面形状的物体，可以直接绘制正面截面，然后沿 y 轴方向拉伸作图，如图 4-19 所示。

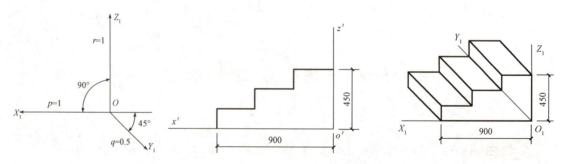

图 4-18　正面斜二测参数　　　　　　　图 4-19　直接作图法

【例 4-4】　已知台阶的三面投影，如图 4-20 所示。求其斜二测图。

案例分析：首先在三视图中画出 X_1、Y_1、Z_1 坐标轴；画出其轴测轴，其轴间角为 90°、

135°、135°；采用坐标法作出特征面及正面轴测图，特征面画法是找出点的三视投影，再在轴测图中画出点的轴测图，连接各点的轴测投影，得到特征面轴测图；过特征面的顶点，作 Y_1 轴的平行线，量取宽的一半，拉伸成立体；擦去不可见图线，检查加深，完成绘制。

作图步骤如下：

1）在三视图中画出坐标轴，如图 4-21(a)所示。

2）画出轴测轴（轴间角 90°、135°），如图 4-21(b)所示。

3）作出特征面（正面）轴测图（点三视投影→点轴测），如图 4-21(c)所示。

4）过特征面的顶点，作 Y_1 轴的平行线，量取宽的一半，拉伸成立体，如图 4-21(d)所示。

5）擦去不可见图线，检查加深，如图 4-21(e)所示。

图 4-20　台阶的三面投影

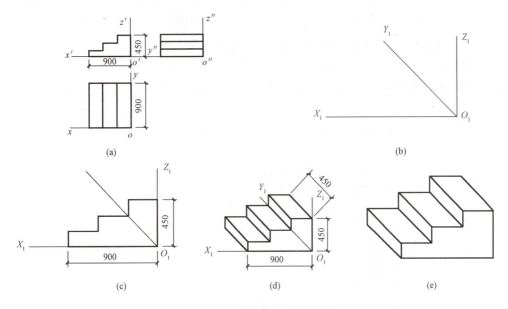

图 4-21　台阶的斜二测图绘制

(a)坐标系投影；(b)轴测轴；(c)特征面轴测图；(d)拉伸成体；(e)检查加深

【例 4-5】　已知圆柱的两面投影，如图 4-22 所示。求正面斜二测图画法。

案例分析：首先在三视图中画出 X、Y、Z 坐标轴；画出其轴测轴，其轴间角为 90°、135°、135°；作出主视圆形特征面的正面轴测图，由于物体表面的正平面上的所有图形在正面斜二测中都反映实形，因此，圆柱的主视投影圆形，在斜二测图中也反映为圆形，可以在轴测图上以 O_1 为圆心，以三视图上圆的半径为半径作圆，得到特征面轴测图；过特征面的圆心，将轴测轴沿 y 轴向后偏移，量取宽的一半得到底圆圆心，绘制图形及两圆公切线，拉伸成立体；擦去不可见图线，检查加深，完成绘制。

作图步骤如下：

1）在三视图中画出坐标轴，如图 4-23(a)所示。

2）画出轴测轴（轴间角 90°、135°），如图 4-23(b)所示。

3）作出特征面（正面）轴测图（圆心、半径→圆），如图 4-23(c)所示。

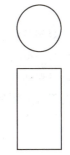

图 4-22　圆柱的二面投影

4)过特征面的圆心，将轴测轴沿 y 轴向后平移，量取宽的一半，拉伸成立体，如图4-23(d)所示。

5)擦去不可见图线，检查加深，如图4-23(e)所示。

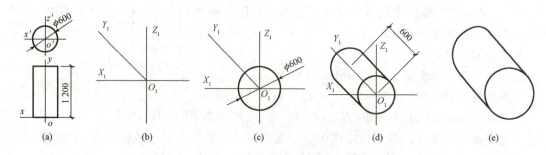

图 4-23　圆柱的斜二测图绘制

(a)坐标系投影；(b)轴测轴；(c)特征面轴测图；(d)拉伸成体；(e)检查加深

(2)分块作图法。如遇到形体较为复杂的空间物体，可以将它分解为若干简单的形体，先从它的主要部分开始作图，然后将其余部分按组合顺序进行"加法"或"减法"来完成，如图4-24所示。

【例4-6】　已知二阶台阶的三面投影，如图4-25所示。求其斜二测画法。

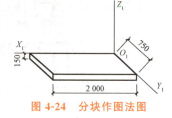

图 4-24　分块作图法图

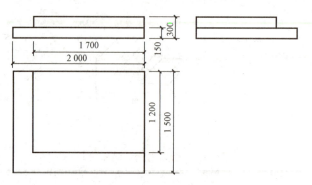

图 4-25　二阶台阶的三面投影

案例分析：首先在三视图中画出 X、Y、Z 坐标轴投影；然后画出其轴测轴，其轴间角为90°、135°、135°；作出一阶轴测图，绘制出矩形特征面，然后拉伸成体，注意轴测图中宽度取三视图中的宽度一半，完成一阶轴测图；按照相对位置，采用同样方法作二阶轴测图；擦去不可见图线，检查加深，完成斜二测绘制。

作图步骤如下：

(1)在三视图中画出坐标轴，如图4-26(a)所示。

(2)画出轴测轴(轴间角90°、135°)，如图4-26(b)所示。

(3)作一阶台阶轴测图(特征面→拉伸成体，宽度取一半)，如图4-26(c)所示。

(4)作二阶台阶轴测图，如图4-26(d)所示。

(5)擦去不可见图线，检查加深，如图4-26(e)所示。

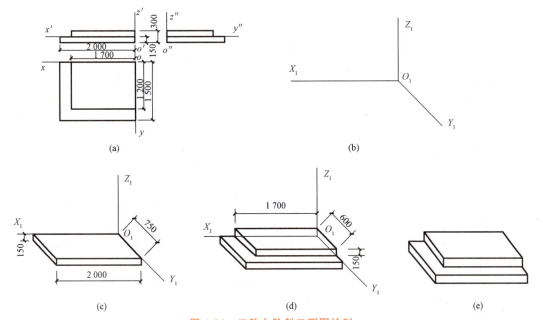

(a)

(b)

(c)

(d)

(e)

图 4-26　二阶台阶斜二测图绘制

（a）坐标系投影；（b）轴测轴；（c）一阶台阶轴测图；（d）二阶台阶轴测图；（e）检查加深

【小链接】　阅读《金安金沙江大桥》资料，了解建造者如何在天堑上架桥，培养学生的创新精神、工匠精神、文化自信。

小链接：金安金沙江大桥

二、水平斜等轴测图

1. 水平斜等测图形成

水平斜等测是轴测投影面平行于 XOY 坐标平面，投射方向倾斜于轴测投影面时得到的轴测图。

由于水平斜等轴测的投影面与水平投影面 H 面平行，因此，物体表面的水平面上的所有图形在水平斜等测中都反映实形，作图与正等测的画图方法基本相同。

2. 水平斜等测参数

（1）轴间角。$\angle Z_1 O_1 X_1 = 120°$，$\angle X_1 O_1 Y_1 = 90°$，$\angle Y_1 O_1 Z_1 = 150°$，如图 4-27 所示。

（2）轴向伸缩系数。三个伸缩系数相等，即 $p = q = r = 1$，如图 4-27 所示。

图 4-27　水平斜等测参数

3. 水平斜等测画法

轴测图中绘制水平截面实形，并沿 Z_1 轴方向拉伸作图，完成绘制，如图 4-28 所示。

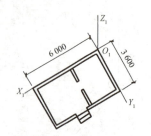
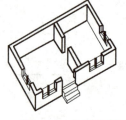

图 4-28　水平斜等测画法

【例 4-7】　已知一室的两面投影，如图 4-29 所示。求其水平斜等测图。

案例分析：首先在二视图中标出 X、Y、Z 坐标轴；画出其轴测轴，其轴间角为 120°、90°、150°；作出俯视特征面的水平斜等测图，由于物体水平面上的所有图形在水平斜等测图中都反映实形，因此俯视特征面，在水平斜等测图中也反映实形，可以在三视图上找到特征面、特征点，测量尺寸，在轴测图上绘制特征点的轴测投影，得到特征面轴测图；过特征面的顶点，作 Z_1 轴的平行线，拉伸成立体；开门窗洞口；擦去不可见图线，检查加深，完成绘制。

作图步骤如下：

（1）在三视图中画出坐标轴，如图 4-30(a)所示。

（2）画出轴测轴(轴间角)，如图 4-30(b)所示。

（3）画出特征面轴测图(实形)，如图 4-30(c)所示。

（4）过特征面的顶点，作 Z_1 轴的平行线，拉伸成立体，如图 4-30(d)所示。

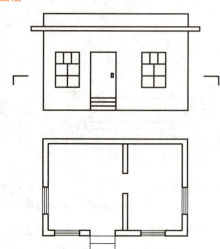

图 4-29　一室的两面投影

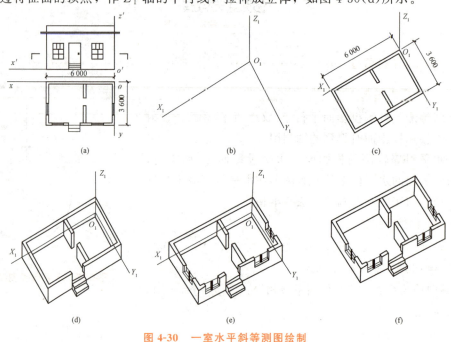

图 4-30　一室水平斜等测图绘制

(a)坐标系投影；(b)轴测轴；(c)特征面轴测图；(d)拉伸成体；(e)开门窗洞口；(f)检查加深

(5)开门窗洞口，如图 4-30(e)所示。

(6)擦去不可见图线，检查加深，如图 4-30(f)所示。

任务实施

1. 任务内容

本任务是房屋斜二测绘制，参考样例如图 4-31 所示。

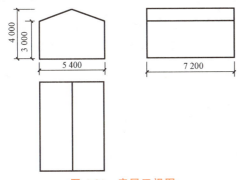

微课：房屋斜二测绘制

图 4-31　房屋三视图

2. 任务要求

依据三视图，绘制房屋斜二测图。

3. 操作提示

(1)准备工作：选图幅、定比例、固定图纸、削制铅笔等。

(2)绘制底稿(H 铅笔)：

1)在已知视图中确定坐标轴投影，如图 4-32(a)所示。

2)轴测轴(轴间角)。确定 O_1X_1、O_1Y_1、O_1Z_1 轴测轴。注意轴间角 90°、135°、135°，如图 4-32(b)所示。

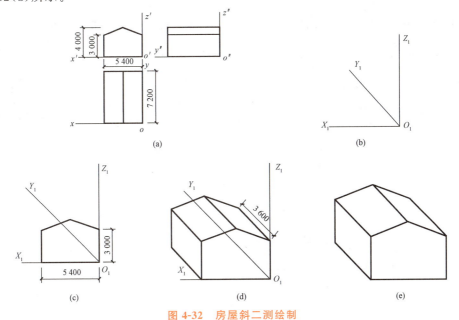

图 4-32　房屋斜二测绘制

(a)坐标系投影；(b)轴测轴；(c)标记特征点投影；(d)拉伸成体；(e)检查加深

3)作出特征面斜二测(实形)。注意特征面在 V 面时，特征面轴测图反映实形；在坐标轴上分别量取特征点的 X、Z 坐标，找出相应点的轴测图，连接各点，绘制出特征面斜二测图，如图 4-32(c) 所示。

4)拉伸特征面成体。过特征面的顶点，作 Y_1 轴的平行线，量取宽的一半，拉伸成立体，如图 4-32(d) 所示。

(3)检查加深：HB、2B 铅笔加深图线。检查加深图线，完成轴测图绘制，如图 4-32(e) 所示。

【小提示】 一般轴测图的绘图步骤基本相同：第一，确定三视图上坐标轴投影；第二，绘制轴测轴(注意不同轴测图轴间角不同)；第三，绘制特征面轴测图；第四，拉伸成体；第五，完善细节，检查加深。

任务拓展

1. 斜二测的轴间角是多少？
2. 斜二测的轴向伸缩系数是多少？
3. 水平斜等测的轴间角、轴向伸缩系数是多少？

项目总结

本项目通过完成房屋正等测绘制、房屋斜二测绘制两项任务，学习了轴测投影图概念、分类、正等测图绘制、正面斜二测图和水平斜等测图等斜轴测绘制；通过学习，同学们可以达到依据三视图正确绘制正等测图、斜轴测图的水平。

项目实训

实训：(20 分)依据床头柜三视图，如图 4-33 所示，绘制床头柜正等测图(比例自定)。

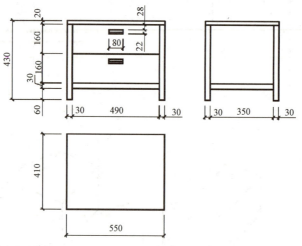

测验：房屋轴测
图绘制检测

图 4-33 床头柜三视图

项目五　室内透视图绘制

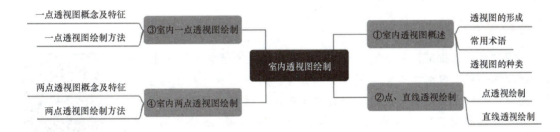

学习目标

1. 了解透视图的形成过程和常用术语，掌握透视图的分类。
2. 掌握点、直线透视的绘制方法。
3. 了解室内一点透视图的绘制步骤，掌握室内一点透视图的绘制技能。
4. 了解室内两点透视图的绘制步骤，掌握室内两点透视图的绘制技能。

微课：项目导入

学习重点

1. 透视图形成、常用术语、透视图种类。
2. 点、直线透视的形成原理及绘制方法。
3. 室内一点透视图和室内两点透视图的绘制方法和步骤。

学习指南

在进行本项目的学习时，建议参考以下方法：
1. 了解透视类型及特点，多看透视图绘制视频。
2. 多临摹优秀透视图作品，掌握透视图绘制方法。
3. 总结绘图规律，培养美学素养。

任务一　室内透视图概述

任务目标

1. 了解透视图的形成过程和常用术语。
2. 掌握透视图的分类。
3. 培养工匠精神、创新精神。

任务导入

"透视"是一种绘画活动中的观察方法和研究视觉画面空间的专业术语，通过这种方法可以归纳出视觉空间的变化规律。用笔准确地将三维空间的景物描绘到二维空间的平面上，这个过程就是透视过程。用这种方法可以在平面上得到相对稳定的立体特征的画面空间，这就是"透视图"，"透视图"能够比较直观地表现出空间的形体特征。

微课：任务导入

知识拓展

知识拓展：彭一刚院士

知识准备

■ 一、透视图的形成

透视图是用中心投影法将形体投射到投影面上，从而获得比较接近人眼观察的视觉效果，具有近大远小、近高远低、近疏远密等特点的一种单面投影，在生活中会经常发现、记录和描绘各种的透视现象，如图 5-1 所示。

微课：室内透视图概述

图 5-1　透视图

假设从投影中心(人的眼睛也称视点)向形体引一系列投影线，投影线与投影面的交点所形成的图形即形体的透视投影(图5-2)。这种图应用于表现建筑物时，则称为建筑透视图，用于表现室内空间环境时称为室内透视图。

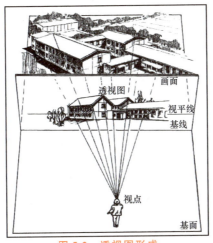

图 5-2　透视图形成

■ 二、常用术语

　　为了理解透视原理和掌握透视投影的作图方法，需要掌握透视的术语和符号(图5-3)。

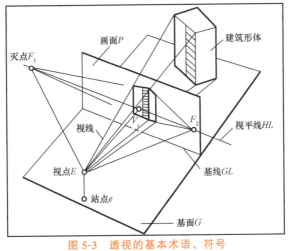

图 5-3　透视的基本术语、符号

　　(1)基面：建筑形体所在的地平面，图示基面 G；

　　(2)画面：透视图所在的平面，图示画面 P；

　　(3)基线：画面与基面的相交线，图示基线 GL；

　　(4)视点：投影中心，相当于人的眼睛，图示视点 E；

　　(5)主点：视点在画面的正投影，即过视点作画面所得到的垂足，图示点 V_c；

　　(6)视平线：过视点的水平面与画面的相交线，即过主点 V_c 所作的水平线，图示视平线 HL；

　　(7)视距：视点到画面的距离，图示点 E 到 V_c 的距离；

　　(8)视高：视点到基面的距离，图示视点 E 到站点 e 的距离；

　　(9)视线：即投射线，过视点与形体上任何点的连线，图示视线；

(10)点的透视：通过空间任意一点的视线与画面的交点，图示视线与画面交点；

(11)透视图：形体在画面上的中心投影，即无数多点的透视的集合，图示画面物体投影；

(12)主灭点（简称灭点）：直线上无穷远点的透视称为灭点；同一组相互平行的直线有同一个灭点，但主灭点 F 仅指形体上某些特定方向直线的灭点，其中，水平方向直线的灭点在视平线上，图示灭点 F_1、F_2；

(13)基透视：形体的基面投影的透视。

■ 三、透视图的种类

1. 一点透视图

当画面垂直于基面，建筑形体有一个主立面平行于画面而视点位于画面的前方时，所得的透视只在宽度方向上有一个灭点，称之为一点透视，也称平行透视（图 5-4）。

2. 两点透视图

当画面垂直于基面，方形景物两相邻主立面与画面倾斜成某种角度而视点位于画面的前方时，所得到的透视图在长度和宽度两个方向上各有一个灭点，称之为两点透视，也称成角透视（图 5-5）。

图 5-4　一点透视

图 5-5　两点透视

3. 三点透视图

画面倾斜于基面，在这种情况下，建筑形体的长、宽、高三个方向都有灭点，称之为三点透视。它常用来表达较高的建筑物或较大的场景，常用仰视图或鸟瞰图来表达建筑的形体（图 5-6）。

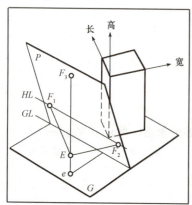

图 5-6　三点透视图

【小链接】 阅读《透视图绘制起源》资料，了解透视图绘制的演进过程，熟悉绘画史的发展，培养敢破敢立、善于思考、勇于创新的职业素养。

小链接：透视图绘制起源

任务实施

1. 任务内容

分析透视图（图 5-7）的类型。

(a)

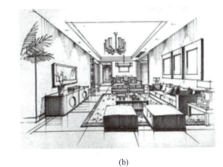

(b)

微课：透视图分析

图 5-7　室内透视图

2. 任务要求

找出透视图的灭点和视平线。

3. 操作提示

(1)准备工作。打印透视图，准备绘图工具。

(2)找灭点，判断透视类型。

1)延长墙线和吊顶线，如图 5-8 所示；

2)延长线的交点即透视图灭点，图 5-8(a)中延长线交于灭点 F_1、F_2；图 5-8(b)中延长线交于灭点 F；

(a)

(b)

图 5-8　透视图分析

3)灭点数量即透视图类型：图5-8(a)有两个灭点，透视图为两点透视图；图5-8(b)有一个灭点，透视图为一点透视图。

(3)绘制视平线。沿灭点绘制水平线，如图5-8所示，得到透视图的视平线 *HL*。

【小提示】 操作过程中注意虚线、实线的合理运用，用虚线绘制延长线，延长线交点处用实线相交。用丁字尺绘制视平线，保证图面干净整洁。

任务拓展

1. 平行透视的特点是什么？
2. 一点透视与两点透视的区别是什么？

任务二 点、直线透视绘制

任务目标

1. 掌握点、直线的透视规律。
2. 能够运用透视原理绘制点、直线的透视。
3. 培养吃苦耐劳的奋斗精神、制度自信、民族自信。

任务导入

点是所有图形的基础，线是由无数个点连接而成的，面是由无数条线构成的，体块是由若干个面构成的。本任务通过点、直线透视绘制来学习点、直线的透视规律及透视绘制方法，为后面透视图绘制打下一个良好的基础。

微课：任务导入

知识拓展

知识拓展：中国城市航拍

知识准备

一、点透视绘制

1. 点的透视规律

(1)点透视与画面的关系，如图5-9(a)所示。

1)点的透视为通过该点的视线与画面的交点；

2)点在画面上，透视为其自身。

(2)点透视与基透视的关系，如图 5-9(b)所示。

1)点的透视与基透视位于同一条铅垂线上，并通过 bs 与 ox 轴的交点 b_x；

2)点的透视与基透视决定空间点的位置。

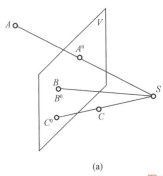

图 5-9　点透视与基透视

(3)空间点与基透视的关系，如图 5-10 所示。

点的基透视相对于基线 ox 的位置，反映空间点相对于画面的位置。

1)A 点在画面后方，基透视在基线的上方；

2)B 点在画面上，基透视在基线上；

3)C 点在画面前方，基透视在基线的下方。

2. 点的透视作图

图 5-10　空间点与基透视

(1)点的透视作图原理，如图 5-11 所示。

求点的透视与基透视，可归结为求视线与画面 V 交点的作图。

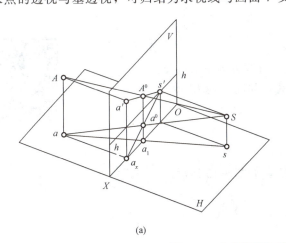

(a)

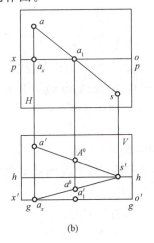

(b)

图 5-11　点的透视作图原理

线段 sa、$s'a'$ 是 SA 的两面投影，则 sa 与 OX 轴的交点 a_1 是 A^0 的水平投影，A^0 的正面投影在 $s'a'$ 上，并与其自身重合，如图 5-11(a) 所示。

画面与基面各自展开为一个平面。

V 面不动，H 面向下旋转 90° 后，并移到 V 面的上方。OX 轴分为两根，分属于 V、H。V 面上的 OX 轴用 gg 表示；H 面上的 OX 轴用 pp 表示，如图 5-11(b) 所示。

(2)点的透视作图步骤，如图 5-12 所示。

1)连接 sa 并过交点 a_1 作铅垂方向的线 a_1m；

2)连接 $s'a'$，与 a_1m 的交点 A^0 即 A 点的透视；

3)连接 $s'a_x'$，与 a_1m 的交点 a^0，即 A 点的基透视。

【例 5-1】 已知 A 点的两投影，求 A 点的透视，如图 5-13(a) 所示。

作图步骤，如图 5-13(b) 所示：

(1)连接 sa 交 pp 轴于 a_1 点；

(2)过 a' 作 gg 的铅垂线得到交点 a_x；

(3)连接 $s'a'$、$s'a_x$；

(4)过 a_1 作竖直线分别交 $s'a'$、$s'a_x$ 于 A^0、a^0 点。

则 A^0、a^0 即 A 点的透视和基透视。

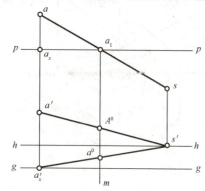

图 5-12 点的透视作图步骤

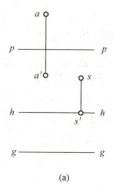

(a)

图 5-13 点的透视作图案例

(b)

二、直线透视绘制

1. 直线的分类

根据直线与画面的相对位置不同，将直线分为以下两类：

(1)画面相交线：与画面 V 相交的线，如图 5-14 所示。

1)AB 倾斜于基面；

2)EF 平行于基面；

3)CD 垂直于画面。

(2)画面平行线：与画面 V 平行的线，如图 5-15 所示。

1)AB 倾斜于基面；

2)EF 垂直于基面；

3)CD 平行于基线 OX。

微课：直线透视绘制

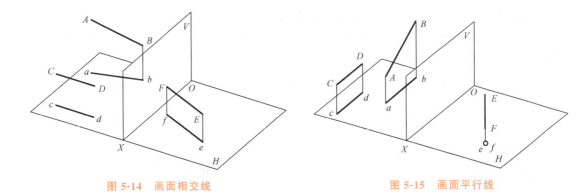

图 5-14　画面相交线　　　　　　　　图 5-15　画面平行线

2. 画面相交线

(1)画面相交线的透视特性 1，如图 5-16 所示。

一般情况下，直线的透视和基透视为直线，如图 5-16(a)所示。直线通过视点时，透视为一点，但基透视仍为直线，且垂直于基线，如图 5-16(b)所示。

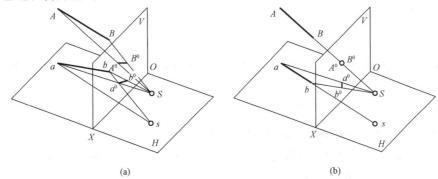

(a)　　　　　　　　　　　(b)

图 5-16　特性 1

(2)画面相交线的透视特性 2，如图 5-17 所示。

直线上的点，其透视、基透视分别在该直线的透视与基透视上。

(3)画面相交线的透视特性 3，如图 5-18 所示。

直线与画面的交点称为迹点。直线的透视必经过直线在画面上的迹点。

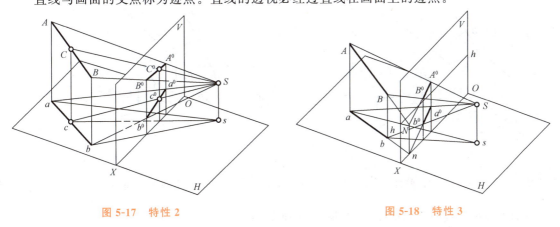

图 5-17　特性 2　　　　　　　　　　图 5-18　特性 3

(4)画面相交线的透视特性 4，如图 5-19 所示。

直线上无穷远点的透视称为直线的灭点。

直线的透视经过灭点，直线的基透视经过基灭点。基灭点一定在视平线 $h-h$ 上。

由于直线的透视同时经过灭点和迹点，因此直线的灭点和直线迹点的连线称为直线的透视方向或全透视。

(5)画面相交线的透视特性 5，如图 5-20 所示。

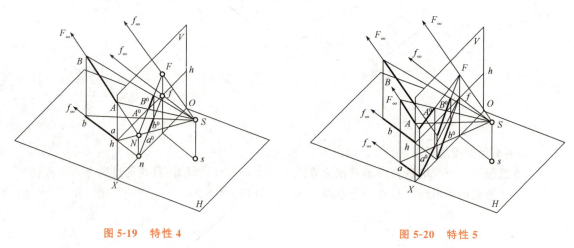

图 5-19　特性 4　　　　　　　　　　　　　　　　　图 5-20　特性 5

一组平行直线的透视有一个共同的灭点，其基透视有一个共同的基灭点。一组互相平行直线的透视必相交，交点即灭点 F。

3. 画面平行线

(1)画面平行线的透视特性 1，如图 5-21 所示。

画面平行线无迹点、灭点。直线的透视平行于空间直线；直线的基透视平行于基线 OX 或为一点(当直线为基面垂直线时)。

AB 的透视 A^0B^0 和 OX 的夹角反映空间直线 AB 与基面的夹角 α。

(2)画面平行线的透视特性 2，如图 5-22 所示。

直线上点分线段长度之比等于其透视长度之比。由图可知，$AC:CB=A^0C^0:C^0B^0=ac:cb=a^0c^0:c^0b^0$。

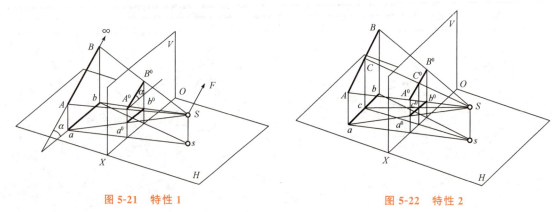

图 5-21　特性 1　　　　　　　　　　　　　　　　　图 5-22　特性 2

(3)画面平行线的透视特性 3，如图 5-23 所示。

一组平行直线的透视互相平行，各相应的基透视也互相平行。$A /\!/ B /\!/ V$，则 $A^0 /\!/ B^0$、$a^0 /\!/ b^0$。

4. 特殊位置直线

(1) 平行于基面 H 的直线 1，如图 5-24 所示。

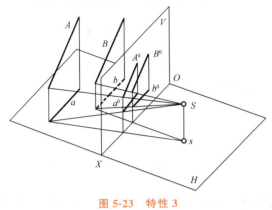

图 5-23　特性 3

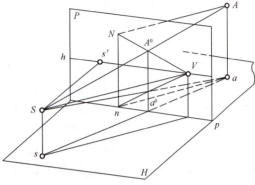

图 5-24　平行于基面的 直线 1

平行于基面 H 的水平线 NA 的灭点在视平线 $h-h$ 上。

(2) 平行于基面 H 的直线 2，如图 5-25 所示。

平行于基面 H 且垂直于画面 P 的直线 NB 的灭点为主点 s'。

(3) 基面 H 上的直线。这类直线的透视与基透视投影重合。

1) 基面 H 上的水平线：迹点在基线 $p-p$ 上，灭点在视平线 $h-h$ 上，如图 5-26 所示。

2) 基面 H 上且垂直于基线 $p-p$ 的直线：迹点在基线 $p-p$ 上，灭点为主点 s'，如图 5-27 所示。

3) 基面 H 上且过站点 s 的直线：透视为直立线 CK^0，如图 5-28 所示。

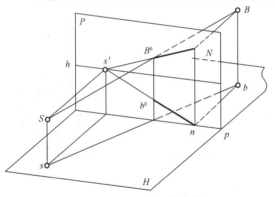

图 5-25　平行于基面的直线 2

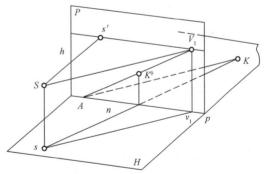

图 5-26　基面 H 上的直线 1

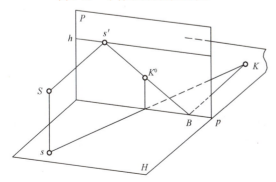

图 5-27　基面 H 上的直线 2

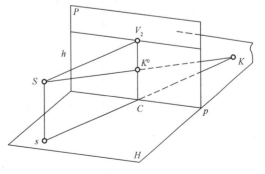

图 5-28　基面 H 上的直线 3

5. 直线透视绘制

【例 5-2】 已知 V 面垂直线 AB 高于 H 面 35 mm，求透视 A^0B^0 和基透视 a^0b^0，如图 5-29 所示。

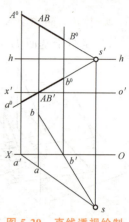

（1）首先找主点 s'，过 s 作视平线 hh 的垂直线，交 hh 于点 s'，s' 为主点。

（2）过 ab 在基面上的投影 a、b 向上引垂线，与 $o'x'$ 交于 AB'，在 $o'x'$ 上方 35 mm 处得到点 AB，点 AB 为画面垂直线与画面的交点。

（3）连接 sa 交基线于 a'，连 sb 交基线于 b'。

（4）分别过 a' 和 b' 向上引垂线。

（5）连接 $s'AB'$、$s'AB$，与垂直线交于 a^0、b^0、A^0、B^0，则 A^0B^0 为直线的透视，a^0b^0 为直线的基透视。

图 5-29　直线透视绘制

【小链接】 阅读《郑州航拍》资料，了解河南省郑州市的发展成就，了解中原人民不畏艰辛的奋斗历程，养成吃苦耐劳和艰苦奋斗精神。

小链接：郑州航拍

任务实施

■ 任务实施 1

1. 任务内容

使用绘图工具，绘制点的透视和基透视，如图 5-30（a）所示。

微课：点、直线
透视图绘制

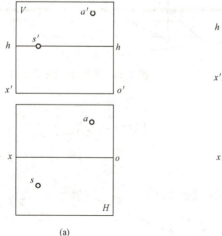

(a)

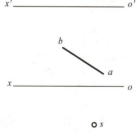

(b)

图 5-30　点、直线透视绘制

2. 任务要求

(1)设计内容：已知点 A 和视点的两面投影，求点 A 的透视 A^0 和基透视 a^0；

(2)绘图工具：使用绘图工具；

(3)图纸规格：A4 图纸。

3. 操作提示

(1)准备工作：固定图纸、削制铅笔等。

(2)绘制点的透视和基透视，如图 5-31 所示。

1)连接 s、a，与基线 ox 交于点 a_1；

2)通过点 a_1，向上作铅垂线；

3)连接 s' 和 a'，与铅垂线相交于点 A^0，点 A^0 即点 A 的透视；

4)通过 a' 作铅垂线与基线 $o'x'$ 相交于 a_x，连接 s' 与 a_x，与铅垂线相交于 a^0 即基透视。

(3)检查：检查无误后，擦去多余图线。

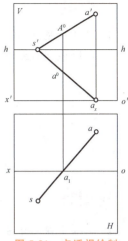

图 5-31　点透视绘制

■ 任务实施 2 ··

1. 任务内容

绘制直线的透视和基透视，如图 5-30(b)所示。

2. 任务要求

(1)设计内容：已知 H 面平行线 AB 高于 H 面 35 mm，绘制画面平行线的透视 A^0B^0 和基透视 a^0b^0；

(2)绘图工具：使用绘图工具；

(3)图纸规格：A4 图纸。

3. 操作提示

(1)准备工作：固定图纸、削制铅笔等。

(2)绘制基面平行线的透视和基透视，如图 5-32 所示。

1)过 s 向上引垂直线，交 $h-h$ 于 s'；

2)在基线 $x'o'$ 上方 35 mm 处画直线 L；

3)过 a、b 向上引垂线与 L 相交于 $A'B'$，交基线于 $A''B''$；

4)连接 sa、sb，交基线 ox 于点 a'、点 b'；

5)过 a'、b' 向上引垂线；

6)连接 $s'A''$ 与 $s'B''$，与铅垂线交于 a^0、b^0，a^0b^0 即为基透视；

7)连接 $s'A'$ 与 $s'B'$，与铅垂线交于 A^0、B^0，A^0B^0 即为透视。

(3)检查：检查无误后，擦去多余图线。

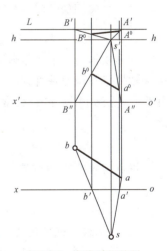

图 5-32　直线透视绘制

1. 怎样绘制画面平行线的透视？
2. 点透视和直线透视之间有什么联系？

任务三　室内一点透视图绘制

任务目标

1. 掌握室内一点透视图的绘制方法。
2. 能够运用透视原理绘制室内一点透视图。
3. 养成严谨务实的工作态度，培养文化自信、民族自信。

任务导入

微课：任务导入

透视图可分为一点透视、两点透视和三点透视，每种透视图适用场景有所不同，每种透视图绘制方法也不同。本任务学习一点透视图的概念与特征、绘制方法及绘制步骤三个方面。

知识准备

一、一点透视图概念及特征

1. 一点透视图概念

微课：室内一点
透视图绘制

方形物体的一个面与画面构成平行关系时的透视称为"平行透视"。因为物体只在画面垂直方向上有一个灭点，如图 5-33（a）所示，所以也称为"一点透视"。它是最常用的透视形式，也是最基本的作图方式之一。

2. 一点透视图特征

视点与对象物的位置关系不同则形成的透视图不同，如图 5-33（b）所示，但又有共同特征：

（1）水平线全部水平；垂直线全部垂直；

（2）进深线：视平线之上的近高远低，视平线之下的近低远高；

（3）只有一个灭点（消失点）。

一点透视表现范围广，纵深感强，适合表现一些庄重的室内空间，但缺点是透视画面容易呆板，形成对称构图，不够活泼，如图 5-33（c）所示。

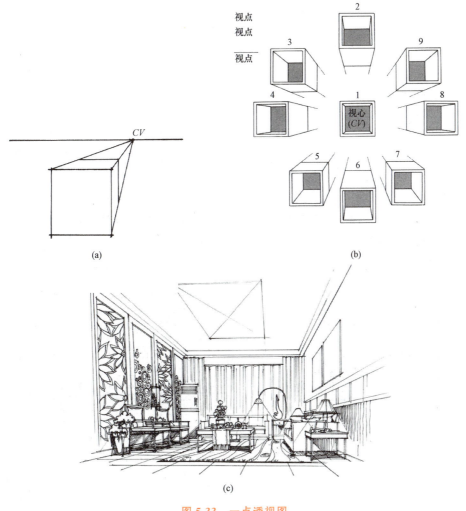

視点
视点
视点

视心
(CV)

(a)　　　　　　　　　　　　　　　　　　　　(b)

(c)

图 5-33　一点透视图

■ **二、一点透视图绘制方法** ···

1. 网格法

　　将平面图置于正方形的方格网内，首先求出方格网的透视，再按平面图在方格网内的位置，定出其在透视网格上的相应位置，从而绘制出建筑形体的基透视，然后画出各部分的透视高度，完成透视作图，如图 5-34 所示。这种利用方格网作透视图的方法，称为网格法。

2. 网格法作图步骤

　　(1)将平面图划分成网格，如图 5-34 所示。

　　首先在平面图上，按尺寸划分出正方形网格，如图 5-34 所示，每格代表 1 000 mm。划分网格的尺寸不是固定不变的，也可以划分得更密一些，如 600 mm 或 800 mm，透视网格细节越多，越便于定位。在图纸上按比例画出房间主向立面的宽度和高度，如图 5-35 所示。可以根据图纸尺寸来定义绘制单位(2 cm 相当于 1 m 或 3 cm 代表 1 m)。房间宽 4 m、高 3 m，按比例绘制出 A、B、C、D 四点，这四个点定义了房间的真实宽度和高度，绘制其他图形时，要根据这个真实宽度和高度绘制。需要注意的是，ABCD 四个点在画面上的位置决定了画面的形态，如想重点表达左侧的墙面，可以将 *ABCD* 四点画在画面相对右的位置，为左侧墙面留较大的绘制空间。绘制视平线 *HL*，一般定为 1 500～1 700 mm，也可以稍微靠下一些，这样绘制的画面会更好看一些。在视平线上绘制灭点 *CV*，灭点位置的选择，也遵循同样的道理，如果想多描绘左侧的画面，应在前面绘制的面内靠右侧定义灭点，并由灭点分别向立面四点作透视线。

（2）按划分好的平面网格等分房间宽度，定测量点，如图 5-36 所示。把真实线 *AB* 平均分为四份，标出 0、1、2、3、4 点，每条线段代表 1 m，然后延长 *BA*，把表示进深的尺寸按比例绘制在上面，房间进深 5 m，得到 5 个点。在视平线上定测量点 *M*，测量点 *M* 宜在进深端点附近，如果想表现的画面大一些可定在进深端点右侧，如果想画面小些，可定在进深端点的左侧。

（3）作地面的透视网格，如图 5-37 所示。由测量点 *M* 分别向基线上的进深点引线，并在 *CV* 至 *A* 延长线上交得各点，这些交点就是透视的进深点，通过这些进深点作水平方向平行线。然后由 *CV* 向 *AB* 线上的点引线，作出地面网格透视。

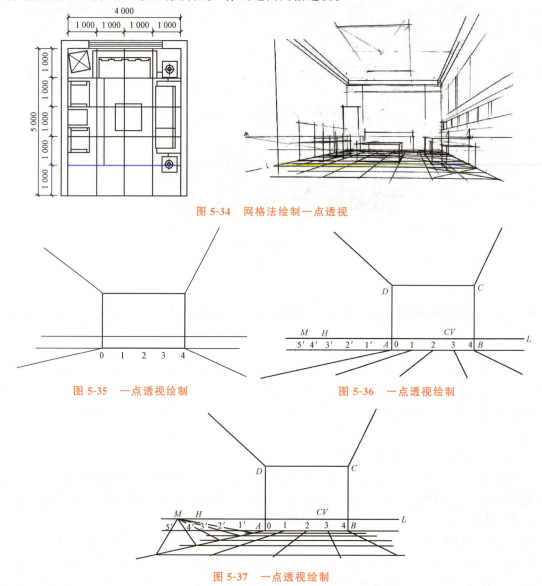

图 5-34　网格法绘制一点透视

图 5-35　一点透视绘制

图 5-36　一点透视绘制

图 5-37　一点透视绘制

(4)将家具平面投影在网格内，如图 5-38 所示。根据平面布置图和划分的网格尺寸，将家具平面根据比例和透视规律投影在透视网格的相应位置，如沙发的宽度为 800 mm 左右，也就是 4/5 格，这样就能大致画出家具的平面透视投影。

(5)绘制吊顶和家具透视，如图 5-39 所示。根据家具平面透视投影向上作垂直高度线，在真高线上定出家具的真实透视高度点，由灭点和真高点作延长线，作出家具的透视高度线，并作出相应的透视轮廓。根据吊顶高度作出墙面、吊顶的透视。

(6)根据透视轮廓完善线稿，如图 5-40 所示。根据需要的空间环境，完善墙面细节并添加软装配饰，完成线稿绘制。

(7)完成透视绘制，如图 5-41所示。根据完成的线稿用针管笔或中性笔加深透视图，完善透视的阴影和细节，完成透视图绘制。

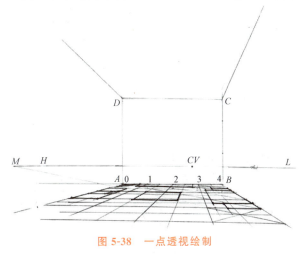

图 5-38　一点透视绘制

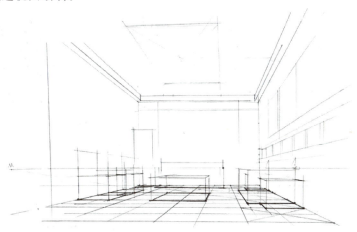

图 5-39　一点透视绘制

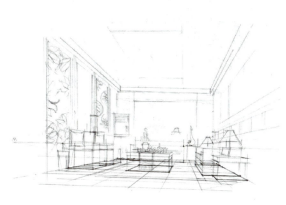

图 5-40　一点透视绘制

图 5-41　一点透视绘制

【小链接】 阅读《室内一点透视手绘图》资料，了解室内透视图绘制要点，掌握室内一点透视图绘制方法，激发自主学习能力、工匠精神。

小链接：室内一点透视手绘图

任务实施

1. 任务内容

已知客厅宽 4 m、进深 5 m（图 5-42），需要构思立面设计和吊顶形态，根据构思和透视绘制方法，绘制室内一点透视图。

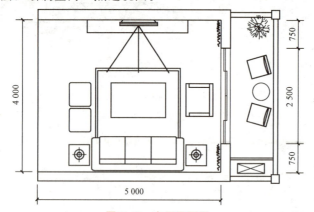

图 5-42　客厅平面图

微课：绘制室内一点透视图

2. 任务要求

（1）绘图工具：使用绘图工具绘制。

（2）图纸规格：A4 图纸。

3. 操作提示

（1）准备工作：

1）选比例，定图幅，进行图的布置。

2）固定图纸、削制铅笔。

（2）绘制底稿，参考样例如图 5-43 所示。

1）绘制平面图，将平面按比例划分成网格，可以采用 600 mm 或 800 mm 的网格大小进行划分，划分出的网格为常用瓷砖的尺寸，绘制成的地面透视网格为地面铺装大小。

2）依据平面网格，绘制房间透视网格。

3）在画面上按比例画出房间的宽度和高度

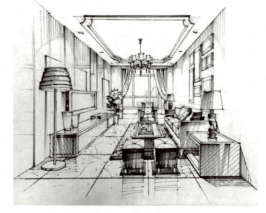

图 5-43　一点透视图绘制

的真实面，并在基线的延长线上定出表示房间进深的点。

4）在 1 500 mm 左右的高度，定出视平线。

5)在视平线上根据表达的需要，定出相应的灭点和测量点。

6)根据测量点、基线上的进深点及宽度等分点，绘制出房间的平面透视网格。

7)根据网格定位家具，绘制家具透视。

8)根据家具在空间的相对位置，在平面透视网格中绘制出家具的平面透视投影。

9)根据平面透视投影和真高线，绘制出家具的空间轮廓。

10)完善家具细节，完成家具透视绘制。

11)绘制吊顶，完善墙面细节透视。

（3）检查加深：用针管笔或中性笔沿绘制好的线稿，将图线加深。用橡皮擦将图面上的铅笔线稿擦除干净，完成透视绘制。

任务拓展

1. 透视图中的面怎么做等分？
2. 网格法绘制透视和足线法绘制透视有没有共同点？共同点是什么？

任务四　室内两点透视图绘制

任务目标

1. 掌握室内两点透视图的绘制方法。
2. 能够运用透视原理绘制室内两点透视图。
3. 培养美学素养、耐心细致的工作作风和工匠精神。

任务导入

两点透视图是室内设计中最为艺术的表现形式，两点透视的画面具有生动性、艺术性，在这种透视中表达的内容具有美观、和谐的特征，但这种透视角度一般只能看到四个面，广泛应用在一些卧室、卫生间、玄关等小空间中。本任务主要从两点透视图的概念及特征、绘制方法、绘制步骤三个方面进行讲解。

微课：任务导入

知识拓展

知识拓展：空间摄影构图取景

■ **知识准备**

■ 一、两点透视图概念及特征 ·····················

1. 两点透视图概念

与平行透视[图 5-44(a)]相对照，当平放在水平基面 GP 上的立方体与垂直基面的画面 PP 构成一定夹角（非 90°）关系时，如图 5-44(b)所示，称之为成角透视图或两点透视图。

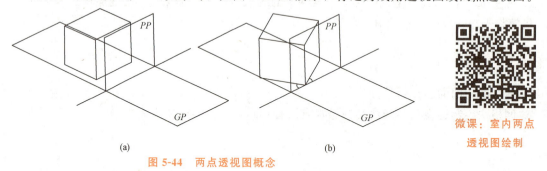

(a)　　　　　　　　　　　　　(b)

微课：室内两点
透视图绘制

图 5-44　两点透视图概念

2. 两点透视图特征

(1)立方体的边棱在画面前形成两种状态：一种是垂直边；其他都是成角边，如图 5-45 所示。

(2)两组成角变线，左右水平消失，形成两个灭点，如图 5-45 所示。

(3)立方体的各个面都有成角边，所有面都产生变形，如图 5-46 所示。

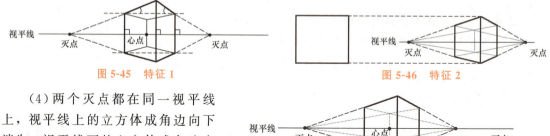

图 5-45　特征 1　　　　　　　　　　　图 5-46　特征 2

(4)两个灭点都在同一视平线上，视平线上的立方体成角边向下消失，视平线下的立方体成角边向上消失，如图 5-47 所示。

图 5-47　特征 3

■ 二、两点透视图绘制方法 ·····················

1. 网格法

网格法绘制如图 5-48 所示。基本步骤：确定好视平线上的 V_1、V_2、M_1、M_2 位置后，假设一条测线，在测线上标出一个交点（即正方形基透视网格成角透视变线最后的交点），并向上引出一条垂直线，真高线和测线在画面内侧，由内向外绘制。

2. 网格法作图步骤

(1)将平面图划分成网格，首先在平面图上，按尺寸画出正方形网格（每格代表 1 000 mm），如图 5-49 所示。

(2)绘制真高线，如图 5-50 所示。在图面合适位置按比例绘制真高线。真高线的定位，在画的时候不要过长，以免近处的物体画不开，一般占到纸面中间 1/3 左右即可。真高线定位过长，构图会显拥挤，近处物体不能刻画全面，空间进深较弱。

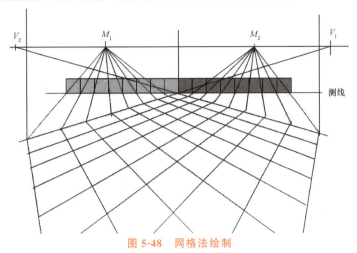

图 5-48　网格法绘制

图 5-49　两点透视绘制 1

图 5-50　两点透视绘制 2

（3）绘制视平线，如图 5-50 所示。在真高线向上按比例找到相应的位置（1.5～1.7 m）绘制视平线。视平线不宜过低，过低则吊顶的透视斜度较大，地面的透视斜度较小；视平线过高则地面的斜度较大，吊顶的透视斜度较小。

（4）定灭点，如图 5-51 所示。在图面两端视平线上定 V_1、V_2 两个灭点。两点透视的灭点非常重要，两个灭点过近，容易导致空间视角变形。

当某一面墙的物体需要重点表达时，需要将这个墙面的透视画得相对较小一些，以便让这个墙面和物体显得更加全面一些，而另一面墙体的透视就会显得较大。在具体绘制透视时，透视较小的那面墙的灭点与真高线的间距较远，透视较大的那面墙的灭点与真高线的距离较近。

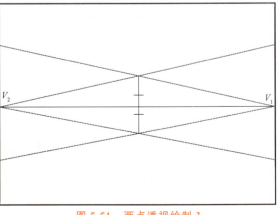

图 5-51　两点透视绘制 3

(5)绘制吊顶、地面透视轮廓,如图 5-51 所示。通过灭点与真高线两端连线,并作出通过两个端点的延长线,即地面和吊顶的透视轮廓。

(6)绘制测线和分格点,如图 5-52 所示。通过真高线下部端点绘制水平线即测线,并在测线上按比例找到房间长宽分格点。

(7)确定测量点,如图 5-52 所示。在视平线上的合适位置定 M_1、M_2 两个测量点。如同前面一点透视定测量点一样,测量点宜在分格点的端点附近,可根据画面需要做出调整。

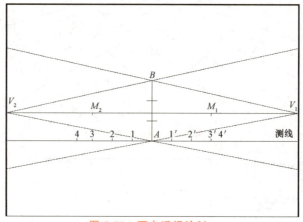

图 5-52　两点透视绘制 4

(8)确定房间基线透视点,如图 5-53 所示。通过 M_1、M_2 两个测量点分别向分格点作延长线,交于房间基线透视点。

(9)绘制地面透视网格,如图 5-53 所示。通过灭点和基线透视点作连接线,并延长获得相交的透视网格,即地面透视网格。

(10)绘制家具基面透视,如图 5-54 所示。根据透视原坤和家具尺寸在地面网格中绘制出家具平面透视。

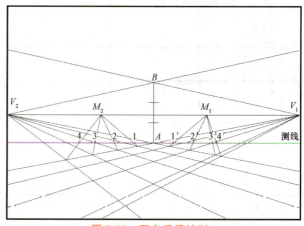

图 5-53　两点透视绘制 5

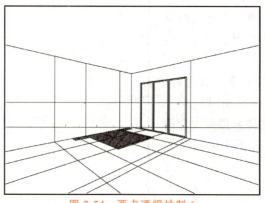

图 5-54　两点透视绘制 6

(11)绘制墙体门窗透视，如图5-55所示。经地面透视网格向上引垂直线得到房间透视骨架，根据真高线作出门窗透视。

(12)绘制吊顶在地面透视投影，如图5-55所示。根据透视原理和吊顶尺寸在地面网格中绘制出吊顶在平面网格中的透视投影。

(13)绘制吊顶透视，如图5-56所示。经吊顶投影向上引垂线并根据吊顶高度和真高线绘制出吊顶轮廓。

(14)完善吊顶细节和背景墙透视，如图5-56所示。根据吊顶轮廓绘制出吊顶的细节造型，并根据透视原理和构思绘制背景墙细节。

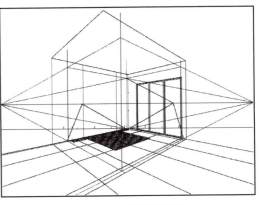

图5-55　两点透视绘制7

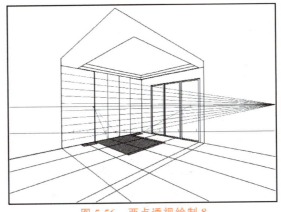

图5-56　两点透视绘制8

(15)绘制家具透视，如图5-57所示。经家具投影引垂线并根据真高线绘制出家具的透视轮廓。

(16)完善透视细节，完成透视图绘制，如图5-57所示。根据艺术效果绘制出相应的软装配饰，绘制出透视阴影完成透视线稿，用中性笔加深线稿完成透视绘制。

图5-57　两点透视绘制9

【小链接】　阅读《室内两点透视手绘图》资料，了解室内两点透视图绘制要点，掌握室内两点透视图绘制方法，激发工匠精神。

小链接：室内两点透视手绘图

任务实施

1. 任务内容

已知卧室宽 3.5 m、进深 4.5 m、高度 3 m，以及房间的平面布置，需要构思立面设计和吊顶形态，根据自己的构思和透视绘制方法，完成室内两点透视图绘制，参考平面如图 5-58 所示。

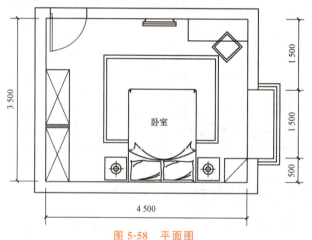

图 5-58　平面图

微课：绘制室内
两点透视图

2. 任务要求

(1)绘图工具：使用绘图工具设计。

(2)图纸规格：A4 图纸。

3. 操作提示

(1)准备工作：

1)准备绘图工具，准备铅笔、中性笔或针管笔，橡皮擦，大直角三角板。

2)绘制平面图，将平面图按单位分成网格，可以根据自己的构思进行划分。

(2)绘制底稿，如图 5-59 所示。

1)依据平面网格，画出房间透视网格。

2)在画面上定真高线、视平线和测线。

3)绘制灭点、测量点和房间分格点。

4)根据透视原理绘制出地面透视网格，以及墙面和顶面轮廓。

图 5-59　两点透视图绘制

5）根据网格定位家具，画出家具透视。

6）依据家具在平面图中的定位，根据透视特性，将家具投影在地面网格中，根据真高线和家具高度，画出家具透视。

7）画出吊顶，完善透视细节。

8）根据自己的构思，运用透视原理，绘制出构思好的吊顶造型的透视。根据立面设计，绘制出墙面细节，添加软装配饰，完善光影关系。完成透视线稿绘制。

（3）检查加深：用中性笔或针管笔将线稿加深，用橡皮擦将铅笔线稿擦除干净，完成透视绘制。

任务拓展

1. 两点透视的灭点一定是在画面内吗？
2. 吊顶透视有没有其他绘制方法？

项目总结

　　室内透视图是把室内平立面的展开图，根据设计图资料，画成一幅三维实体的画面。它是将三度空间的形体转换成具有空间立体感的二度空间画面的绘图技法，并能快速、真实地表达设计师的想法。透视图不但要注意材质感，对于画面的色面构成、构图等问题，透视图绘图技法具有较强的决定性作用。在透视图绘制中，空间表现必须确切，因为空间表现失真会给设计师及业主带来错觉，并使相关部位出现不协调。绘制透视图的方法有很多种，但是都必须掌握基础的理论基础和透视图的分类。

项目实训

实训：（20分）抄绘室内两点透视图，如图5-60所示。

任务要求：

（1）画面空间布局要合理、美观；

（2）按室内透视绘制方法，抄绘室内两点透视图。

图 5-60　两点透视图

测验：室内透视图
绘制检测

项目六　别墅建筑工程图绘制

知识图谱

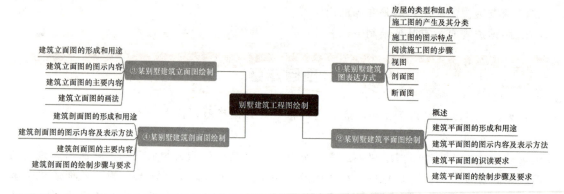

学习目标

1. 了解建筑工程图的形成过程和主要内容。
2. 掌握建筑工程图的识读方法。
3. 了解建筑工程图的绘制步骤，掌握建筑工程图的绘制技能。
4. 能够准确、熟练地进行建筑设计方案的表达，为将来的专业设计工作打下基础。

微课：项目导入

学习重点

1. 建筑工程的常用符号。
2. 建筑总平面图、建筑平面图、建筑立面图、建筑剖面图的形成、用途及主要内容。
3. 建筑总平面图、建筑平面图、建筑立面图、建筑剖面图的识读及绘制。

学习指南

在进行本项目的学习时，建议参考以下方法：

1. 回顾项目一及项目二的重点知识，熟练掌握绘图工具使用方法及绘图投影规律；
2. 观看视频，熟悉课程学习目标，理解建筑工程施工图的形成过程；
3. 观看模型视频，掌握建筑工程图的绘图技能，并根据任务实施操作过程，完成实训任务。

任务一　某别墅建筑图表达方式

任务目标

1. 了解视图内容及画法。
2. 掌握剖面图、断面图画法。
3. 能够正确绘制剖面图。
4. 培养耐心、细致的工作作风。
5. 培养工匠精神及吃苦耐劳的敬业精神。

任务导入

　　在建筑工程图的学习中，要求学生了解房屋的类型及组成、施工图的产生及分类、施工图的图示特点及施工图中常用的符号、视图、剖面图、断面图。

微课：任务导入

知识拓展

知识拓展：西安历史建筑手绘图

知识拓展：守初心筑底线

微课：某别墅建筑图表达方式

知识准备

一、房屋的类型和组成

　　房屋即建筑物，是人们进行生产、生活、办公和学习等各种活动的场所，与人类的生存和发展密切相关。按照房屋的使用功能，一般可分为工业建筑（厂房、仓库、动力站等）、农业建筑（谷仓、饲养场等）及民用建筑。民用建筑又可分为居住建筑（住宅、宿舍、公寓等）和公共建筑（学校、医院、体育馆、影院等）。

　　各种房屋，尽管其功能、外形、空间组合、规模大小、结构形式、构造方式等各有特点，但除单层工业厂房外，房屋的构造基本相似，一般都由基础、墙和柱、楼地面、楼梯、屋顶、门窗六部分组成。另外，一般房屋还有台阶、坡道、雨篷、阳台、散水、明沟及其他各种构配件和装饰等。

■ 二、施工图的产生及其分类 ·······································

房屋建筑图是将一幢拟建房屋的内外形状和大小及各部分的结构按照"国标"规定，用正投影方法画出的完整图样，所以又称为"施工图"。房屋建造需分为设计、施工两个阶段。房屋建筑图(施工图)的设计也需两个阶段。

(1)初步设计：提出方案，说明该建筑的平面布置、立面处理、结构选型等。

(2)施工图设计：修改和完善初步设计，以符合施工的需要。

对一些复杂工程，还应增加技术设计(或扩大初步设计)阶段，作为协调各工种的矛盾和绘制施工图的准备。

1. 初步设计阶段

(1)设计前的准备。

(2)方案设计。

(3)绘制初步设计图。

2. 施工图设计阶段

注意是将已经批准的初步设计图，按照施工的要求给予具体化。

完整的一套施工图包括图纸目录、设计总说明、建筑施工图(建施)、结构施工图(结施)、建筑装修图、设备施工图(设施)。

■ 三、施工图的图示特点 ·······································

(1)施工图中的各图样，主要用正投影法绘制。

(2)房屋形体较大，施工图一般采用较小的比例绘制。

(3)由于房屋的构、配件和材料种类较多，制图国家标准规定了一系列要求并给予具体化。

■ 四、阅读施工图的步骤 ·······································

阅读施工图之前除需具备投影知识和形体表达知识外，还应熟知施工图中常用的各种图例和符号。

(1)看图纸目录，了解整套图纸的分类和每类图纸的张数。

(2)按照目录通读一遍，了解工程概况(建设地点、环境，建筑物大小、结构形式、建设时间等)。

(3)根据负责内容，仔细阅读相关类别的图纸。阅读时，应按照先整体后局部、先文字后图样、先图形后尺寸的原则进行。

■ 五、视图 ·······································

1. 基本视图

(1)六个基本视图的形成。视图中的基本视图分为六个。六个基本视图怎么形成呢？三视图是六个基本视图中的三个，将物体放入三面投影体系中分别向三个面投影得到三视图，在三视图的基础上增加三个投影面，分别将物体向增加的三个面投射得到六视图，将六个视图展开摊平就得到了基本视图。六视图的形成如图 6-1 所示。

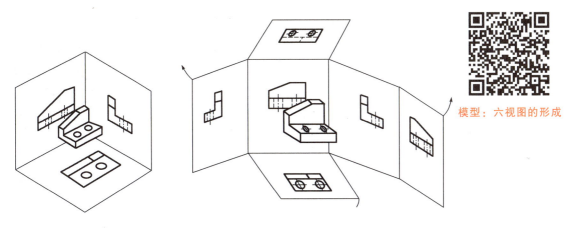

图 6-1　六视图的形成

（2）视图布置。六个视图按照展开的位置布置，如图 6-2 所示，得到正立面图、平面图、左侧立面图，增加的右侧立面图、背立面图和底面图，按基本位置配置时可以不加标注。

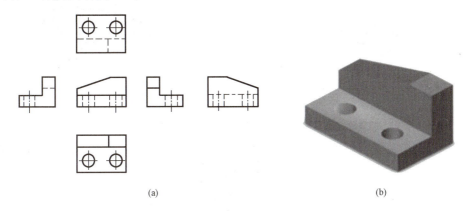

(a)　　　　　　　　　　　　　　　　(b)

图 6-2　视图布置

如果六个视图不按照展开的位置布置，那么需要在图的下方加上标注。例如，正立面图，并且有一条等长的粗实线。

如图 6-3 所示为不按照展开的位置布置。依次标注为平面图、左侧立面图、右侧立面图、平面图、底面图、背立面图。

如图 6-4 所示，房屋的表达视图分别为正立面图、左侧立面图、右侧立面图、平面图、背立面图。

2. 镜像视图

镜像视图是形体在镜面中反射形成的正投影。如果把镜子放在构件下方，那么在镜子中所成的像绘制出来得到镜像视图，如图 6-5 所示。

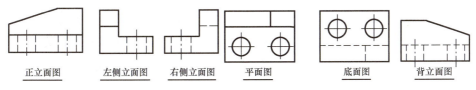

正立面图　　　左侧立面图　　　右侧立面图　　　平面图　　　　底面图　　　背立面图

图 6-3　六个视图不按展开位置布置的配置

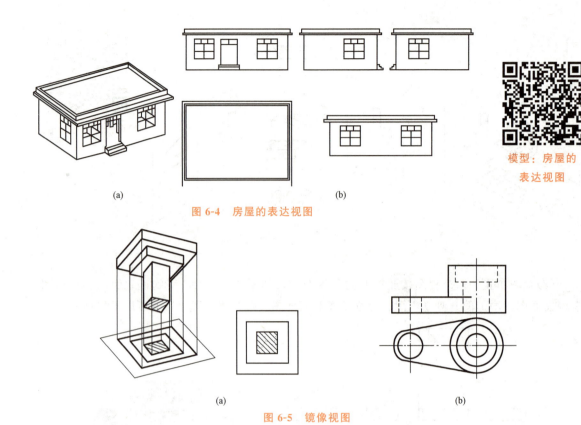

(a)

(b)

图 6-4　房屋的表达视图

模型：房屋的
表达视图

(a)

(b)

图 6-5　镜像视图

【小链接】 阅读《忠诚企业》资料，了解中国劳动者的辛苦与奋斗热情，应不因困难而退缩，任劳任怨，将"忠诚、为民、公正、廉洁"价值观牢牢地印在大脑中，浸润在日常学习中。

小链接：忠诚企业

■ 六、剖面图

1. 剖面图形成

视图表达构件的外形，内部结构则需要使用剖面图来进行表达，首先看剖面图的形成。

通过构件的正立面图和平面图可以发现正立面图上有非常多的虚线，如果希望看到内部结构，需将构件放入投影面体系中，剖开构件，移去观察者和剖面之间的部分，构件的内部结构全部展示出来，投射得到剖面图。

2. 剖面图的画法

(1)确定剖切位置，画出剖切线、视向线，并标注视图名称（数字或大写英文字母），如图 6-6(a)所示。

(2)确定剖切后的轮廓投影，如图 6-6(b)所示。

(3)在剖切到的截面上绘制材料图例，如图 6-6(c)所示。

（4）整理剖切后的可见轮廓线，如图6-6（d）所示。

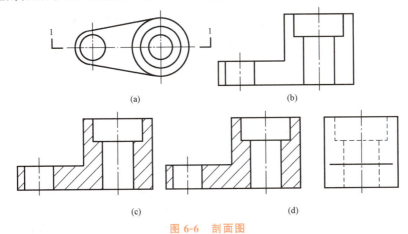

（a） （b）

（c） （d）

图6-6 剖面图

3. 剖面图注意事项

（1）由于剖切是假想的，因此除剖面图外，其余投影图仍然应按完整的形体来画，如图6-7所示。

1—1剖面图 2—2剖面图

图6-7 剖面图

（2）建筑材料图例（图6-8）包括自然土壤、夯实土壤、灰土、砖石、天然石材、普通砖、钢筋混凝土等。

名称	图例	名称	图例	名称	图例
自然土壤		耐火砖		多孔材料	
夯实土壤		空心砖、空心砌块		纤维材料	
砂、灰土		加气混凝土		泡沫塑料材料	
砂砾石、碎砖三合土		饰面砖		木材	
石材		焦渣、矿渣		胶合板	
毛石		混凝土		石膏板	
实心砖、多孔砖		钢筋混凝土		金属	

图6-8 建筑材料图例

4. 剖面图的标注

(1)剖切符号。剖切符号由剖切位置线和剖视方向线两部分组成，用粗实线绘制，如图 6-9 所示。

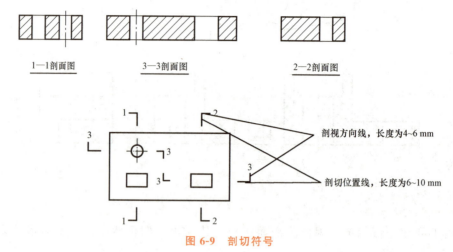

图 6-9　剖切符号

(2)剖切符号的编号。剖切符号的编号是指每次剖切要进行的编号。在剖视方向线的端部用阿拉伯数字按照由左至右、由下至上的顺序进行编号。

如果剖面图与被剖切图样不在同一张图纸内时，应在剖切线下标注所在图纸的图号。

(3)剖面图的图名。剖面图的图名指的是在剖面图的下方标注图名，并画一条粗横线，与注写文字等长，如图 6-10 所示。

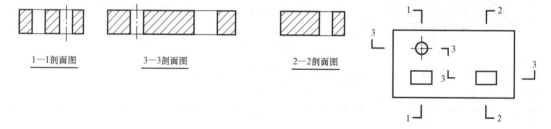

图 6-10　剖面图命名

5. 剖面图种类

(1)全剖面图。全剖面图为完全地剖开构件所得到的剖视图，如图 6-11 所示。

图 6-11　全剖面图

(2)半剖面图。半剖面图以对称线为界，一半画视图，一半画剖面，如图 6-12 所示。

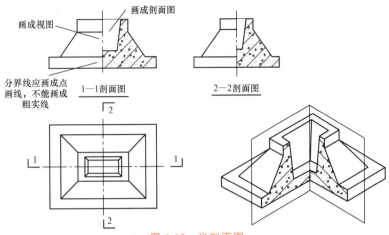

图 6-12　半剖面图

（3）局部剖面图。局部剖面图为用剖切平面局部地剖开形体所得到的剖面图，如图 6-13 所示，图上用波浪线来表示分界，波浪线的一侧为外观，另一侧为剖开的内容，在有钢筋显示的图中材料图里可以省略不画，在正面图上使用的是全部剖开的全剖面图，钢筋外侧材料图中可省略不画。

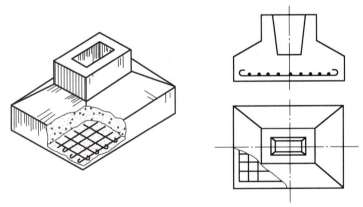

图 6-13　局部剖面图

（4）局部分层剖面图。在建筑工程图中，常用局部分层剖面图来表达屋面、楼面和地面的多层构造，如图 6-14 所示。

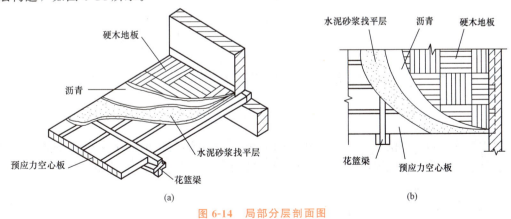

图 6-14　局部分层剖面图

（a）立体图；（b）平面图

（5）阶梯剖面图。阶梯剖面图是指用几个平行的剖切平面剖开构件所得到的剖面图，如图 6-15 所示。

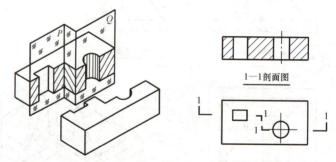

图 6-15　阶梯剖面图

（6）旋转剖面图。旋转剖面图是用两个相交的剖切平面，将一个剖切平面旋转到水平线的位置和另外一个平面同面，再进行投射，即为旋转剖面，如图 6-16 中的 1—1 剖面即旋转剖面图，2—2 剖面为阶梯剖面图。

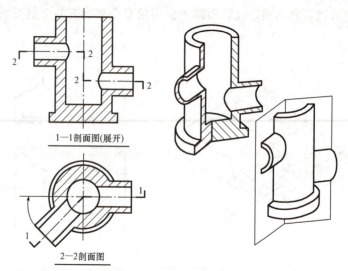

图 6-16　旋转剖面图

■ 七、断面图 ···

1. 断面图的形成

断面图是指假想用剖切面将形体的某处切断，只画出该剖切面与形体接触部分（剖面区域）的图形，如图 6-17 所示。

2. 断面图的标注

剖切符号只画剖切位置线，长度为 6～10 mm，编号用阿拉伯数字写在断面剖视方向同侧、断面名称注写在相应图样的下方，可省略"断面"二字，如图 6-18 所示。

3. 断面图的画法

（1）确定剖切位置，绘制剖切符号，如图 6-19（a）所示。

（2）确定投影方向，将编号写在投影方向一侧，如图 6-19（b）所示。

（3）绘制断面图，如图 6-19(c)所示。

（4）填充材料图例，如图 6-19(d)所示。

（5）标注视图名称，如图 6-19(e)所示。

4. 断面图与剖面图的区别

通过观察图 6-20，可以看到剖面图包含断面图和剖切后可见部分的投影。在标注上，剖面图的标注有视向线，断面图没有；剖面图的图名为 1—1 剖面图，断面图可以省略。

剖面图＝断面图＋剖面后可见部分

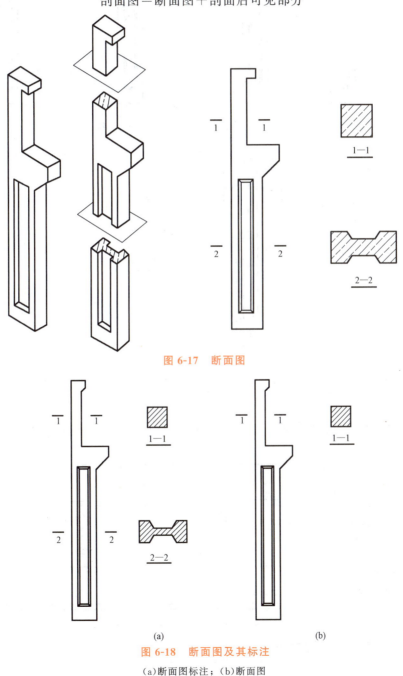

图 6-17　断面图

(a)　　　　　　　　　　　　　　　　　　(b)

图 6-18　断面图及其标注

(a)断面图标注；(b)断面图

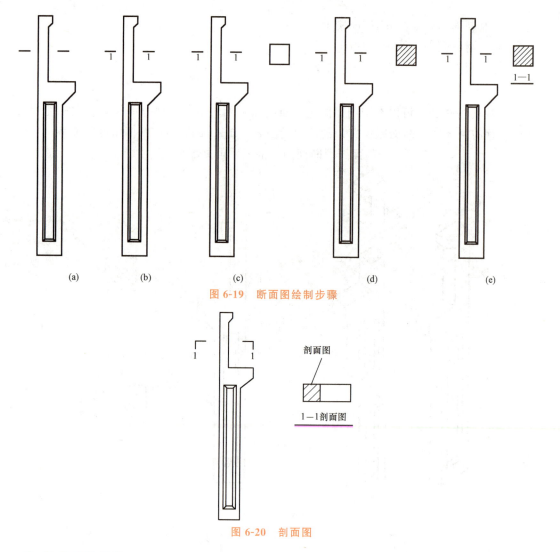

图 6-19　断面图绘制步骤

图 6-20　剖面图

5. 断面图的种类

按断面图在图样中的位置不同，一般可分为移出断面图、重合断面图和中断断面图三种，如图 6-21 所示。

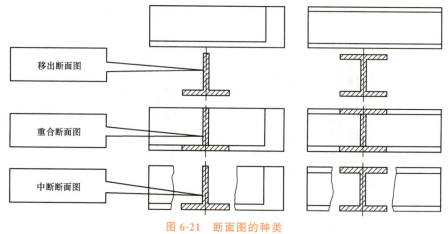

图 6-21　断面图的种类

任务实施

1. 任务内容

依据轴测图，绘制剖面图，参考样例如图 6-22 所示。

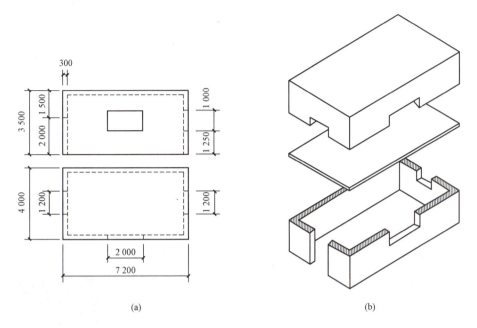

图 6-22　建筑物平面图及轴测图

2. 任务要求

依据轴测图及剖面图的绘制要求和步骤，绘制剖面图。

3. 操作提示

(1)准备工作：固定图纸、削制铅笔等。

(2)绘制底稿(H 铅笔)：

微课：绘制剖面图

1)确定剖切位置，画出剖切线、视向线并标注视图名称(数字或大写英文字母)，如图 6-23(a)所示；

2)确定剖切后的轮廓投影，如图 6-23(b)所示。

3)在剖切到的截面上绘制材料图例，如图 6-23(c)所示。

4)整理剖切后的可见轮廓线，如图 6-23(d)所示。

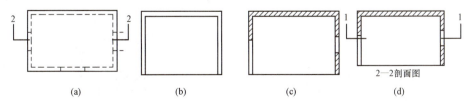

图 6-23　剖面图绘制步骤

(3)检查加深(HB、2B 铅笔)：加深图线。

【小提示】 操作过程中注意粗、细实线的合理运用，用 H 铅笔绘制细实线，用 2B 铅笔加粗。用三角板、丁字尺配合绘制水平、竖直线，以保证直线横平竖直，保持图面干净整洁。

任务拓展

1. 基本视图如何形成？如何绘制？
2. 剖视图的绘图方法及步骤有哪些？
3. 断面图的绘图方法及步骤有哪些？

任务二 某别墅建筑平面图绘制

任务目标

1. 了解平面图的形成、图示内容及表示方法。
2. 掌握平面图识读办法、绘制步骤、绘制技能。
3. 能够准确、熟练地进行建筑工程平面图的识读和绘制。
4. 培养较强的学习、动手能力，养成严谨的工作态度。
5. 培养民族自信、文化自信、工匠精神。

微课：某别墅建筑平面图绘制

任务导入

在建筑工程图的学习中，建筑平面图反映房屋的平面形状、大小和房屋的布局，门窗的位置、尺寸，墙、柱的尺寸及使用的材料。本任务要求学生了解建筑平面图的形成及用途、平面图的主要内容、平面图的识读要求、绘制步骤与要求。

微课：任务导入

知识拓展

知识拓展：中国建筑大师——梁思成

知识拓展：长沙房屋倒塌事故

知识准备

■ 一、概述 ....

1. 制图符号

(1)定位轴线及其编号。

1)定位轴线编号的圆圈用细实线绘制，圆圈直径为 8～10 mm。

2)轴线编号宜标注在平面图的下方与左侧。

3)编号顺序应从左至右用阿拉伯数字编写，从下至上用拉丁字母编写，其中 I、O、Z 不得用作轴线编号，以免与数字 1、0、2 混淆。

4)对某些非承重构件和次要的局部承重构件等，其定位轴线一般作为附加轴线，如图 6-24(a)所示。

5)一个详图适用于几根轴线时，应同时注明各有关轴线的编号，如图 6-24(b)所示。

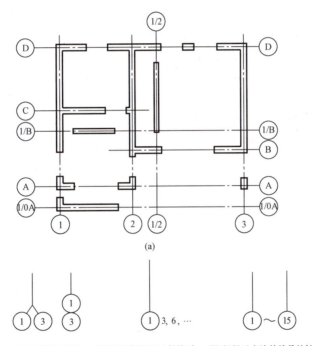

图 6-24　轴线编号

注：分数形式表示附加轴线编号，分子为附加轴线编号，分母为前一轴线编号。

①或Ⓐ轴前的附加轴线分母为 01 或 0A。

(2)索引符号、详图符号。

1)索引符号(直径为 10 mm 细实线圆)。

①索引出的详图，如果与被索引图在同一张图纸内，首先画线宽为 0.25b 的细实线圆，中间画一条横线，上面代表详图编号，下面画一条横线表示它与被索引的详图是在同一张图纸内，如图 6-25(a)所示。

②索引出的详图，如与被索引的图不在同一张图纸内，同样，首先画线宽为 0.25b 的细实线圆，一条横线，上边是详图的编号，下边是详图所在图纸的编号，如图 6-25(b)所示。

③索引出的详图，如采用标准图，画法如图 6-25(c)所示。

首先，画线宽为 0.25b 的细实线圆，上边是详图的编号，下边为详图所在图纸的编号，在它的左边标注的是标准图册的编号，如 J103。

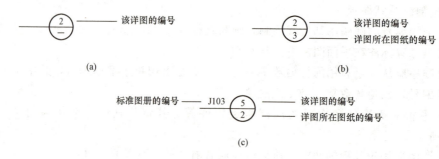

图 6-25　索引符号

2)详图符号。被索引详图的位置和编号，应以详图符号表示。圆用粗实线绘制，直径为 14 mm，圆内横线用细实线绘制。详图应按下列规定编号。

①详图与被索引的图样同在一张图纸内时，应在详图符号内用阿拉伯数字注明详图的编号，如图 6-26(a)所示。

②详图与被索引的图样不在一张图纸内时，应用细实线在详图符号内画一水平直径，在上半圆中注明详图编号，在下半圆中注明被索引的图纸的编号，如图 6-26(b)所示。

图 6-26　详图符号

(3)标高。标高的注写方式为：画一个高度为 3 mm 的等腰直角三角形，引出直线，在上面注写标高，如图 6-27(a)、(b)、(c)、(d)所示。如果在同一位置有多个标高，可以采用图 6-27(e)所示的方式进行注写。

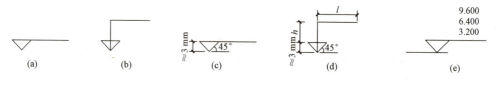

图 6-27　标高符号

标高分为绝对标高和相对标高。

1)绝对标高：以青岛附近黄海平均海平面为零点，以此为基准而设置的标高。

2)相对标高：标高的基准面(即±0.000 水平面)是根据工程需要而选定的，这类标高称为相对标高。在一般建筑中，通常取底层室内主要地面作为相对标高的基准面。

2.常用材料图例

建筑材料常用图例参见图 6-8。

3.常用门窗图例

（1）门。各种门的类型如图 6-28 所示。

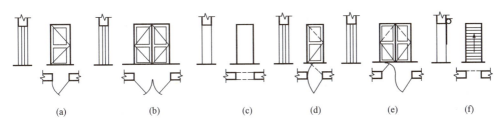

(a)　　　　(b)　　　　(c)　　　　(d)　　　　(e)　　　　(f)

图 6-28　门的类型

在平面图中，常用门符号画法如图 6-29 所示。门的代号是 M，在代号后面写上编号，如 M1、M2 等。

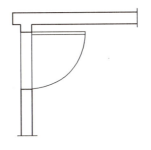

图 6-29　门画法

（2）窗。窗可分为单层外开平开窗、双层内外开平开窗、固定窗、单层外开上悬窗、单层中悬窗、百叶窗、左右推拉窗、上推窗、高窗等。在平面图中，平面图中常用窗符号画法如图 6-30 所示。窗的代号是 C。在代号后面写上编号，如 C1、C2 等。

图 6-30　窗画法

■ 二、建筑平面图的形成和用途 ·····································

1.形成

假想用一个水平剖切平面沿房屋的门窗洞口的位置把房屋切开，移去上部之后，画出的水平剖面图，称为建筑平面图，简称平面图，如图 6-31 所示。

2.用途

建筑平面图是建筑施工图中最基本的图样之一。它是施工放线、砌筑、安装门窗、室内外装修及编制预算、备料等工作的依据。

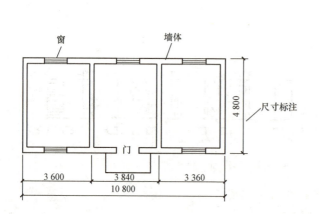
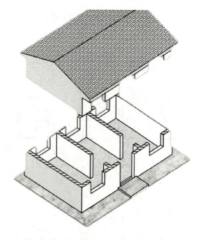

图 6-31　窗画法平面图的形成

■ 三、建筑平面图的图示内容及表示方法 ·································

1. 表达内容

房屋的平面形状及大小、内部分隔、房间大小、门窗、楼梯位置、大小、墙的厚度、房间内部布置等。底层平面图上标注指北针以表示楼房的朝向。

2. 比例

常用比例是 1∶50、1∶200、1∶100 等，必要时可用比例是 1∶150、1∶300 等。

3. 平面图中的图线

(1)粗实线——被水平切平面剖切到的墙、柱的断面轮廓；

(2)中实线——被剖切到的次要部分的轮廓线和可见的构配件轮廓线，如墙身、窗台等；

(3)中虚线——被剖切到的高窗、墙洞等；

(4)细实线——尺寸标注线、引出线等；

(5)细点画线——定位轴线和中心线。

4. 平面图的有关内容

(1)图例。在平面图中，门窗、卫生设施及建筑材料均应按规定的图例绘制。

(2)定位轴线及编号。依据定位轴线确定建筑物的最外轮廓尺寸。

模型：一层平面
布局图 1∶100

(3)尺寸。尺寸可分为外部尺寸和内部尺寸，其中，外部尺寸一般为三道，分别为第一道：总长、总宽；第二道：轴间距；第三道：门窗大小及位置。内部尺寸主要表示内部门窗大小及位置、墙体厚度、室内地面标高等。详细布置图如图 6-32 所示。

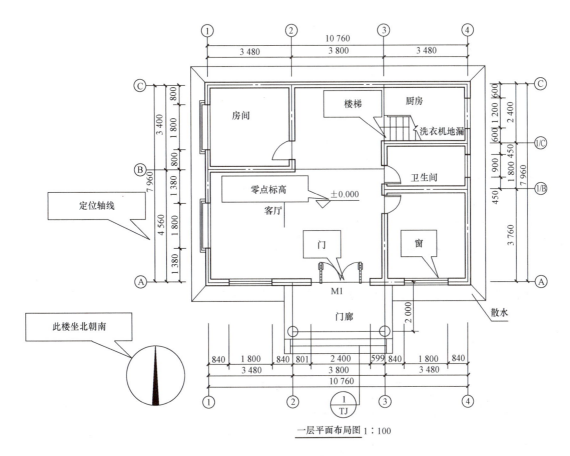

图 6-32　一层平面布局图

【小链接】　阅读《大国建造：极限挑战》资料，了解建筑结构的分类、中国建筑的发展历程，领会建筑的发展不仅是文化的沉淀，更是文化的创新。

小链接：大国建造——极限挑战

■ 四、建筑平面图的识读要求 ···

从平面图的基本内容看，底层平面图涉及的内容最全面。因此，阅读建筑平面图时，首先要读底层平面图。

1. 识读底层平面图的要求

(1)底层平面图中的指北针能明确房屋的朝向。熟悉房屋的形状、主要房间的布置及相互关系。

(2)熟悉房屋的主要定位与定形尺寸，复核建筑物尺寸。

(3)熟悉门窗的种类、尺寸及数量，并结合门窗表进行核对。

（4）了解标高设计内容，掌握房间、厨房、卫生间、楼梯间和室外地面的标高。

（5）明确附属设施的平面图位置，如卫生间的洗涤槽、厕所的蹲位、雨水管等的位置。

（6）阅读文字说明，查阅对施工及材料的要求。

2．识读其他层平面图的要求

（1）掌握房屋布置、尺寸、通道与底层不同的地方。

（2）掌握墙身尺寸及材料自底层起的变化情况。

（3）掌握门窗、建筑施工及装饰自底层起的变化情况。

（4）掌握顶层楼梯的变化情况。

3．识读屋顶平面图的要求

（1）掌握屋面的排水方向、坡度、排水分区、雨水口及雨水管位置。

（2）掌握屋面及各局部构造的类型、位置及做法。

4．识读实例

根据建筑工程平面图的识读要求，识读图 6-33 所示的某建筑物一层平面布置图。

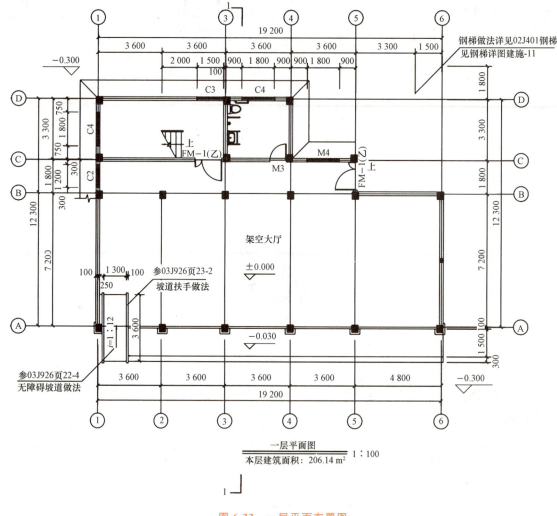

图 6-33　一层平面布置图

（1）图名、比例。

（2）纵横定位轴线及其编号。

（3）识读各房间布置和分隔，墙、柱布置及尺寸。

（4）门、窗布置及其型号。

（5）识读标高符号。

■ 五、建筑平面图的绘制步骤及要求 ·······························

1. 绘制要求

（1）选定比例，确定图幅。一般平面图的比例为 1∶50、1∶100、1∶200。

（2）画出定位轴线和附加定位轴线或墙体中心线；轴线是设计和施工的定位线，凡承重墙、柱子等主要承重构件，均应设置轴线。

（3）编写轴线号，用细单点长画线绘制，端部用细实线画直径为 8～10 mm 的圆，并进行编号，画出内外墙的厚度。

（4）画出门窗的位置、宽度，柱的位置、大小；画出台阶、楼梯等其他可见轮廓线。

（5）加深墙、柱的剖断轮廓线，按线条等级依次加深其他各线。

（6）标注尺寸、画出剖切符号，绘制指北针或风玫瑰图；首层平面应标明±0.000 及室外地坪标高；检查无误后，擦去多余的作图线，描深。标注轴线、尺寸、门窗编号，注写图名、比例，注写相关文字说明。

2. 绘制实例

（1）画出定位轴线，如图 6-34 所示。

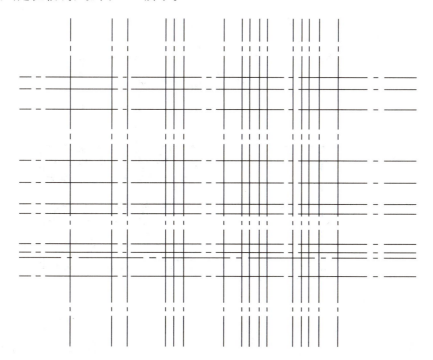

图 6-34　轴网

(2)画出内外墙身的基本轮廓线，如图 6-35 所示。

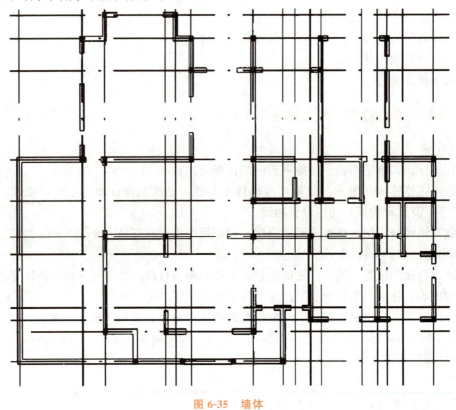

图 6-35　墙体

(3)画出门窗洞口、楼梯、台阶、烟道，如图 6-36 所示。

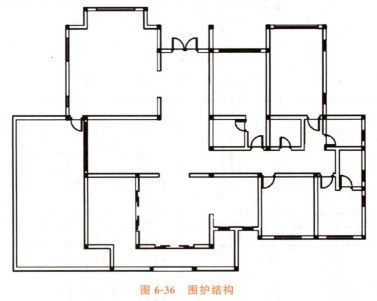

图 6-36　围护结构

(4)检查无误后，擦去多余的图线，描深。标注轴线、尺寸、门窗编号，注写图名、比例及文字说明等，如图 6-37 所示。

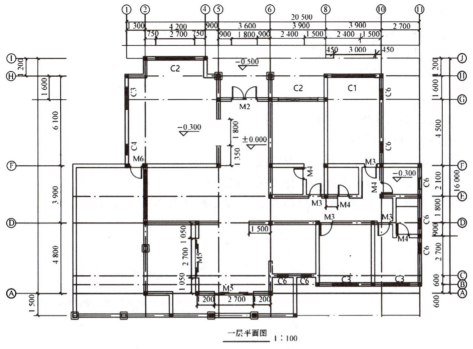

图 6-37　一层平面图

任务实施

1. 任务内容

本任务是建筑平面图的图示内容和表示方法，识读和绘制建筑平面图，如图 6-38 所示。

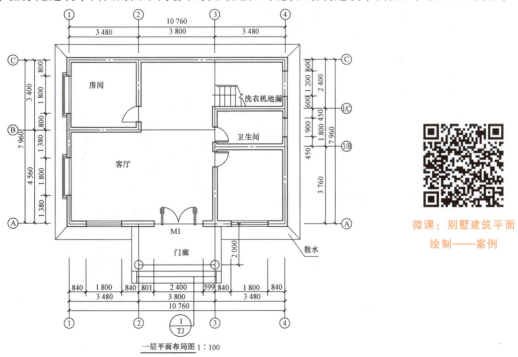

一层平面布局图 1：100

图 6-38　某别墅平面布局图 1：100

微课：别墅建筑平面
绘制——案例

2. 任务要求

(1)设计内容:依据建筑平面图绘制要求,绘制别墅建筑平面图。

(2)绘图工具:使用绘图工具设计。

(3)图纸规格:A4 图纸。

3. 操作提示

(1)准备工作:固定图纸、削制铅笔等。

(2)绘制底稿(H 铅笔):

1)根据开间和进深尺寸,画出定位轴线,如图 6-39(a)所示。

2)根据墙厚尺寸,画出内外墙身轮廓线,如图 6-39(b)所示。

3)根据门窗洞口及窗间墙等细部构造尺寸,画出门窗洞口、楼梯、台阶、烟道,如图 6-39(c)所示。

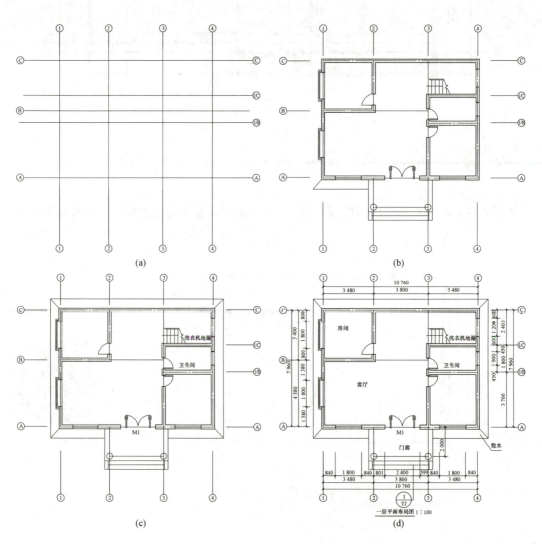

图 6-39 一层平面布置图绘制步骤

(3)检查加深(HB、2B 铅笔)：检查无误后，擦去多余的图线，描深。标注轴线、尺寸、门窗编号，注写图名、比例及文字说明等，如图 6-39(d)所示。

【小提示】 建筑图中的图线应粗细有别、层次分明。被剖切平面剖到的墙、柱的断面轮廓线用粗实线绘制。门的开启线、尺寸起止符号用中实线绘制。未剖到的构件轮廓线（如台阶、散水、窗台、各种用具设施）、尺寸线用细实线绘制。定位轴线用细单点长画线绘制。

任务拓展

1. 一套完整的施工图包括哪些内容？
2. 房屋建筑施工图的特点是什么？
3. 建筑平面图的内容有哪些？识读及绘制步骤如何？

任务三　某别墅建筑立面图绘制

任务目标

1. 了解建筑立面图图示内容及主要内容。
2. 掌握立面图识读办法、绘制步骤、绘制技能。
3. 能够准确、熟练地进行建筑工程立面图的识读和绘制。
4. 培养劳动精神与职业素养，培育理性思考、诚信担当的工作作风。

微课：任务导入

任务导入

在建筑工程图中，建筑立面图可直观表现立面的艺术处理、外部装修、立面造型，屋顶、门、窗、雨篷、阳台、台阶、勒脚的位置和形式。本任务要求学生学习建筑立面图的形成和用途、建筑立面图的图示内容、主要内容和建筑立面图的画法四个方面。

知识拓展

知识拓展：《澄合魂》中国劳模

■ 一、建筑立面图的形成和用途 ···

1. 形成

建筑立面图是建筑物外墙在平行于该外墙面的投影面上正投影图。建筑立面图的形成过程如图 6-40 所示。

2. 表达内容

建筑立面图用来表示建筑物的外貌，门窗、阳台、雨篷、花池、勒脚等的形式和位置，墙面装修做法。

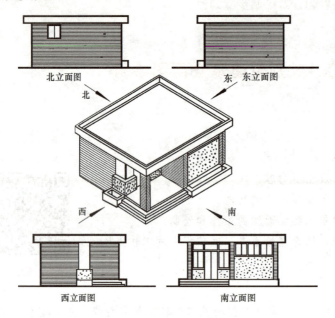

微课：某别墅建筑
立面图绘制

图 6-40　建筑立面图的形成

3. 命名

方法一：按房屋的朝向命名，如东立面、南立面、北立面、西立面。

方法二：按立面的位置，反映出入口为主立面图，其余分别为左立面图、右立面图、背立面图。

方法三：用定位轴线命名，如①～⑨立面图。

图 6-41(a)为正立面图，图 6-41(b)为左立面图，图 6-41(c)为平面图，图 6-41(d)为背立面图。

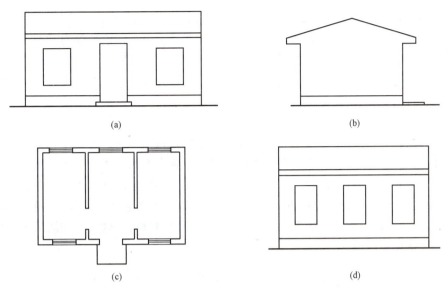

(a)　(b)

(c)　(d)

图 6-41　立面布置图命名

【小链接】　阅读《建筑立面篇》资料，了解企业文化，在学习和工作中培养求精益求精、无私奉献的精神，勇于创新的精神，以及职业自豪感、获得感、幸福感和安全感。

小链接：建筑立面篇

■ 二、建筑立面图的图示内容

仔细观察图 6-42，在这幅图中，包括哪些知识点？

图 6-42　建筑立面图图示内容

首先，可以确定它的立面图编号为⑪～①立面图，比例为 1∶100；其次，可以找到标高为零点的位置是±0.000，建筑物楼顶位置相对标高为 9.6 m，定位轴线为⑪与①，在图中可以依次看到门、窗、雨水管、空调预留孔及外墙体的装饰装修情况。

(1)定位轴线。在立面图中，一般只标出图两端的轴线及编号，其编号应与平面图一致。

(2)图纸名称、比例或比例尺。

(3)表明建筑物的外部形状，主要有门、窗、台阶、雨篷、阳台等。

(4)用标高表示出各主要部位的相对高度，如室内外地面标高、各楼层标高及屋面标高。

(5)立面图中的尺寸标注。立面图有两种表达建筑物高度的方法：一种是用三道尺寸线表示，最外一道尺寸线表示建筑物总高，中间一道尺寸线表示建筑物层高，最里面一道尺寸线表示门、窗洞口的高度及楼层之间的位置；另一种是用标高来表达各层和门、窗的高度。

(6)外墙装修做法。外墙面根据设计要求可选用不同的材料及做法，在图面上，多选用带有指引线的文字说明。

■ 三、建筑立面图的主要内容

1. 立面图的识读顺序

(1)图名、比例。

(2)立面两端的定位轴线及其编号。

(3)门窗的形状、位置及开启方向。

(4)屋顶外形及可能有的水箱位置。

(5)窗台、雨篷、阳台、台阶、雨水管、水斗、外墙面勒脚等的形状和位置，注明各部分的材料和外部装饰的做法。

(6)标高及必须标注的局部尺寸。

(7)详图索引符号。

(8)施工说明等。

2. 建筑立面图的识读实例

试按照立面图的识读顺序及识读要求识读图 6-43。

图 6-43　正立面图

通过识读图 6-43 可以得到如下结论：

(1)图名为①～⑬正立面图；在该立面图中，看到的轴线有①轴、②轴、⑫轴和⑬轴。

(2)设计室外地坪标高为−0.500 m，设计室内地平的标高为±0.000 m。

(3)坡屋顶的形状：①～②轴的长度为 1 000 mm，②～⑫轴的长度为 24 400 mm，⑫～⑬轴的长度为 1 000 mm。

■ 四、建筑立面图的画法

1. 绘制步骤与要求

(1)选比例，定图幅，进行图的布置。比例、图幅一般同平面图。

(2)画出室外地坪线、外墙体的结构中心线、外墙厚度及屋顶高度、屋面构造厚度。

(3)画出门窗洞口位置与高度，出檐宽度及厚度。熟悉建筑立面图中的图例，绘制时要遵守要求。

(4)画出门、窗、墙面、台阶等的细部投影线，并按线条等级依次加深相应各线条。

(5)标注标高、注写图名。

(6)复核。

(7)检查无误后，擦去多余的作图线，按图线层次描深，并标注轴线，注写标高、图名、比例及文字说明。

为了画图的美观，立面图中对各部分的线型做了相应的规定。

(1)地坪线(室外地坪)用特粗实线(为粗实线的 1.4 倍)绘制。

(2)建筑物的最外轮廓线用粗实线绘制。

(3)相对于外墙面来说，有凹凸的部位(如门、窗最外框线，窗台、遮阳板、檐口、阳台、雨篷、台阶、花池的轮廓线，或凸于墙面的柱子)用中实线绘制。

(4)细部分格线(如门、窗的分格线，墙面的分格线)，雨水管，标高符号线，其他的引出线用细实线绘制。

(5)轴线用细单点长画线绘制。

2. 建筑立面图绘制实例

(1)选比例，定图幅。

(2)室外地坪线、外墙体的结构中心线，如图 6-44(a)所示。

(3)门窗洞口位置与高度，如图 6-44(b)所示。

(4)门、窗、墙面等的细部投影线，如图 6-44(c)所示。

(5)标注标高、注写图名，如图 6-44(d)所示。

(6)复核。

(7)按图线层次描深，并标注轴线，注写标高、图名、比例及文字说明。

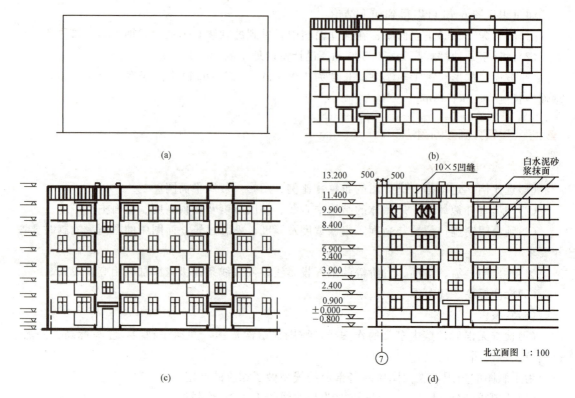

(a)

(b)

(c)

(d)

北立面图 1:100

10×5凹缝

白水泥砂浆抹面

图 6-44 立面图绘制步骤

任务实施

1. 任务内容

本任务是根据建筑立面图的图示内容和表示方法，识读和绘制建筑立面图。参考样例如图 6-45 所示。

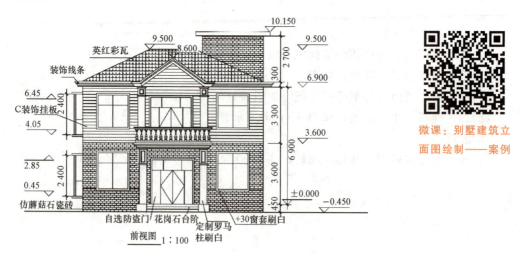

微课：别墅建筑立面图绘制——案例

图 6-45 前视图

2.任务要求

(1)设计内容：依据建筑立面图的绘制要求及步骤，绘制别墅立面图。

(2)绘图工具：使用绘图工具设计。

(3)图纸规格：A4图纸。

3.操作提示

(1)准备工作：

1)选比例，定图幅，进行图的布置。

2)固定图纸、削制铅笔。

(2)绘制底稿(H铅笔)：

1)画出室外地坪线，外墙体的结构中心线，外墙厚度及屋顶高度，屋面构造厚度，如图 6-46(a)所示。

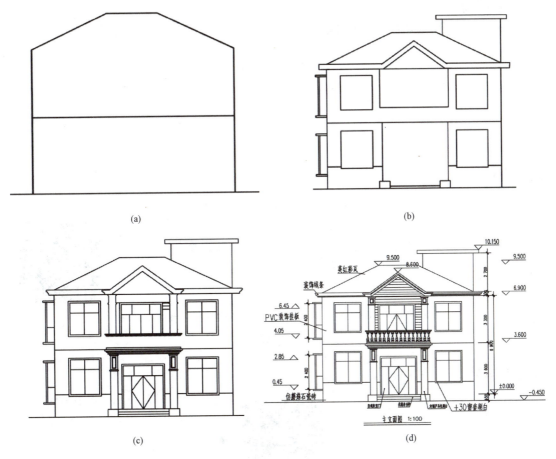

图 6-46　立面图绘制

2)画出门窗洞口的位置与高度、出檐宽度及厚度，如图 6-46(b)所示。

3)画出门、窗、墙面、台阶等细部投影线并按线条等级依次加深，如图 6-46(c)所示。

4)标注标高，注写图名。

模型：立面图绘制

5）复核。

（3）检查加深（HB、2B 铅笔）：检查无误后，擦去多余的作图线，按图线层次描深；标注轴线，注写标高、图名、比例及文字说明，如图 6-46(d)所示。

【小提示】

1. 在绘制立面图时，比例、图幅一般同平面图。

2. 在绘制立面图时一定要熟悉立面图的图例，绘制时要遵守要求。

3. 为了图面美观，立面图绘制时，要严格按照各部分的线型规定。

4. 地坪线用特粗实线绘制（为粗实线的 1.4 倍）。

5. 标注时要注意排列整齐，力求图名清晰。

任务拓展

1. 建筑立面图应该如何命名？

2. 建筑立面图所表达的内容有哪些？

任务四　某别墅建筑剖面图绘制

任务目标

1. 了解建筑剖面图图示内容、剖面图识读方法、绘制步骤。

2. 能够准确、熟练地进行建筑工程剖面图的识读和绘制。

3. 培养较强的学习能力、动手能力，养成科学的工作态度。

任务导入

本任务主要从建筑剖面图的形成和用途、建筑剖面图的图示内容、建 筑剖面图的主要内容及建筑剖面图的画法四个方面进行讲解。

微课：任务导入

知识拓展

知识拓展：劳动光荣——中国建设者

知识准备

建筑剖面图的绘制，首先要掌握建筑剖面图的形成和用途、建筑剖面图的图示内容、建筑剖面图的主要内容及建筑剖面图的画法四个方面，现从以上四个方面予以介绍。

微课：某别墅建筑剖面图绘制

■ 一、建筑剖面图的形成和用途

1. 形成

假想用一个或多个垂直于外墙轴线的铅垂剖切面将房屋剖开，所得的投影图称为建筑剖面图，简称剖面图。

建筑剖面图用来表示房屋内部的结构、分层情况，各构件的高度，各部分的联系，同时，在构件的端面可以反映使用材料，是与平面图、立面图相互配合的不可缺少的重要图样之一。

2. 剖切原则

剖切面一般选在过门窗洞口、楼梯间、房屋构造复杂或典型的部位；对于多层建筑，一般选在楼梯间、层高不同、层数不同的部位。剖切面一般为横向，即平行于侧面，必要时也可为纵向，即平行于正面。

剖切位置符号在首层平面图上绘制。

剖面图数量依据房屋复杂程度和施工情况具体确定。

3. 图线及其他规定

(1)室内外地坪线用加粗实线表示，地面以下部分，从基础墙处断开，另由结构施工图表示。

(2)其他部位的图线画法同平面图。

(3)被剖切到的墙身、屋面板、楼板、楼梯、楼梯间的休息平台、阳台、雨篷及门、窗过梁等用两条粗实线表示，其中钢筋混凝土构件较窄的断面可涂黑表示。

(4)其他没被剖切到的可见轮廓线，如门窗洞口、楼梯、女儿墙、内外墙的表面，均用中实线表示。

(5)图中的引出线、尺寸界线、尺寸线等用细实线表示。

4. 定位轴线及其编号

在剖面图中，应注出被剖切到的各承重墙的定位轴线及与平面图一致的轴线编号和尺寸。

画剖面图所选比例，也应尽量与平面图一致。

5. 剖面图中的尺寸标注

(1)外部尺寸。包括总高度，层高，窗洞及窗间墙高度，各主要部位(室外地坪、出入口地面、窗台、门窗顶、檐口墙顶)的标高。

(2)内部尺寸。包括各层楼地面标高、楼梯平台标高、门洞高度。

6. 剖切原则

(1)剖切面一般选在过门窗洞口、楼梯间、房屋构造复杂或典型的部位。

(2)多层建筑物一般选在楼梯间、层高不同、层数不同的部位。

（3）剖切面一般为横向，即平行于侧面，必要时也可为纵向，即平行于正面。

7. 剖切位置

剖切位置符号在首层平面图上绘制。

8. 剖面图的数量

剖面图的数量依据房屋复杂程度和施工情况具体确定。

【小链接】　阅读《庄惟敏院士的建筑设计作品集像素剪影》资料，了解庄惟敏院士大胆探索、学习的热情，在以后的学习中大家应将建筑融入环境，肩负起历史文化的传承，具备建筑师的职业精神和职业技能。

小链接：庄惟敏院士的建筑设计作品集像素剪影

■ **二、建筑剖面图的图示内容及表示方法** ·········

（1）房屋内部的分层、分隔情况。

（2）屋顶坡度及屋面保温隔热情况。

（3）房屋高度方向的尺寸及标高。

（4）在房屋剖面图中还有阳台、台阶、散水、雨篷等，如图 6-47 所示。

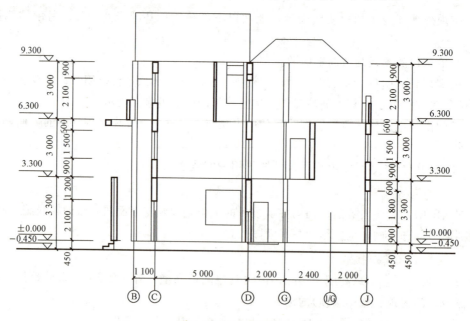

图 6-47　1—1 剖面图

1. 剖面图的识读顺序

(1)图名、比例。

(2)定位轴线及其尺寸。

(3)剖切到的屋面(包括隔热层及吊顶)、楼面、室内外地面(包括台阶、明沟及散水等)、剖切到的内外墙身及其门、窗(包括过梁、圈梁、防潮层、女儿墙及压顶),剖切到的各种承重梁和联系梁、楼梯梯段及楼梯平台、雨篷及雨篷梁、阳台走廊等。

(4)未剖切到的可见部分,如可见的楼梯梯段、栏杆扶手、走廊端头的窗;可见的梁、柱,可见的水斗和雨水管,可见的踢脚和室内的各种装饰等。

(5)垂直方向的尺寸及标高。

(6)详图、索引符号。

(7)施工说明等。

2. 剖面图的识读实例

试识读图 6-48。

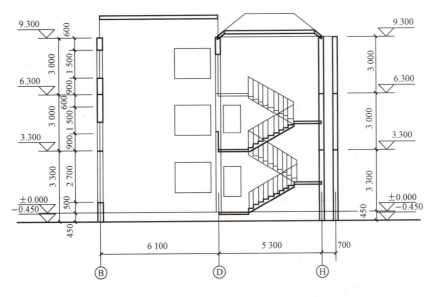

图 6-48 2—2 剖面图

(1)图名、比例。图名为 2—2 剖面,比例为 1:100。

(2)定位轴线及其尺寸。定位轴线有Ⓑ轴、Ⓓ轴和Ⓗ轴,那么Ⓑ轴线到Ⓓ轴线尺寸为 6 100 mm,Ⓓ轴线到Ⓗ轴线尺寸为 5 300 mm。

(3)剖切到的屋面、楼面、室内外地面。室外地面用粗实线表示,室内地面用细实线表示。

(4)未剖切到的可见部分,如可见的楼梯梯段等。

(5)垂直方向的尺寸及标高。这幅图的左侧是它垂直方向的标高和尺寸,室外设计地坪标高为−0.450 m,室内设计地坪为±0.000,首层的高度为 3.3 m,二层为 3 m,三层为 3 m。图的右边也有标高及尺寸,与左边尺寸是相互对照的。

（6）详图、索引符号。本图中没有画出详图符号，也没有画出索引符号。

■ 四、建筑剖面图的绘制步骤与要求 ···

1. 绘制步骤与要求

选比例，定图幅，进行图的布置。比例、图幅一般同平面图。

（1）根据进深尺寸，画出墙身的定位轴线；根据标高尺寸定出室内外地坪线、各楼面、屋面及女儿墙的高度位置。

（2）画出墙身、楼面、屋面轮廓。

（3）定门窗和楼梯位置，画出梯段、台阶、阳台、雨篷、烟道等。

（4）检查无误后，擦去多余的作图线，按图线层次描深。

（5）画材料图例，注写标高、尺寸、图名、比例及文字说明。

（6）复核。建筑剖面图绘制步骤如图 6-49 所示。建筑剖面图应标注建筑物主要部位的标高，所标注尺寸应与平面图、立面图吻合，注意排列整齐，力求图面清晰。

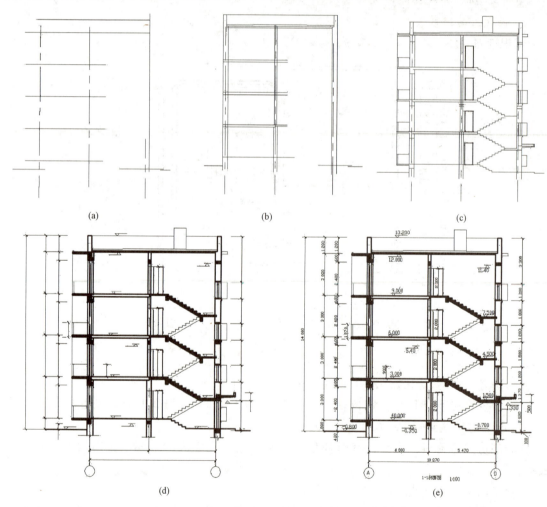

图 6-49　剖面图绘制步骤

为了定位和阅读方便，剖面图中应给出与平面图编号相同的轴线。

剖面图的名称应与平面图的剖切符号编号一致。

2. 剖面图的绘制实例

(1)定位轴线，主要画中间轴线，如图 6-49(a)所示。

(2)画出门窗、楼梯、散水、栏杆扶手、梁、板等，如图 6-49(b)所示。

(3)定门窗和楼梯位置，如图 6-49(c)所示。

(4)按图线层次描深，如图 6-49(d)所示。

(5)画材料图例，注写标高、尺寸、图名、比例及文字说明，如图 6-49(e)所示。

任务实施

1. 任务内容

本任务是建筑剖面图的识读和绘制，参考样例如图 6-50 所示。

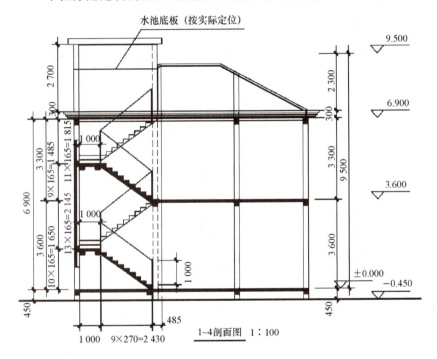

微课：别墅建筑剖
面图绘制——案例

图 6-50　建筑物剖面图

2. 任务要求

(1)设计内容：依据建筑剖面图的绘制要求及步骤，绘制别墅剖面图。

(2)绘图工具：使用绘图工具设计。

(3)图纸规格：A4 图纸。

3. 操作提示

(1)准备工作：

1)选比例，定图幅，进行图的布置。

2)固定图纸、削制铅笔。

(2)绘制底稿(H 铅笔)：

1)画出墙身的定位轴线；定室内外地坪线、各楼面、屋面位置，如图 6-51(a)所示。

2)画出墙身、楼面、屋面轮廓，如图 6-51(b)所示。

3)定门窗和楼梯位置，画出梯段等，如图 6-51(c)所示。

(3)检查加深(HB、2B 铅笔)：检查无误后，擦去多余的作图线，按图线层次描深，并标注轴线，注写标高、图名、比例及文字说明，如图 6-51(d)所示。

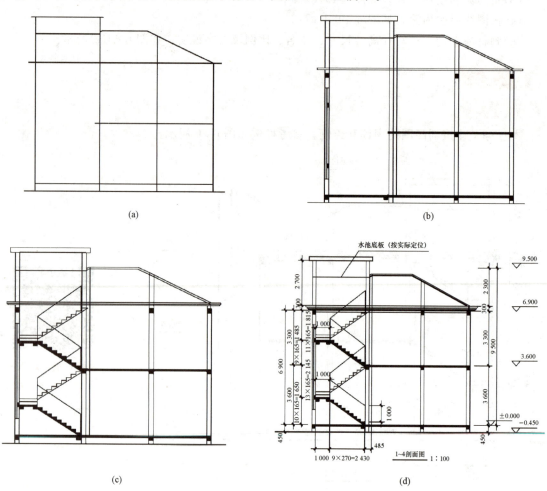

图 6-51　剖面图绘制步骤

【小提示】　建筑剖面图应标注建筑物主要部位的标高，所注尺寸应与平面图、立面图吻合，注意排列整齐，力求图面清晰。为了定位和阅读方便，剖面图中应给出与平面图编号相同的轴线。剖面图的名称应与平面图的剖切符号编号一致。

模型：剖面图绘制步骤

任务拓展

1. 建筑物剖面图的剖切位置如何选择？

2. 建筑物剖面图表达的内容有哪些？

3. 如何识读建筑物剖面图？

<h2>项目总结</h2>

建筑平面图、立面图和剖面图是建筑工程图最基本的图样。三种图既有区别，又有紧密联系。平面图说明建筑物各部分在水平方向的尺寸和位置，但无法表明它的高度；立面图说明建筑物外形的长、宽、高尺寸，但无法表明它的内部关系；剖面图能说明建筑物内部高度方向的布置情况。因此，只有通过平面图、立面图和剖面图三种图互相配合，才能完整地说明建筑物从内到外、从水平到竖直的全貌。

学生通过完成别墅建筑图表达方式、别墅建筑平面图绘制、别墅建筑立面图绘制、别墅建筑剖面图绘制四项任务，学习了建筑工程图的相关知识，并正确识读和绘制建筑平面图、立面图和剖面图，达到正确识读及绘制房屋建筑图的水平。

<h2>项目实训</h2>

实训：（20分）抄绘建筑平面图，如图6-52所示。

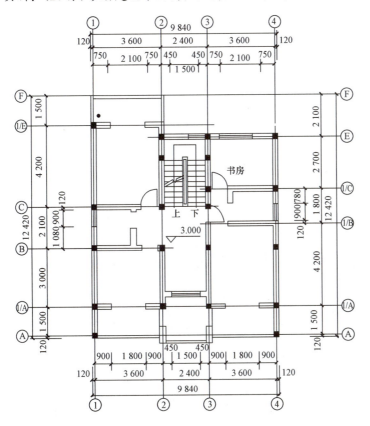

测验：别墅建筑
工程图绘制检测

图 6-52　二层平面图

1. 任务要求

(1)下载图 6-52 二层平面图并打印。

(2)按照建筑工程施工图的绘制要求及步骤，抄绘建筑平面图。

2. 作业要求

(1)严格按要求作图。

(2)下载打印并用尺规绘图完成作业。

(3)线型、线宽、字体等要符合规定。

(4)将作业成果拍照、扫描上传。

项目七　室内装饰工程图绘制

知识图谱

学习目标

1. 能够掌握室内常用制图符号、图例用法。
2. 能够掌握平面布置图、地面布置图、天花布置图的绘制、识读方法。
3. 能够掌握室内立面图、室内剖面图和详图的绘制、识读方法。

学习重点

1. 识读、绘制室内常用制图符号、图例。
2. 平面布置图、地面布置图、天花布置图绘制步骤和识读方法。
3. 室内立面图、室内剖面图和详图绘制步骤和识读方法。

微课：项目导入

学习指南

在进行本项目的学习时，建议参考以下方法：

1. 回顾项目六的重点，熟练掌握建筑平面图、立面图的画法。
2. 熟悉常用制图符号及图例，理解建筑装饰施工图的形成过程。
3. 观看模型视频、效果图，帮助建立空间概念，并模仿任务实施，动手操作。
4. 关注平面布置图、地面布置图、顶面布置图、立面图、剖面图、详图相互之间的区别与联系，提升理解能力。

任务一　室内制图符号及图例

任务目标

1. 掌握室内常用制图符号、图例用法。
2. 能够正确识读、绘制室内常用制图符号、图例。
3. 培养认真、严谨的工作态度、责任意识、工匠精神。

微课：任务导入

任务导入

　　室内设计制图不仅要绘制墙体、标注尺寸等，还要绘制家具等常用图例和相应的符号，这些图例和符号都代表什么含义？如何绘制？这是本任务要解决的问题，下面来学习室内制图符号及图例。

微课：室内制图符号

知识拓展

知识拓展：最美奋斗者范玉恕

知识准备

■ 一、室内制图符号

1. 索引符号

　　(1)室内立面索引符号(内视符号)。为表示室内立面在平面上的位置，应在平面图中用内视符号注明视点位置、方向及立面的编号，如图7-1所示。

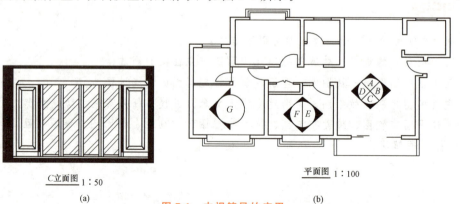

C立面图 1:50

(a)

平面图 1:100

(b)

图7-1　内视符号的应用

内视符号绘制：立面索引符号由直径为 8～12 mm 的圆构成，以细实线绘制，并以直角等腰三角形为投影方向共同组成，如图 7-2 所示。

圆内直线以细实线绘制，在立面索引符号的上半圆内用字母标识表示立面图的编号，下半圆标识该立面图所在图纸的编号，如图 7-3 所示。

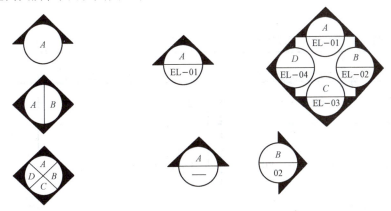

图 7-2　内视符号的绘制

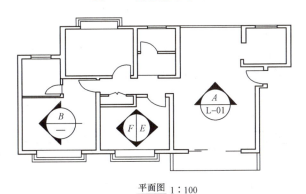

平面图 1∶100

图 7-3　内视符号的应用

（2）材料索引符号。材料索引符号可对平面、立面及节点图的饰面材料进行索引，如图 7-4 所示。

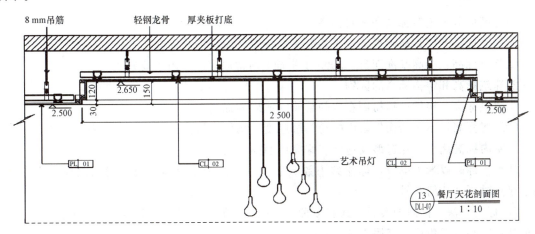

图 7-4　材料索引符号的应用

材料索引符号绘制：用指引线引出，由字母和数字组成。字母表示的是材料的类型代号，数字表示的是材料编号。

(3)灯具索引符号。灯具索引符号用于表示灯饰的形式、类别的编号，CL 大写英文字母表示灯饰，如图 7-5 所示。

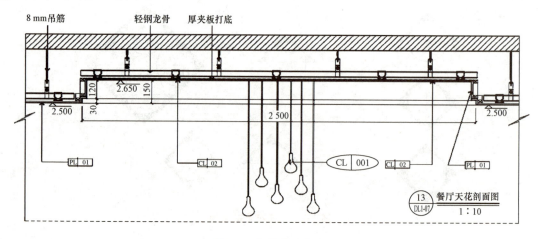

图 7-5　灯具索引符号

灯具索引符号绘制：由引出线引出，字母表示灯饰的类别，数字表示灯饰的编号。

(4)家具索引符号。家具索引符号用于表示各种家具的符号，如图 7-6 所示。

图 7-6　家具索引符号

2. 标高

(1)标高概述。

1)标高可分为绝对标高和相对标高。

①绝对标高：以青岛附近黄海平均海平面为零点而设置的标高。

②相对标高：标高基准面(±0.000 水平面)通常取底层室内主要地面。

2)建筑标高和结构标高的区别。

①建筑标高：构件包括粉刷在内的装修完成后的标高。

②结构标高：不包括构件表面的粉饰层厚度，构件在结构施工后的完成面的标高。

3)室内标高用于天花造型及地面装修完成面高度表示。

注意：标高以米为单位，标注到小数点后三位。低于相对零点位置时前面要标上负号，高于该点时不加任何符号。

(2)标高画法。标高的表示方式有多种，如图 7-7 所示。其中，空心的三角形标高用于室内标高；实心的三角形标高用于室外标高。

同一位置多个标高的表示方式如图 7-8 所示。

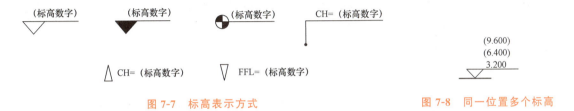

图 7-7　标高表示方式　　　　　　　　　　图 7-8　同一位置多个标高

标高画法如图 7-9 所示。

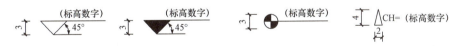

图 7-9　标高画法

（3）标高的应用。

1）空心三角形标高在平面图、立面图中标注，如图 7-10 所示。

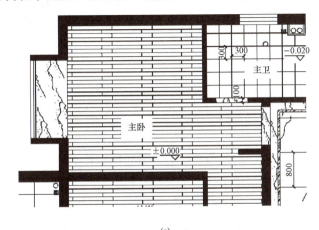

(a)

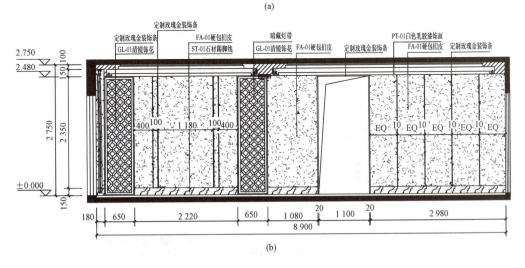

(b)

图 7-10　平面图、立面图标高标注

(a)平面图；(b)立面图

注意：立面图中等腰直角三角形标高符号的尖端指至被注的高度的位置，尖端宜向下；有时根据需要，也可向上。

2)圆形标高在平面图、立面图中标注，如图 7-11 所示。

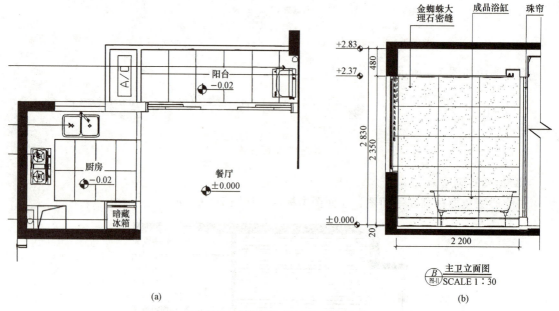

(a)

图 7-11 平面图、立面图标高标注

(a)平面图；(b)立面图

注意：在立面图上标高的圆心要与被注的元素高度位置平齐。

3)等腰三角形加字母组成标高在详图中标注，如图 7-12 所示。

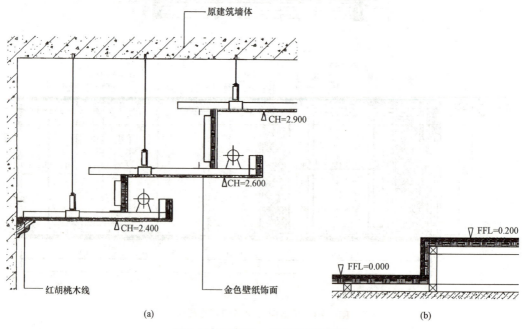

(a)   (b)

图 7-12 平面图、立面图标高标注

(a)天花详图；(b)地面构造详图

注意：三角形标高的尖部指至被注的高度位置，在天花详图中，三角形的尖部朝上字母后加注标高数字；在地面详图中，尖部朝下字母后加注高度。

4）地面铺装图、天花平面图材料和标高，如图 7-13、图 7-14 所示。

(a)   (b)

图 7-13　天花、地面材料标高

（a）天花材料、标高；（b）地面材料、标高

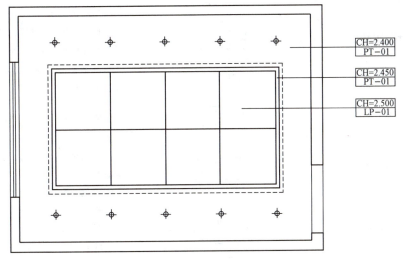

图 7-14　天花、地面材料标高标注

■ 二、室内常用图例

从常用建筑材料图例，常用装饰构造图例，室内家具、洁具、灶具图例，室内电器、灯具图例四个方面予以介绍。

1. 常用建筑材料图例

常用建筑材料图例见表 7-1。

微课：室内常用图例

表 7-1　常用建筑材料图例

序号	名称	图例	备注
1	自然土壤		包括各种自然土壤
2	夯实土壤		
3	砂、灰土		
4	砂砾石、碎砖三合土		

序号	名称	图例	备注
5	石材		
6	毛石		
7	实心砖、多孔砖	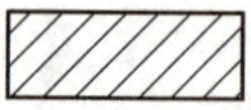	包括普通砖、多孔砖、混凝土砖等砌体
8	耐火砖		包括耐酸砖等砌体
9	空心砖、空心砌块		包括空心砖、普通或轻骨料混凝土小型空心砌块等砌体
10	加气混凝土	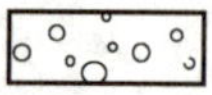	包括加气混凝土砌体、加气混凝土墙板及加气混凝土材料制品等
11	饰面砖		包括铺地砖、玻璃马赛克、陶瓷马赛克、人造大理石等
12	焦渣、矿渣	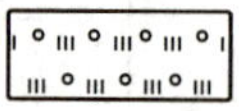	包括与水泥、石灰等混合而成的材料
13	混凝土		1. 包括各种强度等级、骨料、添加剂的混凝土 2. 在剖面图上绘制表达钢筋时，则不需绘制图例线 3. 断面图形较小，不易绘制表达图例线时，可填黑或深灰（灰度宜70%）
14	钢筋混凝土	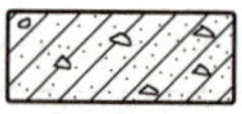	
15	多孔材料		包括水泥珍珠岩、沥青珍珠岩、泡沫混凝土、软土、蛭石制品等
16	纤维材料	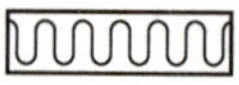	包括矿棉、岩棉、玻璃棉、麻丝、木丝板、纤维板等
17	泡沫塑料材料	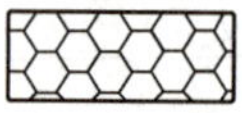	包括聚苯乙烯、聚乙烯、聚氨酯等多聚合物类材料
18	木材		1. 上图为横断面，左上图为垫木、木砖或木龙骨 2. 下图为纵断面
19	胶合板	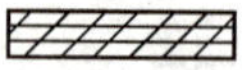	应注明为×层胶合板
20	石膏板	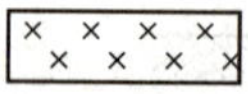	包括圆孔或方孔石膏板、防水石膏板、硅钙板、防火石膏板等
21	金属	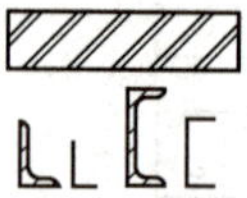	1. 包括各种金属 2. 图形较小时，可填黑或深灰（灰度宜70%）

序号	名称	图例	备注
22	网状材料		1. 包括金属、塑料网状材料 2. 应注明具体材料的名称
23	液体		应注明具体液体的名称
24	玻璃		包括平板玻璃、磨砂玻璃、夹丝玻璃、钢化玻璃、中空玻璃、夹层玻璃、镀膜玻璃等
25	橡胶		—
26	塑料		包括各种软、硬塑料及有机玻璃等
27	防水材料		构造层次多或绘制比例大时，采用上面的图例
28	粉刷		本图例采用较稀的点

2. 常用装饰构造图例

装饰构造图例的含义见表 7-2。

表 7-2　常用装饰构造图例

序号	名称	图例	备注
1	墙体		应加注文字或填充图例表示墙体材料，在项目设计图纸说明中列材料图例表给予说明
2	平面高差		适用于高差小于 100 的两个地面或楼面相接处
3	坑槽		
4	烟道		1. 阴影部分可以涂色代替 2. 烟道与墙体为同一材料，其相接处墙身线应断开
5	通风道		

序号	名称	图例	备注
6	应拆除的墙	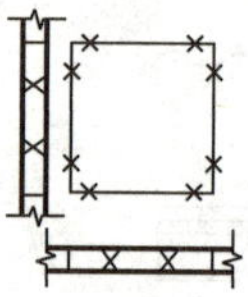	
7	坡道	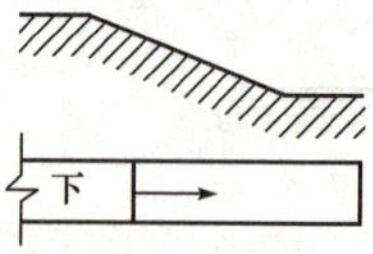 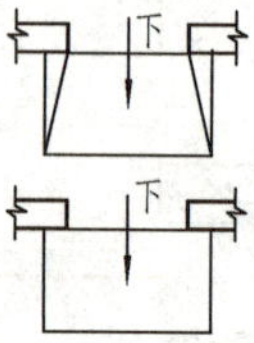	上图为长坡道，下图为门口坡道
8	检查孔		左图为可见检查孔 右图为不可见检查孔
9	孔洞		阴影部分可以涂色代替
10	在原有墙或楼板上新开的洞	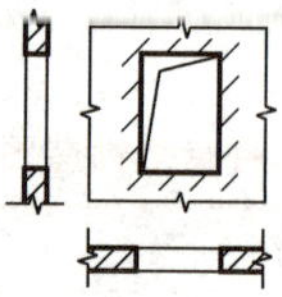	
11	在原有洞旁扩大的洞	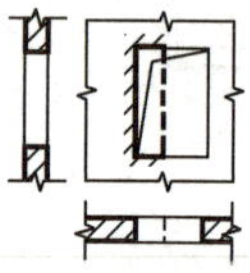	
12	在原有墙或楼板上全部填塞的洞	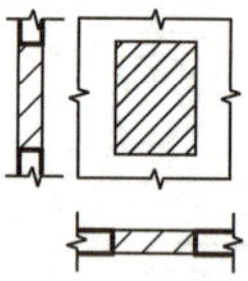	
13	在原有墙或楼板上局部填塞的洞	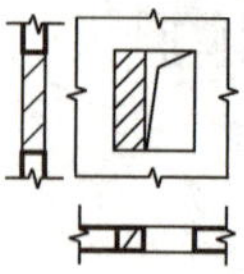	
14	空门洞	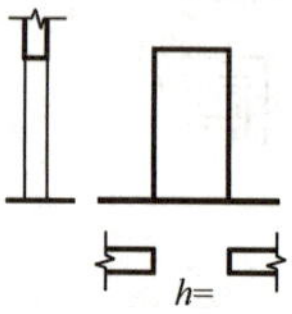	h 为门洞高度

序号	名称	图例	备注
15	单扇门 （包括平开或单面弹簧）		
16	双扇门 （包括平开或单面弹簧）		
17	对开折叠门		1. 门的名称代号用 M 表示 2. 图例中，剖面图所示左为外、右为内，平面图所示下为外、上为内 3. 立面图上开启方向线交角的一侧为安装合页的一侧，实线为外开，虚线为内开 4. 平面图上门线应 90°或 45°开启，开启弧线宜绘出 5. 立面上的开启线在详图及室内设计图上应表示 6. 立面形式应按实际情况绘制
18	单扇双面弹簧门		
19	双扇双面弹簧门		
20	单扇内外开双层门 （包括平开或单面弹簧）		
21	双扇内外开双层门 （包括平开或单面弹簧）		

序号	名称	图例	备注
22	推拉门	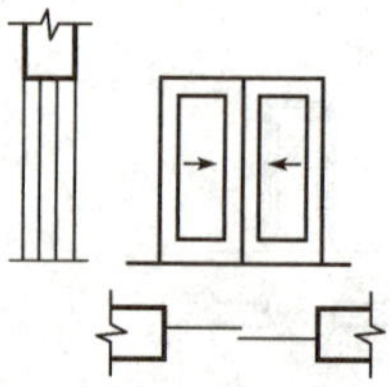	1. 门的名称代号用 M 表示 2. 图例中，剖面图所示左为外、右为内，平面图所示下为外、上为内 3. 立面形式应按实际情况绘制
23	自动门	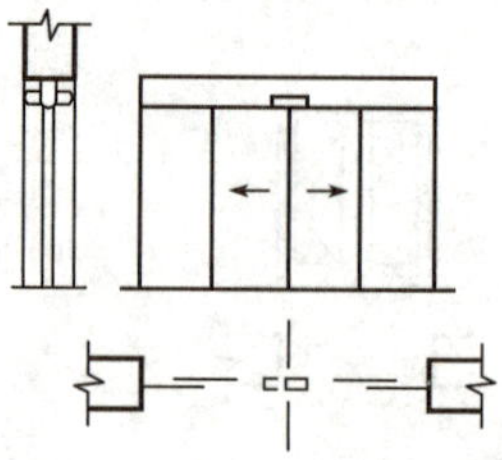	
24	转门	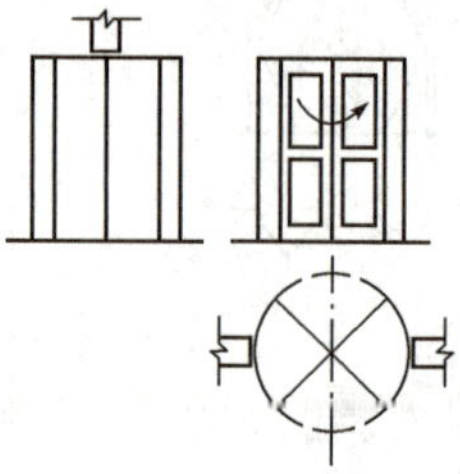	1. 门的名称代号用 M 表示 2. 图例中，剖面图所示左为外、右为内，平面图所示下为外、上为内 3. 平面图上门线应 90°或 45°开启，开启弧线宜绘出 4. 立面上的开启线在详图及室内设计图上应表示 5. 立面形式应按实际情况绘制
25	单层固定扇	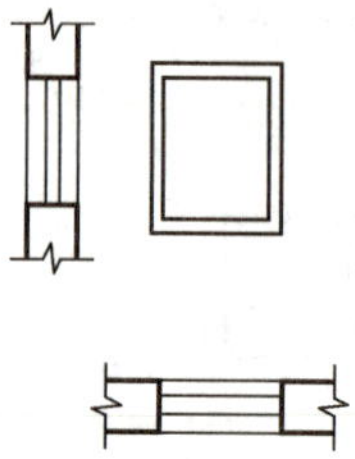	1. 窗的名称代号用 C 表示 2. 立面图中的斜线表示窗的开启方向，实线为外开，虚线为内开；开启方向线交角的一侧为安装合页的一侧 3. 图例中，剖面图所示左为外、右为内，平面图所示下为外、上为内 4. 窗的立面形式应按实际绘制 5. 小比例绘图时，平、剖面的窗线可用单粗实线表示
26	单层外开上悬窗	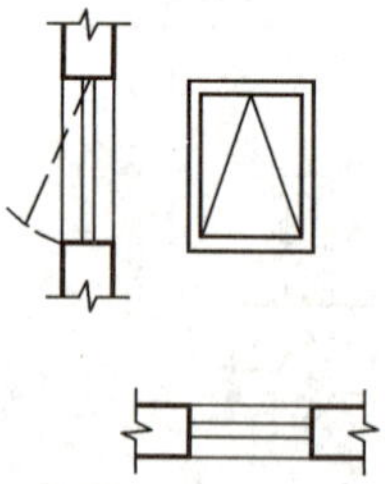	
27	单层中悬窗	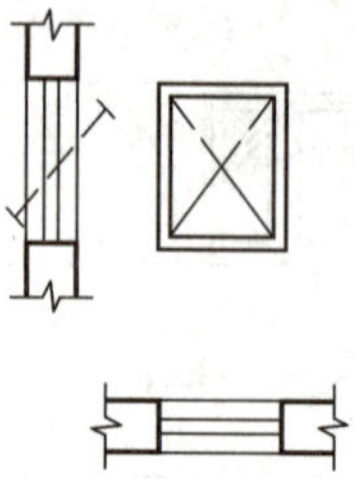	

序号	名称	图例	备注
28	单层外开平开窗		1. 窗的名称代号用 C 表示 2. 立面图中的斜线表示窗的开启方向，实线为外开，虚线为内开；开启方向线交角的一侧为安装合页的一侧 3. 图例中，剖面图所示左为外、右为内，平面图所示下为外、上为内 4. 窗的立面形式应按实际绘制 5. 小比例绘图时，平、剖面的窗线可用单粗实线表示
29	单层内开平开窗		
30	推拉窗		1. 窗的名称代号用 C 表示 2. 立面图中的斜线表示窗的开启方向，实线为外开，虚线为内开；开启方向线交角的一侧为安装合页的一侧 3. 图例中，剖面图所示左为外、右为内，平面图所示下为外、上为内 4. 窗的立面形式应按实际绘制 5. 小比例绘图时，平、剖面的窗线可用单粗实线表示
31	高窗	$h=$	

3. 室内家具、洁具、灶具图例

室内家具、洁具、灶具图例主要是外形轮廓平面投影；而立面投影一般根据投影绘制，见表 7-3、表 7-4。

表 7-3 室内家具、洁具、灶具图例

名称	图例	名称	图例	名称	图例
双人床		浴盆		灶具	
单人床		蹲便器		洗衣机	
沙发		坐便器		空调器	ACU

名称	图例	名称	图例	名称	图例
凳、椅		洗手盆		吊扇	
桌、茶几		洗菜盆		电视机	
地毯		拖布池		台灯	
花卉、树木		淋浴器		吊灯	
衣橱		地漏	%	吸顶灯	
吊柜		帷幔		壁灯	

表 7-4 常用家具图例

序号	名称		图例	备注
1	沙发	单人沙发		
		双人沙发		
		三人沙发		
2	办公桌			1.立面样式根据设计自定 2.其他家具图例根据设计自定
3	椅	办公椅		
		休闲椅		
		躺椅		

序号	名称		图例	备注
4	床	单人床		
		双人床		
5	橱柜	衣柜		1. 柜体的长度及立面样式根据设计自定 2. 其他家具图例根据设计自定
		低柜		
		高柜		

4. 室内电器、灯具图例

常见室内电器、灯具图例，见表7-5。

表7-5　室内电器、灯具图例

图例	说明	图例	说明
○+　▶	墙面单座插座(距地300 mm)		三联开关
	地面单座插座		二联开关
WS	壁灯		一联开关
○	台灯		温控开关
⊙ 喷淋　下喷　上喷　侧喷			五孔插座
Ⓢ	烟感探头		电视插座
	天花扬声器		网络插座
▷ D	数据端口	□ T	温控开关

图例	说明	图例	说明
▷┤T	电话端口	□CC	插卡取电开关
▷┤TV	电视端口	⬠F	火警铃
▷┤F	传真端口	□DB	门铃
⊗	风扇	□DND	请勿打扰指示牌开关
▭┤LCP	灯光控制板	⊢┤SAT	人造卫星信号接收器插座
⌀FW	服务呼叫开关	MS	微型开关
⌀JJ	紧急呼叫开关	⌀SD	调光器开关
⌀YY	背景音乐开关	⌀ 开关	⌀单联 ⌀双联 ⌀三联
⊕	筒灯/根据选型确定直径尺寸	●┤MR	剃须刀插座(距地1 250 mm)
✦	草坪灯	●┤HR	吹风机插座(距地1 250 mm)
⊕	直照射灯	●┤HD	烘手器插座(距地1 400 mm)
⊕	可调角度射灯	▱	600 mm×600 mm 格栅灯
▦	洗墙灯	▱	600 mm×1 200 mm 格栅灯
⊕	防雾筒灯	▱	300 mm×1 200 mm 格栅灯
⊕	吊灯/选型	⊠	排风扇
⊕	低压射灯	⊞	吸顶灯
⊕	地灯	▰	照明配电箱
---------	灯槽	A/C A/C	下送风口/侧送风
O┤TL	台灯插座(距地300 mm)	A/R A/R	下回风口/侧回风

图例	说明	图例	说明
○+ RF	冰箱插座(距地 300 mm)	A/C A/C	下送风口/侧送风
○+ SL	落地灯插座(距地 300 mm)	A/R A/R	下回风口/侧回风
○+ SF	保险箱插座(距地 300 mm)	△	干粉灭火器
客房插卡开关		XHS	消火栓

【例 7-1】 图例在平面图中的应用,如图 7-15 所示。

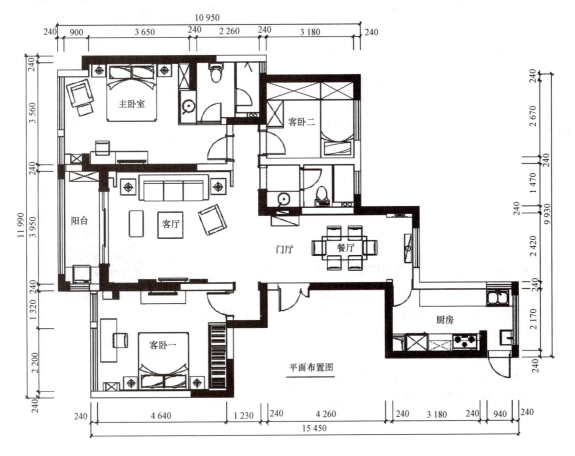

图 7-15 图例应用

【小链接】 阅读《明长城》资料，了解我国历史上历时最久、工程最大、防御体系和结构最为完善的长城工程，感悟中国古代建筑工程的高度成就和古代劳动人民的聪明才智，感悟民族自信、文化自信和工匠精神。

小链接：明长城

任务实施

1. 任务内容

本任务是在原始户型图中设计并填入图例和符号，如图 7-16 所示。

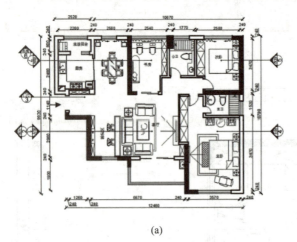 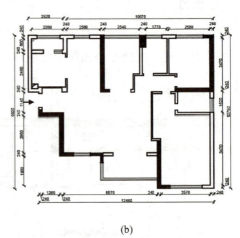

(a)   (b)

图 7-16　在原始户型图中填图

2. 任务要求

参考图 7-16 在原始户型图中设计并填入图例和符号。

3. 操作提示

（1）准备工作：选图幅、定比例、固定图纸、削制铅笔等，设计草图，如图 7-17(a)所示。

（2）绘制底稿（H 铅笔）：

1）依据设计草图，填入家具图例，如图 7-17(b)、(c)所示。

2）填入符号图例，如图 7-17(d)所示。

（3）检查加深：HB、2B 铅笔加深图线。检查加深图线，完成绘制。

微课：制图符号及图例绘制

图 7-17 插入图例、符号

(a)设计草图;(b)户型图;(c)插入家具图例;(d)插入符号

【小提示】 大部分图例基本以投影轮廓表现,可以参考投影轮廓帮助记忆。

任务拓展

1. 常用符号有哪些?
2. 常用图例有哪些?

任务二 室内平面布置图绘制、识读

任务目标

1. 掌握平面布置图的识读与绘制方法。
2. 能够正确识读、绘制平面布置图。

3. 培养节能环保意识、工匠精神和职业素养。

任务导入

　　装饰施工图纸主要表示室内空间的布局、各构配件的形状大小及相互位置关系，各界面的表面装饰、家具的布置、固定设施的安放及细部构造做法和施工要求等。一般包括平面图布置图、天花平面图、立面图等，本任务学习室内平面布置图绘制、识读。

微课：任务导入

知识拓展

知识拓展：人居环境科学创建者——吴良镛

知识准备

■ 一、概述

1. 房屋的组成

　　房屋由墙、柱、楼面、屋面、门窗、楼梯及散水、阳台、走廊、踢脚板等组成，如图 7-18 所示。

微课：室内平面布置图绘制识读

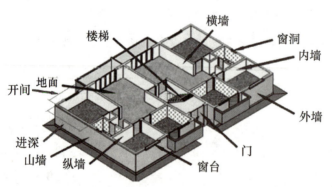

图 7-18　房屋的组成

2. 室内装饰施工图

　　装饰施工图是设计人员按照投影原理，用图形、符号及图例绘制的图样，用来表达设计思想、空间布置与装饰构造等。

　　装饰施工图是装饰工程造价的重要依据，是建筑装饰工程设计人员的设计意图付诸实施的依据。

(1)平面图：平面布置图、地面材质布置图、顶面布置图。

(2)立面图。

(3)详图。

■ 二、室内平面布置图

1.平面布置图的形成

平面布置图是假想用一水平的剖切平面，沿需要装饰的房间的门窗洞口处作水平全剖切，移去上面部分，对剩下部分所作的水平正投影图，如图 7-19 所示。

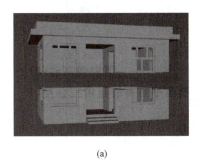
(a)

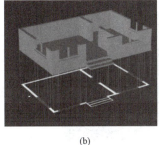
(b)

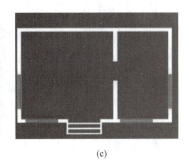
(c)

图 7-19　平面布置图形成
(a)剖切；(b)投影；(c)平面图

平面布置图的比例一般采用 1∶100、1∶50，内容比较少时采用 1∶200。剖切到的墙、柱等结构体的轮廓用粗实线表示，其他内容用中粗线或细实线表示。

模型：平面布置图形成

2.平面布置图的表达内容

平面布置图需要表达出实际空间看到的布局效果，如图 7-20 所示，平面布置图的表达内容包含以下几个方面：

(1)室内格局、门窗位置及尺寸。

(2)家具陈设及标注。

(3)房间名称。

(4)标高、地面装饰材料。

(5)图例、立面索引符号等。

(6)图名、比例等。

模型：平面布置图内容

3.平面布置图的识读

识读平面布置图，如图 7-20(b)所示，步骤如下：

(1)识读图名、比例。底层平面布置图 1∶100，说明本建筑物至少两层，进行了缩小绘制。

(2)了解各房间的名称和功能。客厅区域具有会客功能；卧室区域具有休息功能；餐厅区域具有进餐功能；厨房区域具有制作食材功能；卫生间区域具有清洁卫生功能等。

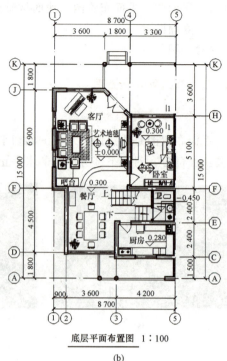

底层平面布置图 1∶100

(a) (b)

图 7-20　平面布置图内容

(a)效果图；(b)平面布置图

(3)识读标注在图样外部的尺寸。识读时，需要结合图形来进行识读和理解，通过轴线的总尺寸，了解户型的面积等。

(4)了解各房间内的设备、家具安放位置、数量、规格和要求。通过识读，了解客厅、餐厅、卧室等的家具和设备，并了解其数量、规格、要求。

(5)识读各种符号。标高符号：客厅的地面标高为 0.000 m，餐厅的地面标高为 0.300 m，可知餐厅比客厅的地面高了 0.300 m；厨房的地面标高为 0.280 m，说明厨房的地面比餐厅要低。用同样的办法，可以识读其他区域的标高。立面索引符号说明在客厅电视背景墙和沙发背景墙，绘制了立面图；卧室的立面索引符号说明在本张图纸上绘制了背景墙；剖面符号说明在本张图纸上绘制了该墙的剖面图。

至此，通过识读，在脑海中想象出其平面效果图的场景，完成了平面布置图的识读。

4. 平面布置图的画法

绘制平面布置图，如图 7-20(b)所示，步骤如下：

(1)取适当比例(常用 1∶100、1∶50)，绘制轴线网，如图 7-21(a)所示。

(2)绘制墙体(柱)、门窗、楼梯等构(配)件，如图 7-21(b)所示。

(3)布置家具、设备，如图 7-21(c)所示。

(4)书写必要的文字说明，标注相关尺寸与标高，绘制剖切符号和内视符号，书写图名和比例，如图 7-21(d)所示。

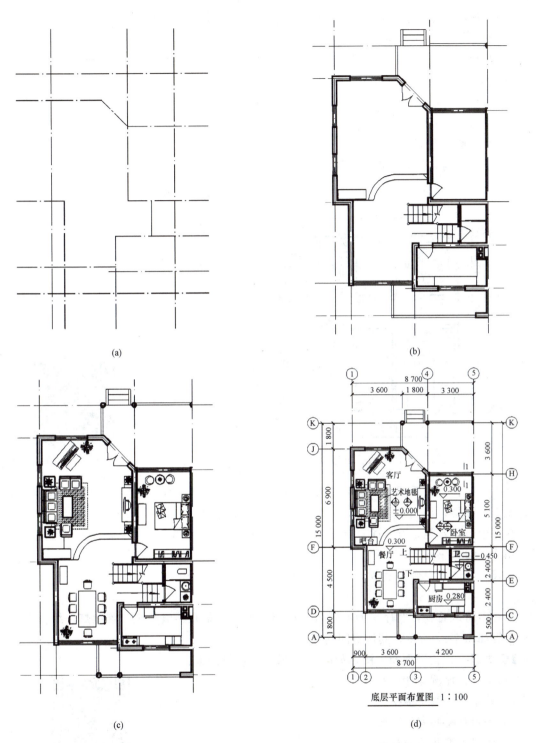

底层平面布置图　1:100

(c)　　　　　　　　　　　　(d)

图 7-21　平面布置图绘制

5. 平面布置图的线型

平面布置图的线型如图 7-21(d)所示。一般规律如下：

(1)粗实线 0.6～0.8 mm：墙体。

(2)中粗线 0.4～0.5 mm：装饰材料，家具剖切轮廓线。

(3)细实线 0.2～0.4 mm：家具、陈设轮廓线。

(4)装饰线 0.1～0.2 mm：尺寸线、图例、符号、材料纹理、装饰品轮廓线。

【例 7-2】 识读平面布置图，如图 7-22 所示。回答问题：

(1)图名、比例是什么？

(2)有哪些房间？其功能是什么？

(3)总体长、宽是多少？

(4)各房间内有什么设备、家具？数量及安放位置是什么？

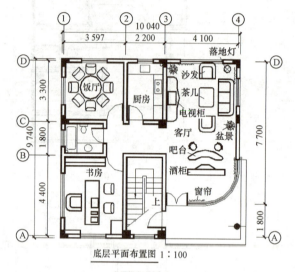

底层平面布置图 1 : 100

图 7-22 识读平面布置图

模型：识读平面布置图——别墅

案例分析：首先看图名、比例，为底层平面布置图 1：100，说明是底层的平面布置图，该建筑至少两层；比例采用 1：100，说明进行了缩小绘制。

从图中可以看到，有客厅、厨房、饭厅、书房等。客厅用来会客；厨房用来制作食材；饭厅用来进餐；书房进行学习。

从尺寸标注上得到总宽 9 740 mm、总长 10 040 mm。由总长和总宽可以得到该户型的面积。

从图中可以看到，客厅里面有吧台、酒柜、沙发、茶几、电视柜、落地灯、绿植等，它们的位置如图 7-22 所示，其他房间同理。

【例 7-3】 识读平面布置图，如图 7-23 所示。回答问题：

(1)图名、比例是什么？

(2)总体长、宽是多少？

(3)房间有哪些家具、设备？

(4)使用了哪些地面材质？

(5)房间内窗帘有几幅？

模型：识读平面布置图——会议室

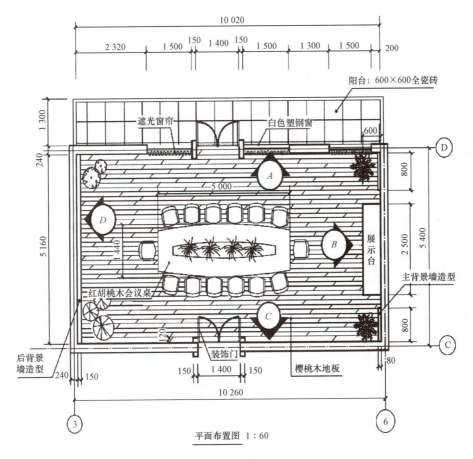

图 7-23 识读平面布置图

案例分析：首先看图名、比例，为平面布置图 1∶60；

从图中尺寸标注可以知道总长为 10 020 mm，总宽把这些尺寸相加得到总宽。

房屋内有红胡桃木的会议桌、会议椅和展示台等。

由于地面材质比较简单，家具比较少，因此地面材质在平面布置图上进行了绘制，由图可知，会议室内使用的地面材质是樱桃木地板，阳台上使用的材质是 600 mm×600 mm 全瓷砖。

通过窗帘的图例可以找到窗帘，有三幅。

【例 7-4】 识读平面布置图，如图 7-24 所示。回答问题：

(1)图名、比例是什么？

(2)总体长、宽是多少？

(3)房间有哪些家具、设备？

案例分析：看图名、比例，为平面图 1∶50；从图中可以找到它的总长和总宽；每个房间上面的家具和设备，从图中可以识读得到。

模型：识读平面布置
图——三室二厅

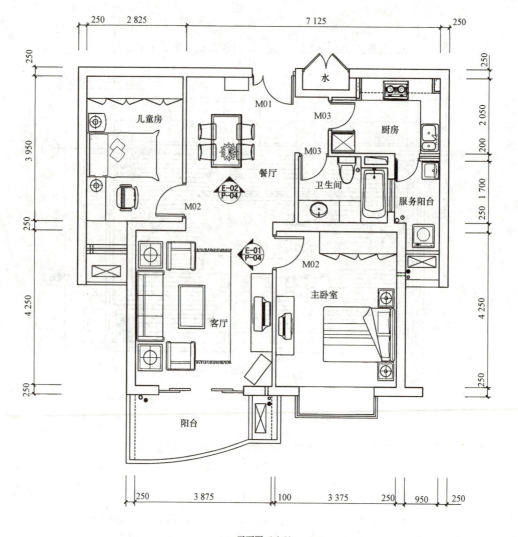

平面图 1:50

图 7-24　识读平面布置图

　　【小链接】　阅读《中国传统文化优秀作品》《智能化让绿色建筑越来越"聪明"》资料，了解民族传统文化，感悟文化自信；了解绿色建筑智能化，感受节能环保、创新意识和责任担当。

小链接：中国传统文化优秀作品　　　　　　　小链接：智能化让绿色建筑越来越"聪明"

1. 任务内容

本任务是绘制平面布置图，参考样例如图 7-25 所示。

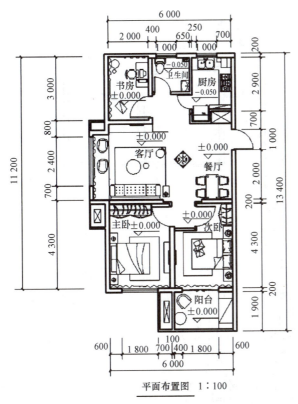

平面布置图 1∶100

图 7-25 绘制平面布置图

微课：室内平面
布置图绘制

模型：绘制平面布置
图——三室二厅

2. 任务要求

抄绘平面布置图，如图 7-25 所示。

3. 操作提示

(1)准备工作：选图幅、定比例、固定图纸、削制铅笔等。

(2)绘制底稿(H 铅笔)：

1)布图、绘制墙体，如图 7-26(a)所示。

2)绘制门窗等构件，如图 7-26(b)所示。

3)绘制家具、设备，如图 7-26(c)所示。

4)标注文字说明、尺寸、标高、符号等，如图 7-26(d)、(e)、(f)、(g)所示。

(3)检查加深：HB、2B 铅笔加深图线。加深图线，如图 7-26(h)所示。

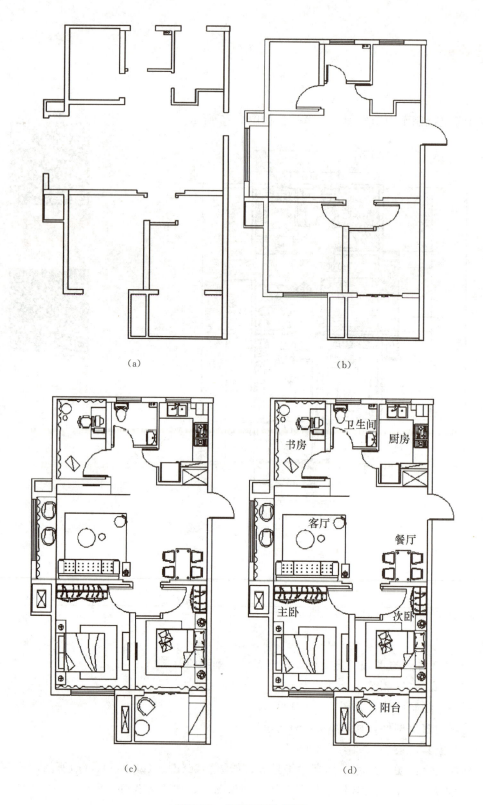

（a）　　　　　　　　　　　　　　（b）

（c）　　　　　　　　　　　　　　（d）

图 7-26　绘制平面布置图
（a)绘制墙体；(b)绘制门窗等构件；(c)绘制家具、设备；(d)书写文字说明

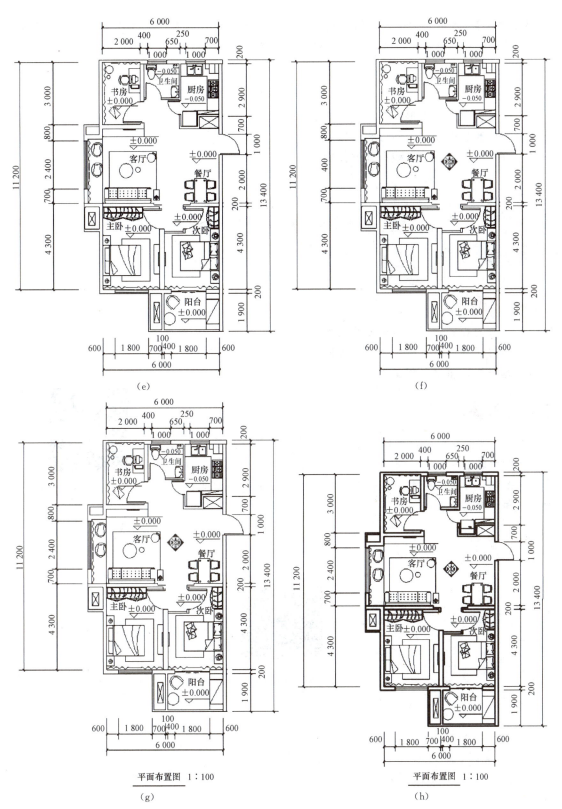

图 7-26　绘制平面布置图(续)

(e)标注尺寸标高；(f)标注内视符号；(g)书写图名、比例；(h)检查加深

【小提示】 一般平面布置图绘图步骤：首先布图；其次底稿，绘制墙体、门窗，再绘制家具和设备；再标注文字、尺寸等；最后检查加深。

任务拓展

1. 平面布置图如何形成？
2. 平面布置图表达的内容有哪些？
3. 在平面布置图中，线型如何使用？

任务三　室内地面布置图绘制、识读

任务目标

1. 掌握地面布置图的识读与绘制方法。
2. 能够正确识读与绘制地面布置图。
3. 培养工匠精神和创新思维。

任务导入

微课：任务导入

对于一些简单地面，可以将平面布置图与地面布置图合二为一。但对于复杂的地面，需要单独绘制地面，布置图来表达地面的装饰图案、材料、规格、标高等。本任务学习室内地面布置图的绘制和识读。

知识拓展

知识拓展：大国工匠王卫东

知识准备

■ 一、地面布置图概述

1. 地面布置图的形成

　　地面布置图的形成方法与平面布置图的形成方法完全相同，不同之处在于地面布置图不画家具与陈设，如图 7-27 所示。

　　当地面铺装简单时，可将平面布置图与地面布置图合二为一，如图 7-28 所示。但当地面做法比较复杂，有多种材料、多变图案时，就要单独绘制地面布置图来表达地面的装饰图案、材料、规格、标高等，如图 7-27 所示。

微课：室内地面布置图绘制识读

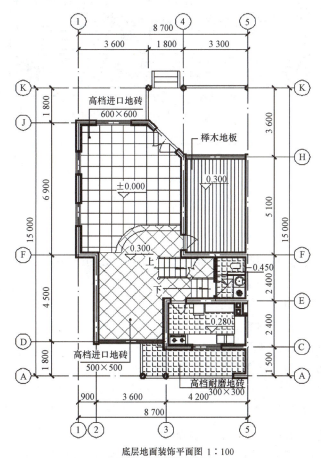

底层地面装饰平面图 1∶100

图 7-27　地面布置图

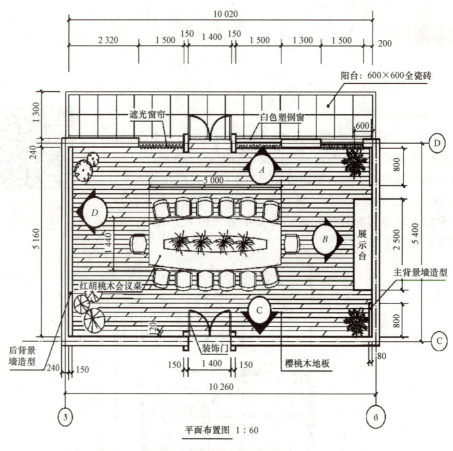

平面布置图 1:60

图 7-28　平面、地面合一

2. 地面布置图表达的内容

地面布置图需要表达出实际空间看到的地面效果，如图 7-20(a)所示。地面布置图表达内容包含以下几个方面：

(1)建筑的墙、柱、门、窗洞口的位置。

(2)地面的形式、图案、材料、颜色。

(3)固定在地面的假山、水池等景观。

(4)固定于地面的设施、设备等。

■ 二、地面布置图的识读 ···

识读地面布置图，如图 7-29 所示，步骤如下：

(1)与室内平面布置图的识读方法相同，首先了解图名、比例、房间大小。底层地面装饰平面图比例为 1:100。

(2)了解各房间地面的材料。客厅的地砖采用高档进口地砖 600 mm×600 mm；卧室采用榉木地板；餐厅采用高档进口地砖 500 mm×500 mm；阳台采用高档耐磨地砖 300 mm×300 mm。

(3)了解各房间地面标高。客厅地面标高±0.000 m；卧室地面标高 0.300 m；餐厅地面标高 0.300 m；厨房地面标高 0.280 m；卫生间地面标高−0.450 m。

至此，通过识读，在脑海中想象出其地面效果图的场景，完成了地面布置图的识读。

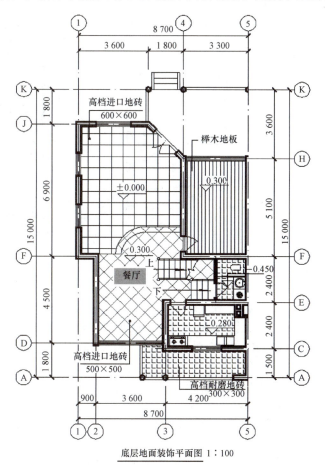

图 7-29　地面布置图内容

■ 三、地面布置图的画法 ···

1. 画法步骤

绘制地面布置图，如图 7-29 所示，步骤如下：

(1)取适当比例(常用 1∶100、1∶50)，绘制轴线网，如图 7-30(a)所示。

(2)绘制墙体(柱)、门窗、楼梯等构(配)件，如图 7-30(b)所示。

(3)绘制地面材质，如图 7-30(c)所示。

(4)书写必要的文字说明，标注相关尺寸与标高等，书写图名和比例，如图 7-30(c)所示。

2. 地面布置图的标注

地面布置图需要标注材料的名称、规格、颜色；图案的尺寸、分格大小(达到能够放样的程度)；地面标高；图名和比例等，如图 7-30(c)所示。

注意：如果地面做法复杂，使用了多种材料，可以把图中使用过的材料列表加以说明。该表格一般绘制在图纸的右下角，见表 7-6。

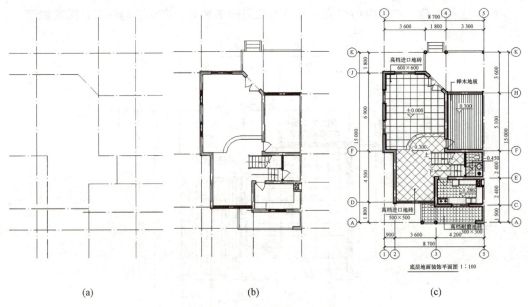

(a)   (b)   (c)

图 7-30　地面布置图绘制

(a)轴网；(b)墙体门窗等；(c)地面材质、标注

注：凡是剖到的墙、柱的断面轮廓线用粗实线表示，固定设备的轮廓线
用中实线表示，地面分格线用细实线表示。

表 7-6　地台图例说明

F—01	樱桃木实木漆板(有基层)
F—02	厨房地砖 830703/300 mm×300 mm
F—03	卫生间地砖 30688A/300 mm×300 mm
F—04	阳台地砖
F—05	餐厅地砖冠军仿米黄地砖 600 mm×600 mm

【例 7-5】　识读地面布置图，如图 7-31 所示。回答问题：

(1)图名、比例是什么？

(2)各房间的大小怎样？

(3)各房间的地面材质有哪些？

(4)各房间的地面标高是什么？

案例分析：

(1)识读图名、比例，图名为底层地面装修图，比例为 1∶100。

(2)各房间的大小，可从图中的尺寸标注得到。

(3)各房间的地面材质由图可知，客厅地面材质为黄花岗石 600 mm×600 mm，拼花图案为白大理石、红花岗石；餐厅地面材质为黄花岗石 500 mm×500 mm，拼花图案为白大理石、红花岗石；厨房材质为防滑地砖 400 mm×400 mm；书房为木地板 1 285 mm×195 mm；其余位置识读方法相同。

(4)各房间地面标高由图可知，客厅地面标高±0.000 m；餐厅地面标高±0.000 m；厨房标高－0.050 m；书房标高±0.000 m；其余位置识读方法相同。

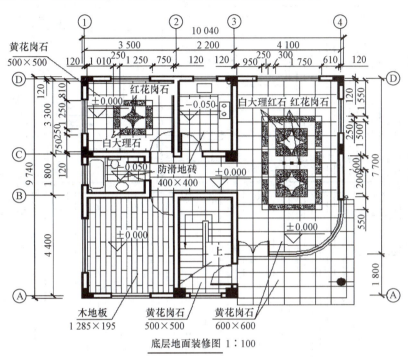

图 7-31　识读地面布置图

【例 7-6】　识读地面布置图，如图 7-32 和表 7-6 所示。回答问题：

(1)图名、比例是什么？

(2)各房间大小怎样？

(3)各房间地面标高有哪些？

(4)各房间地面材质是什么？

模型：识读地面布置
图——三室一厅

案例分析：

(1)图名、比例由图可知：图名为地面平面图，比例为1∶50。

(2)各房间大小从图中尺寸可以得知。

(3)各房间地面标高由图可知：客厅、餐厅地面标高±0.000 m；卫生间、厨房地面标高－0.020 m；卧室地面标高与客厅相同。

(4)各房间地面材质由图可知：客厅、餐厅地面材质，冠军仿米黄地砖 600 mm×600 mm；拼花图案采用巴西红岗石；厨房地砖从表中可以查到为 B30703，300 mm×300 mm；卫生间地砖从表中查到为 30688A，300 mm×300 mm；卧室地面采用樱桃木实木漆板，有基层；其余位置识读方法相同。

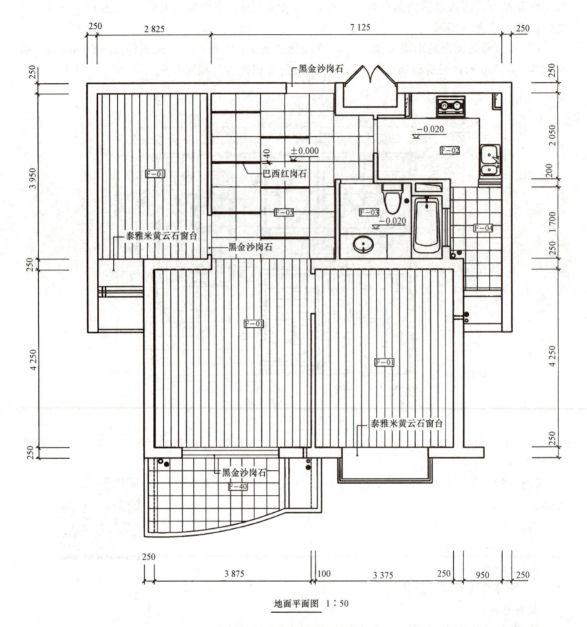

黑金沙岗石

−0.020

F−02

±0.000

巴西红岗石

F−03

−0.020

F−04

F−01

泰雅米黄云石窗台

黑金沙岗石

F−05

F−01

F−01

泰雅米黄云石窗台

黑金沙岗石

F−40

地面平面图 1∶50

图 7-32 识读地面布置图

【例 7-7】 识读地面布置图，如图 7-33 所示。回答问题：

(1)图名、比例是什么？

(2)各房间大小怎样？

(3)各房间地面标高有哪些？

(4)各房间地面材质是什么？

案例分析：

(1)图名、比例由图可知：图名为地面材质布置图，比例为 1∶100。

(2)各房间大小从图中的尺寸可以得知。

(3)各房间地面标高：客厅、餐厅地面标高为±0.000 m，卫生间、厨房地面标高为－0.020 m，生活阳台地面标高为－0.050 m，卧室地面标高为±0.000 m。其余位置识读方法相同。

(4)各房间地面材质由图可知：客厅餐厅地面材质为磨光地板杏色 600 mm×600 mm；卫生间、厨房、生活阳台地面材质为防滑地板，300 mm×300 mm；卧室地面是拼花柚木地板；飘窗是大理石。其余位置识读方法相同。

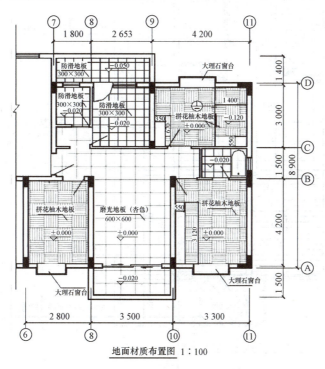

地面材质布置图 1∶100

图 7-33　识读地面布置图

【小链接】　阅读《热能开发告别空调"冬暖夏凉"》资料，培养节能环保、创新思维。

小链接：热能开发告别空调"冬暖夏凉"

任务实施

1. 任务内容
本任务是绘制地面布置图，参考样例如图 7-34 所示。

2. 任务要求
抄绘地面布置图，如图 7-34 所示。

3. 操作提示

(1)准备工作：选图幅、定比例、固定图纸、削制铅笔等。

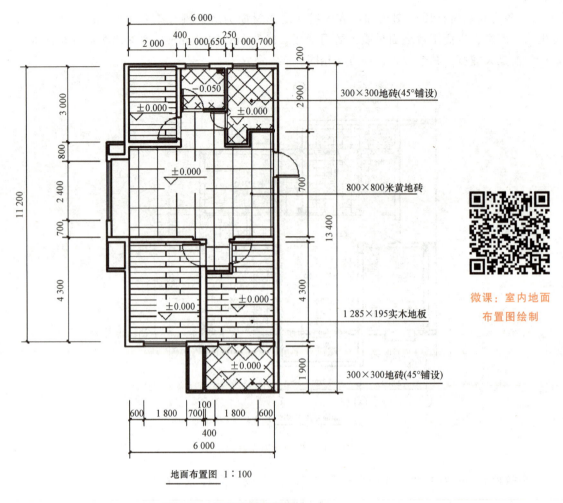

地面布置图 1:100

图 7-34 绘制地面布置图

(2)绘制底稿(H 铅笔)：

1)布图、绘制墙体，如图 7-35(a)所示。

2)绘制门窗等构件，如图 7-35(b)所示。

3)绘制地面材质，如图 7-35(c)所示。

4)标注文字说明、尺寸、标高等，书写图名和比例，如图 7-35(d)、(e)、(f)所示。

(3)检查加深：HB、2B 铅笔加深图线，如图 7-35(g)所示。

模型：绘制地面布置图——三室两厅

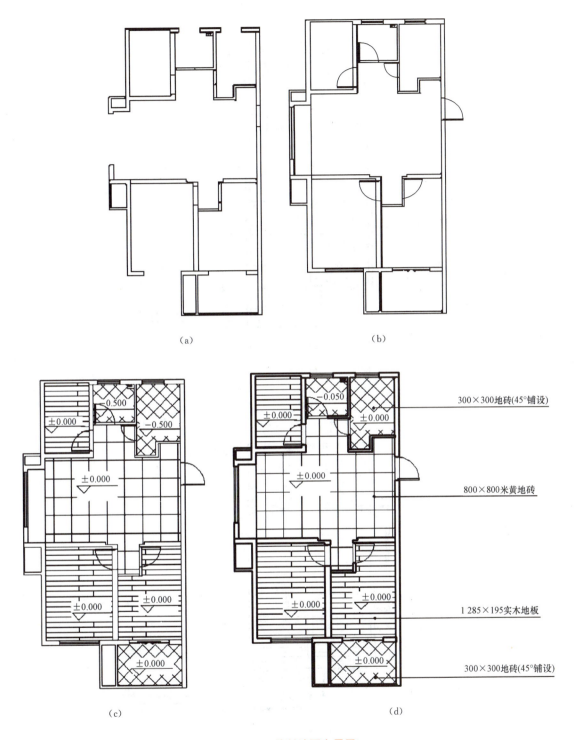

(a)   (b)

(c)   (d)

300×300地砖(45°铺设)

800×800米黄地砖

1 285×195实木地板

300×300地砖(45°铺设)

图 7-35　绘制地面布置图

(a)绘制墙体；(b)绘制门窗等构件；(c)绘制地面材质；(d)书写标高、文字说明

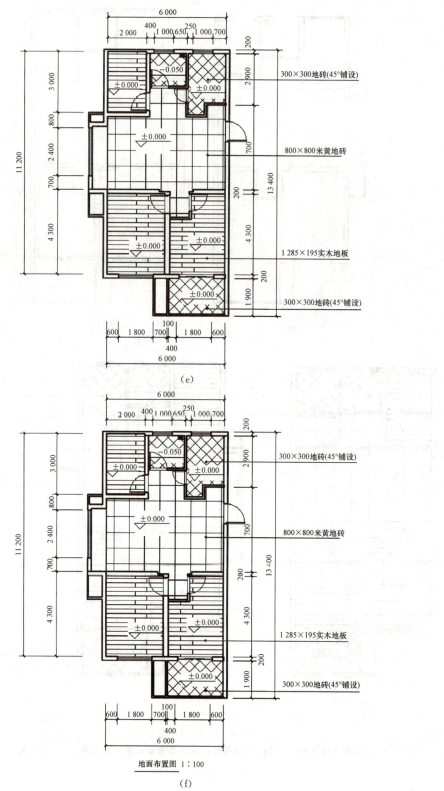

地面布置图 1:100

(f)

图 7-35　绘制地面布置图(续)

(e)标注尺寸；(f)标注图名、比例

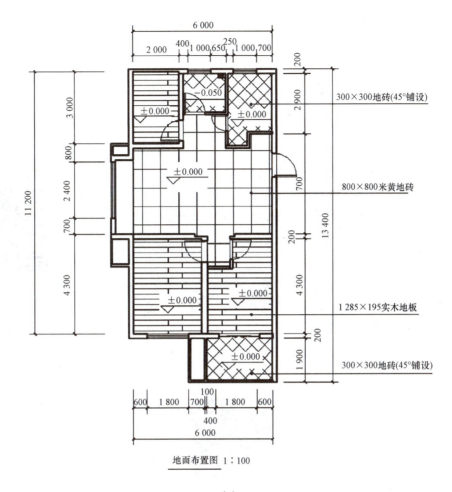

地面布置图 1:100

（g）

图 7-35　绘制地面布置图（续）

（g）检查加深

【小提示】　一般地面布置图绘图步骤：第一，布图；第二，底稿，绘制墙体、门窗；第三，绘制地面材质；第四，标注文字、尺寸等；第五，检查加深。

任务拓展

1. 地面布置图如何形成？

2. 地面布置图表达的内容有哪些？

3. 一般在地面布置图中，线型如何使用？

任务四 室内天花布置图绘制、识读

任务导入

室内天花的装饰装修是美化室内环境、营造温馨氛围不可缺少的步骤，而天花装修造型、使用材料、灯具、窗帘等设计内容需要用天花平面图表达。本任务学习室内天花布置图绘制、识读。

微课：任务导入

知识拓展

知识拓展："匠心筑梦"——邹彬

知识准备

■ 一、天花布置图概述

1. 天花布置图的形成

天花布置图需要表达天花造型、材质、灯具及天花上其他设施。

天花布置图通常采用镜像投影法绘制。镜像视图是将物体向下投射在镜面上，产生影像，将镜面上影像绘制出来得到镜像视图，如图7-36、图7-37所示。

微课：室内天花布置图绘制识读

2. 天花布置图的内容

天花布置图要表达实际空间的天花效果，如图7-38所示，其表达内容包含以下几个方面。

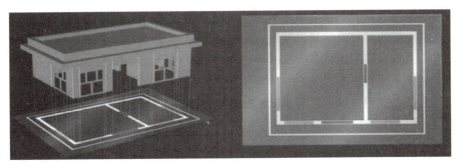

图 7-36　天花布置图的形成

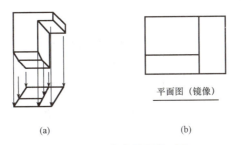

平面图（镜像）

(a)　　　　　　　　　　(b)

图 7-37　天花布置图的形成

模型：天花布置图的形成

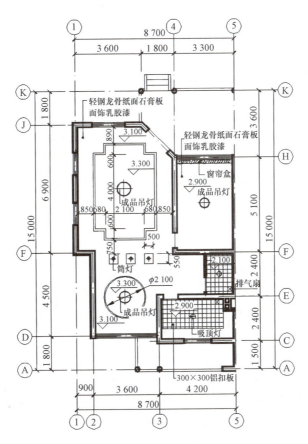

底层顶棚平面图（镜像）1：100

图 7-38　天花布置图的内容

(1)室内各房间天花的造型、构造形式、材料要求。

(2)天花上设置的灯具的位置、数量、规格。

(3)在天花上设置的其他设备的情况等。

3. 天花布置图的作用

(1)根据天花布置图可以进行天花材料准备和施工。

(2)根据天花布置图购置天花灯具和其他设备。

(3)根据天花布置图进行灯具、设备的安装等工作。

■ 二、天花布置图的识读

识读天花布置图，如图7-38所示，步骤如下：

(1)识读图名、比例。根据图名，了解该图的绘制原理。图名为底层天花平面图，比例为1∶100；是镜像视图。

(2)了解房间天花装饰造型式样、尺寸、标高。以客厅为例，客厅天花造型，如图7-38所示；由尺寸确定天花造型位置及天花造型大小；标高确定造型距地面高低；其他房间天花识读方式相同。

(3)由文字说明，了解天花所用装饰材料规格。客厅、餐厅、卧室是轻钢龙骨纸面石膏板面饰乳胶漆；厨房卫生间是300 mm×300 mm铝扣板。

(4)了解灯具式样、规格及位置。客厅、餐厅、卧室是成品吊灯，厨房卫生间是吸顶灯，分别位于所在位置的中心位置。

(5)了解设置在天花的其他设备的规格和位置。卫生间有排气扇，安放在卫生间的一个墙角处。

(6)注意一些符号(如剖面图符号)。若天花造型复杂，需要添加剖面详图来表达天花详细立面结构，在天花布置图上标注剖面符号，根据剖面符号找到剖面详图，了解剖面结构。

至此，通过识读，在脑海中想象出其天花效果图的场景，完成了天花布置图的识读。

■ 三、天花布置图的画法

1. 绘图步骤

绘制天花布置图，如图7-39所示，步骤如下：

(1)选取比例(常用1∶100)，绘制轴网，如图7-39(a)所示。

(2)绘制墙体(柱)、楼梯等构(配)件，门窗位置(可以不绘制门窗图例)，如图7-39(b)所示。

(3)绘制各房间天花造型，如图7-39(c)所示。

(4)布置灯具以及天花上的其他设备，如图7-39(d)所示。

(5)标注天花造型尺寸，各房间天花底面标高，书写天花材料、灯具要求及其他有关文字说明，如图7-39(e)、(f)所示。

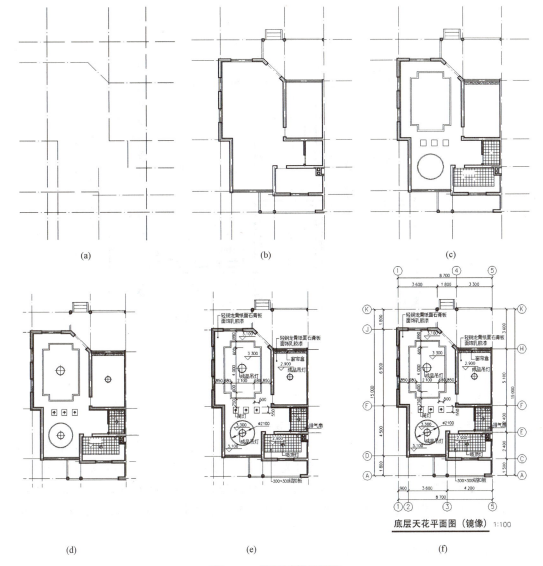

(a)　　　　　　　　　　　　(b)　　　　　　　　　　　　(c)

底层天花平面图（镜像）1:100

(d)　　　　　　　　　　　　(e)　　　　　　　　　　　　(f)

图 7-39　绘制天花布置图

(a)轴网；(b)墙体门窗等；(c)天花造型；(d)灯具设备；(e)尺寸标高等；(f)文字标注等

2. 天花布置图的线型

(1)粗实线 0.6～0.8 mm：墙体、柱。

(2)中粗线 0.4～0.5 mm：家具剖切轮廓线、窗帘盒剖切轮廓线。

(3)细实线 0.2～0.4 mm：灯具符号、天花造型线、文字说明。

(4)装饰线 0.1～0.2 mm：尺寸线、图例、符号、材料纹理。

【例 7-8】　识读底层天花装修图，如图 7-40 所示。请问：

(1)图名、比例是什么？

(2)各个房间天花如何装修？

(3)总体长、宽是多少？

模型：识读天花布置图——别墅

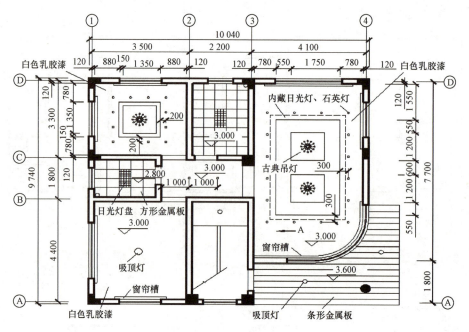

底层天花装修图 1:100

图 7-40　识读底层天花装饰图

案例分析：

(1)识读图名、比例，图名为底层天花装修图，比例为1：100。

(2)门前雨篷天花是条形金属板，吸顶灯两盏，标高 3.6 m；室内沿窗窗帘槽，标高3 m，客厅天花最外层为矩形造型，内藏日光灯，虚线表示，周围均布石英灯，内侧为矩形造型，造型内有两盏古典吊灯；卫生间使用方形金属板，中心位置有日光灯，标高 2.8 m；厨房与卫生间天花类似；餐厅与客厅类似；书房窗内侧窗帘槽，天花铺满，标高 3 m，吸顶灯中心位置安放。

(3)总体长宽由尺寸标注可以得到。

【例 7-9】　识读天花布置图，如图 7-41 所示。回答问题：

(1)图名、比例是什么？

(2)各个房间天花如何装修？

(3)总体长、宽是多少？

案例分析：

(1)图名、比例由图可知，图名为天花图，比例为1：50。

(2)客厅、卧室装修风格一致，天花铺满，标高 2.6 m，四周石膏天花线的形状见封样，材质从天花图例说明可知，采用建筑天花油白，灯具为吸顶灯；厨房天花标高为 2.4 m，材质为暗架龙骨白色方块铝板吊顶天花为 300 mm×300 mm，灯具为吸顶灯；

模型：识读天花布置
图——三室一厅

厨房和客厅之间过道标高为 2.4 m，材质为轻钢龙骨石膏板吊顶天花，灯具为石英射灯；其他位置识读方法相同，总体尺寸可以从尺寸标注上得到。

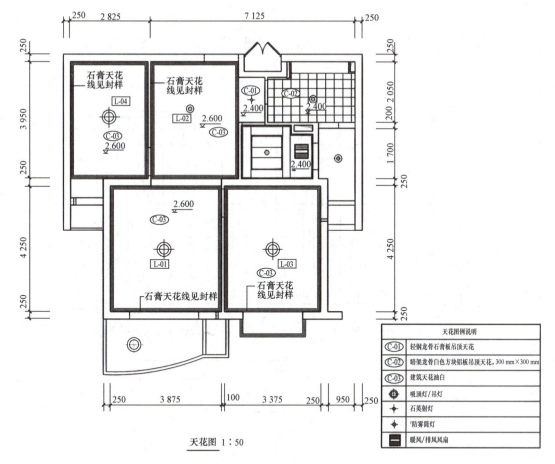

天花图 1:50

图 7-41　识读天花布置图

【例 7-10】　识读天花布置图，如图 7-42 所示。回答问题：

(1)图名、比例是什么？

(2)天花如何装修？

(3)采用了几种筒灯，各多少个？

案例分析：

(1)图名、比例如图 7-42(a)所示。图名为天花平面图，比例为 1:60。

(2)天花装修如图 7-42(a)所示，左侧天花材质为轻钢龙骨纸面石膏板刮腻子刷白乳胶漆，上有筒灯，标高为 2.85 m，对应位置造型一致；上方天花是木龙骨纸面石膏板刮腻子刷白乳胶漆，对应位置造型一致，标高为 2.85 m；中间位置为轻钢龙骨纸面石膏板刮腻子刷白乳胶漆的条形石膏板；在阳台上，阳台天花采用的是原天花刮白。

中间位置的条形石膏板装修，由剖面符号可知，剖面的详图，如图 7-42(b)所示，首先在剖面图上，找到墙体，墙体的右侧有 2.85 m 标高的石膏板，长度为 600 mm，在天花平面图上找到它的位置，由这个位置向上 360 mm，可以找到装有灯带的石膏板，长度为 430 mm，在天花平面图上找到了这个相应的位置，装有灯带的石膏板，通过钢板固定在了天花板上，两个相邻的石膏板之间的缝隙为 240 mm，从天花平面图上可以看到相邻的条状石膏板之间的缝隙都为 240 mm。

(3)天花上筒灯的种类和个数。从天花平面图上可知有两种筒灯，查阅它的个数可以得到。

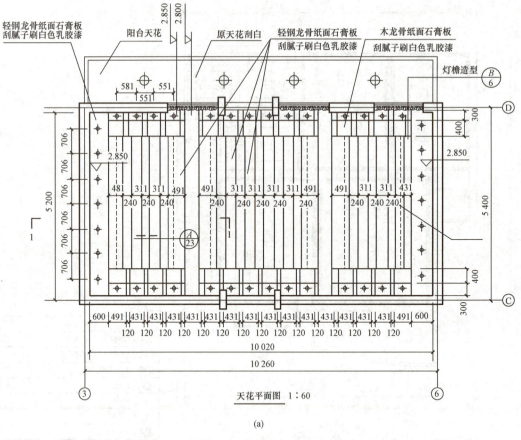

天花平面图 1:60

(a)

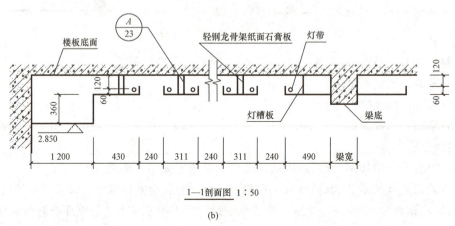

1—1剖面图 1:50

(b)

图 7-42 识读天花布置图

模型：识读天花
布置图——会议室天花

模型：识读天花
布置图——会议室天花剖面

【小链接】 阅读《泉州欣佳酒店坍塌》资料，感悟安全意识、责任担当。

小链接：泉州欣佳酒店坍塌

任务实施

1. 任务内容

本任务是绘制天花布置图，参考样例如图 7-43 所示。

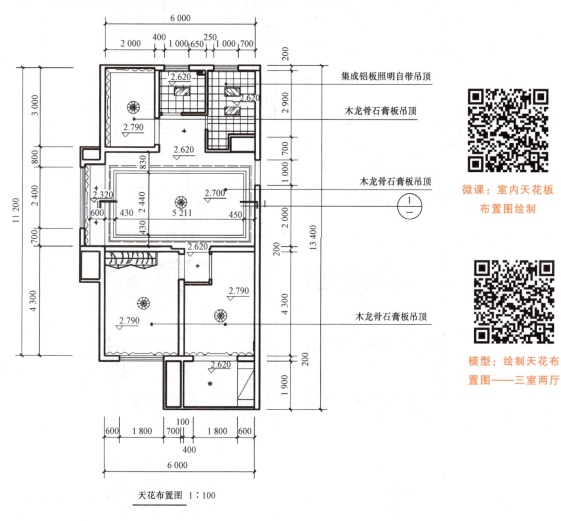

天花布置图 1:100

微课：室内天花板
布置图绘制

模型：绘制天花布
置图——三室两厅

图 7-43　绘制天花布置图

2. 任务要求

绘制天花布置图，如图 7-44 所示。

3. 操作提示

(1)准备工作：选图幅、定比例、固定图纸、削制铅笔等。

(2)绘制底稿(H 铅笔)：

1)布图、绘制墙体，如图 7-44(a)所示。

2)绘制门窗等构配件(门窗可以不画图例)，如图 7-44(b)所示。

3)绘制天花造型，如图 7-44(c)所示。

4)绘制灯具、天花上其他设备，如图 7-44(d)所示。

5)标注文字说明、标高、尺寸、引出说明、书写图名和比例等，如图 7-44(e)所示。

(3)检查加深：HB、2B 铅笔加深图线。加深图线，如图 7-44(f)所示。

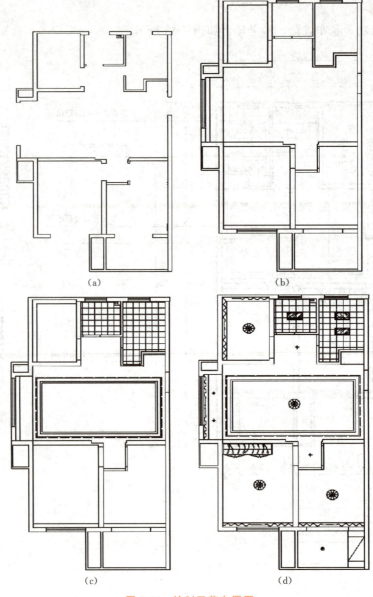

(a)　　　　　　　　(b)

(c)　　　　　　　　(d)

图 7-44　绘制天花布置图

(a)绘制墙体；(b)绘制门窗等构件；(c)绘制天花造型；(d)灯具、设备等

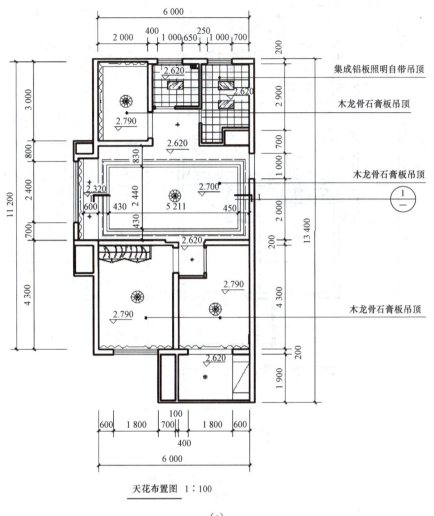

天花布置图 1:100

（e）

图 7-44 绘制天花布置图(续)

（e）标注文字说明、标高等

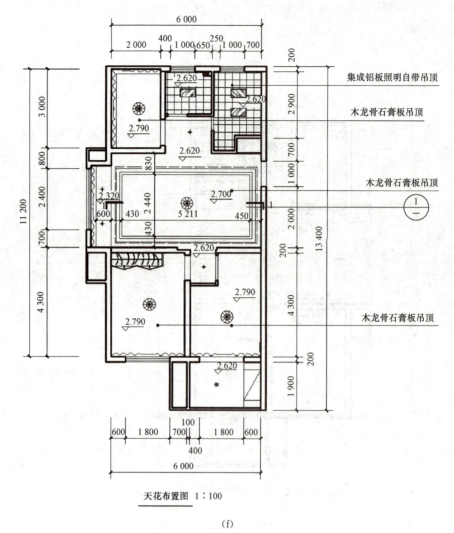

天花布置图 1:100

(f)

图 7-44 绘制天花布置图(续)

(f)检查加深

【小提示】 一般天花布置图绘图步骤:第一,布图;第二,底稿,绘制墙体、门窗;第三,绘制天花造型及天花灯具设备(接近天花的高柜也要绘出);第四,标注文字、尺寸等;第五,检查加深。

任务拓展

1. 天花布置图如何形成?
2. 天花布置图表达的内容有哪些?
3. 一般在天花布置图中,线型如何使用?

任务五　室内立面图绘制、识读

任务目标

1. 掌握立面图的识读与绘制方法。
2. 能够正确识读与绘制立面图。
3. 培养认真负责工作态度、安全意识、责任担当。

任务导入

　　室内墙立面的装饰装修对美化室内环境、营造氛围起着重要的作用，室内各立面的装饰结构形状及装饰物品的布置等内容主要采用立面图来表达。本任务学习室内立面图绘制、识读。

微课：任务导入

知识拓展

知识拓展：大国工匠——许纪平

知识准备

一、立面图概述

1. 立面图的形成

　　立面图是平行于室内某方向墙面的正投影图，如图 7-45 所示。立面图根据表达内容分为剖立面图和纯立面图。表达方式如图 7-46、图 7-47 所示。

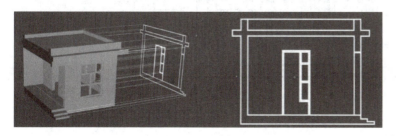

图 7-45　立面图形成

微课：室内立面图
绘制识读

2. 立面图的内容

立面图需要表达出实际空间看到的立面效果，如图 7-48 所示。立面图表达内容包含以下几个方面：

(1)粗实线绘制周边断面轮廓线，表达内墙面、地面、天花等轮廓及灯具的位置等。

(2)细实线绘制室内家具、陈设、壁挂等立面轮廓。

(3)标注该空间相关轴线、尺寸、标高和文字说明。

模型：立面图的形成

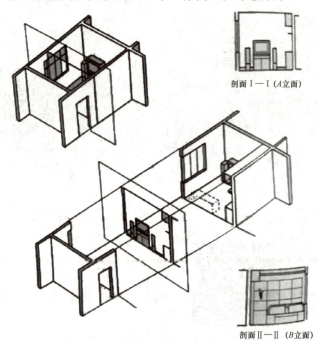

剖面Ⅰ—Ⅰ(A立面)

模型：立面图内容

剖面Ⅱ—Ⅱ(B立面)

图 7-46 剖立面

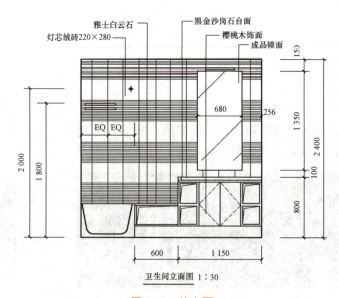

卫生间立面图 1∶30

图 7-47 纯立面

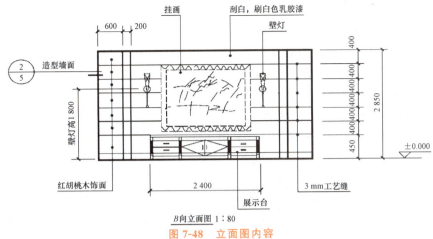

图 7-48 立面图内容

3. 立面图的作用

(1)根据立面图进行墙面装饰施工和墙面装饰物的布置。

(2)根据立面图购置灯具和其他设备。

■ 二、立面图识读 ·······

识读立面图，步骤如下：

(1)识读图名、比例。与装饰平面图对照，明确视图投影关系和视图位置。图名为主卧立面图，比例为 1∶50，如图 7-49、图 7-50 所示，由室内索引符号可知，卧室立面图表达位置。

(2)识读图形。与平面图进行对照识读，由左至右了解室内家具等立面造型，如图 7-49、图 7-50 所示。

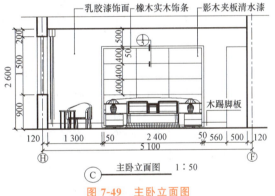

图 7-49　主卧立面图

(3)识读文字、尺寸标注。识读文字、尺寸标注、室内家具陈设等规格尺寸、位置尺寸、装饰材料、索引符号等，如图 7-49 所示。

(4)设想空间效果。在脑海中想象出其立面效果图的场景，完成了立面图识读，如图 7-51 所示。

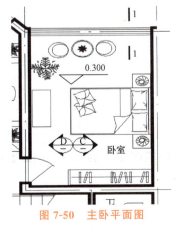

图 7-50　主卧平面图

图 7-51　主卧效果图

【例 7-11】 读会议室 A 向立面图，如图 7-52 所示，回答问题：

(1)A 向立面图是哪一面墙的立面图(东、南、西、北)？

(2)A 向立面图采用的比例为多大？

(3)从左至右，墙面有几扇窗？什么窗？

(4)有几扇门？双开还是单开门？

(5)墙面采用的饰面板为什么材料？

(6)屋内天花净高为多少？屋内地面标高为多少？

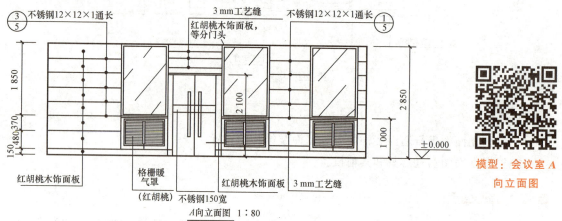

图 7-52　会议室 A 向立面图

案例分析：

(1)图名为 A 向立面图 1∶80(图 7-52)；在平面图上，找到 A 向室内立面索引符号，是看向北面的这道墙，A 向立面图是北面这面墙的立面图(图 7-53)。

(2)在图名处可以看到比例为 1∶80(图 7-52)。

(3)在立面图上从左至右，可知有三扇窗(图 7-52)；结合图例和引出说明可知这三扇窗为白色塑钢窗(图 7-53)。

(4)观看立面图结合平面图的图例，可知是一扇门，并且是双开门(图 7-52、图 7-53)。

(5)从立面图上引出说明，可以知道墙面采用的饰面板是红胡桃木饰面板(图 7-52)。

(6)从立面图标注可知净高为 2 850，地面标高可以看到，标高为±0.000(图 7-52)。

【例 7-12】 读会议室 B 向立面图，如图 7-54 所示，回答问题：

(1)B 向立面图是哪一面墙的立面图？(东、南、西、北)

(2)B 向立面图采用的比例为多大？

(3)从左至右，墙面有几盏壁灯？

(4)展示台的长和高各为多少？

(5)墙面采用的饰面板为什么材料？

(6)屋内天花净高为多少？屋内地面标高为多少？

案例分析：

(1)图名为 B 向立面图(图 7-54)；在平面图上，找到 B 向室内立面索引符号，是看向东面这道墙，因此，B 向立面图是东面这面墙的立面图(图 7-55)。

(2)在图名处可以看到比例为 1∶80(图 7-54)。

(3)在立面图上从左至右，可以看到有两盏壁灯(图 7-54)。

(4)从立面图上，可以看到展示台的长度为 2 400 mm、高度为 450 mm(图 7-54)。

(5)从立面图上引出说明，如图 7-54 所示，可以知道墙面采用的饰面板是红胡桃木饰面板。

(6)从立面图标注可知净高为 2 850 mm，地面标高可以看到，标高为±0.000 m(图 7-54)。

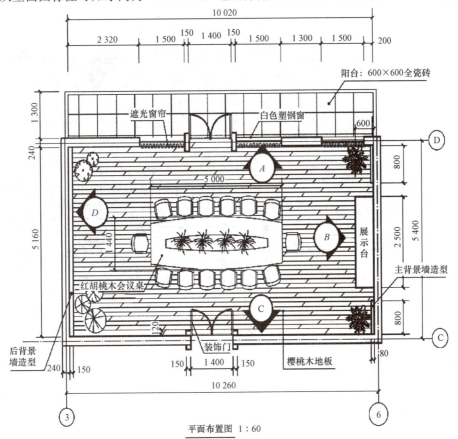

平面布置图 1:60

图 7-53 会议室平面图

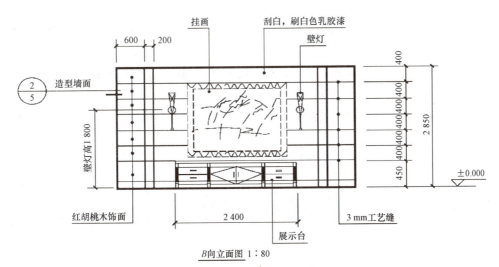

B 向立面图 1:80

图 7-54 会议室 B 向立面图

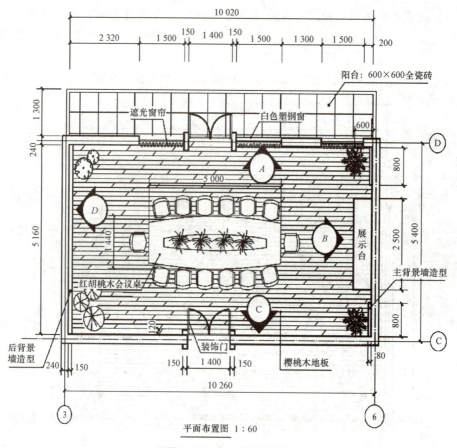

平面布置图 1:60

图 7-55　会议室平面图

■ 三、立面图绘制 ···

1. 绘制步骤

绘制立面图步骤如下：

(1)选定图幅，确定比例。结合平面图，取适当比例(常用1:100)，绘制建筑结构的轮廓，如图7-56(a)所示。

(2)绘制室内各种家具、设备，如床、柜、窗帘等，如图7-56(b)所示。

(3)标注装饰面材料、色彩，如图7-56(c)所示。

(4)标注相关尺寸，若须绘制详图，应标索引符号、图名、比例，如图7-56(d)所示。

绘制立面图注意事项如下：

(1)绘图时先打草稿，检查无误时再加深。

(2)避免多层尺寸标注，如果无法避免必须是小尺寸在内、大尺寸在外。

(3)线型明确。

(4)一张图避免绘制两个空间的施工图，目的是避免工人在进场施工时分割图纸。

(5)加深先细后粗。

2. 立面图参考线型

立面图线型使用如图7-57所示。

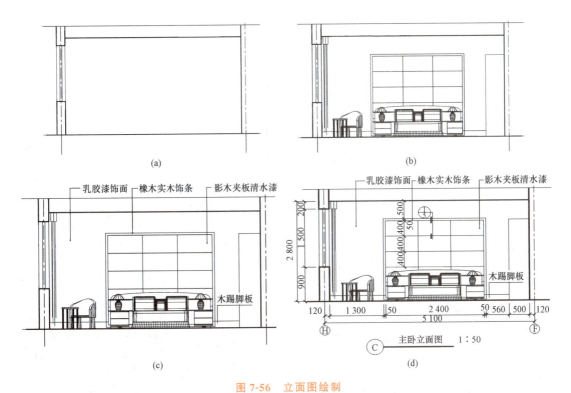

(a)   (b)

(c)   (d)

图 7-56　立 面 图 绘 制

(a)建筑结构轮廓；(b)绘制家具设备；(c)标注材料、色彩；(d)标注尺寸、图名等

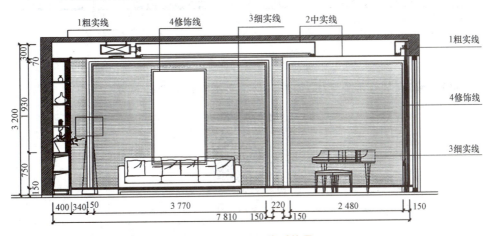

图 7-57　立面图线型使用

■ 四、展开立面图的识读与绘制 ·····································

内墙展开立面图是由一个图样了解一个房间所有墙面装饰内容，如图 7-58、图 7-59
所示。

(1)粗实线绘制连续的墙面外轮廓、面与面转折的阴角线、内墙面、地面、天花等的
轮廓。

(2)细实线绘制室内家具、陈设、壁挂等的立面轮廓。

(3)为了区别墙面位置，在图的两端和墙阴角处标注与平面图一致的轴线编号。

(4)标注与其相关的尺寸、标高和文字说明。

卧室平面图

图 7-58　卧室平面图

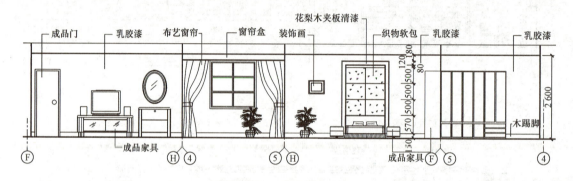

图 7-59　展开图

【小链接】 阅读《装修污染危害》资料，感悟安全意识、责任担当。

小链接：装修污染危害

任务实施

1. 任务内容

本任务是绘制立面图（图 7-60）。

微课：室内立面图绘制

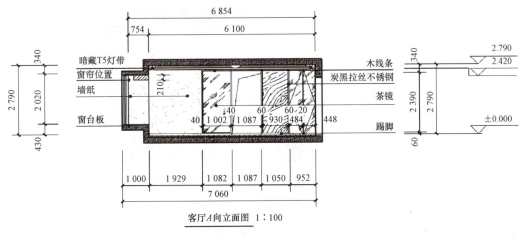

客厅A向立面图 1:100

图 7-60　绘制立面图

2. 任务要求

绘制立面图。

3. 操作提示

(1)准备工作:选图幅、定比例、固定图纸、削制铅笔。

(2)绘制底稿(H铅笔):

1)绘制建筑结构轮廓,如图7-61(a)所示。

2)绘制室内各种家具、设备、装饰等,如图7-61(b)所示。

3)标注装饰面材料、色彩,如图7-61(c)所示。

4)标注相关尺寸,标高、索引符号等,如图7-61(d)所示。

(3)检查加深:HB、2B铅笔加深图线。加深图线如图7-61(e)所示。

模型:绘制立面图——三室两厅

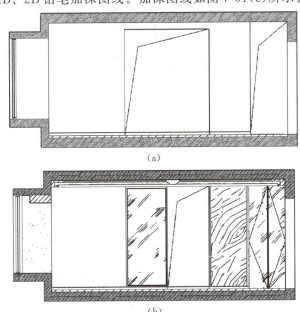

(a)

(b)

图 7-61　绘制立面图

(a)绘制建筑结构;(b)绘制家具、设备等

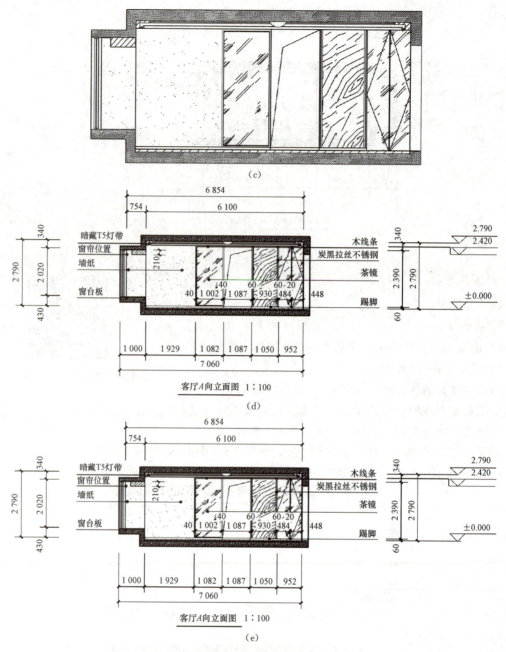

(c)

客厅A向立面图 1:100

(d)

客厅A向立面图 1:100

(e)

图 7-61 绘制立面图(续)

(c)材料;(d)标注尺寸,图名等;(e)检查加深

【小提示】 一般立面图绘图步骤:第一,布图;第二,底稿,绘制墙体、门窗;第三,绘制家具、设备、装饰、材料等;第四,标注文字、尺寸等;第五,检查加深。

▌▌ **任务拓展**

1. 立面图如何形成?

2. 立面图表达的内容有哪些?

3. 在立面图中,线型如何使用?

任务六　室内剖面图、详图绘制、识读

任务目标

1. 掌握剖面图、详图识读的方法和画法。
2. 能够正确识读与绘制剖面图、详图。
3. 培养爱岗敬业精神、责任担当。

任务导入

　　室内平面布置图、天花布置图、立面图大多采用较小的比例绘制，一些细部构造往往难以表达清楚。为解决此问题，需要放大比例画出在其他视觉图中难以表达清楚的部位，即详图。有时需要了解内部结构，如天花吊顶的做法，就需要把天花剖开后绘制剖面图。本任务即学习室内剖面图、详图绘制、识读。

微课：任务导入

知识拓展

知识拓展：大国工匠——抹灰状元祝平辉

知识准备

■ 一、室内剖面图绘制、识读 ···

1. 剖面图概述

　　(1)剖面图的形成。剖面图是将装饰面(或装饰体)整体剖开(或局部剖开)后，得到的反映内部装饰结构与饰面材料之间关系的正投影图，如图7-62、图7-63所示。

微课：室内剖面图绘制识读

　　(2)剖面图的内容。如图7-62所示，剖面图表达内容包含以下几个方面：

　　1)图形。

　　①剖到的建筑构件、装饰构件的基本结构和构造关系。

　　②剖切空间内可见实物的位置、形状。

③天花构造内容若另有详图或文字说明可以简单表示。

2）标注。

①主体结构、装修层次的有关尺寸、标高。

②引出说明装修结构与主体结构之间尺寸、连接方式。

③设备安装方式，装修构件名称、特殊工艺做法。

④索引符号引出节点详图表示不易表达的详细结构。

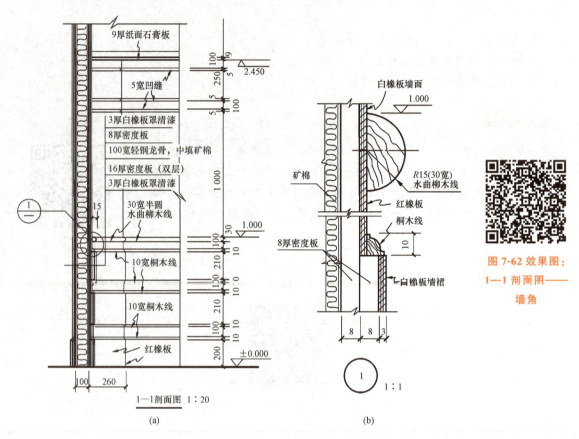

图 7-62 效果图：
1—1 剖面图——
墙角

图 7-62　墙身装饰剖面图

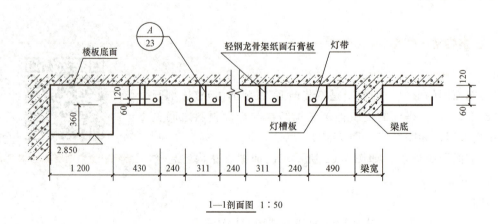

图 7-63　天花剖面图

230

(3)剖面图的分类。常见剖面图可分为以下三种：

1)墙身装饰剖面图，如图7-62所示。

2)天花剖面图，如图7-63所示。

3)局部剖面图。一般采用1：10～1：50的比例，有时，也画出主要轮廓、尺寸及做法。

2. 室内剖面图识读

(1)识读图名。对照装饰平面布置图、天花平面图、立面图，了解该剖面的剖切位置和剖视方向，找出相对应的剖切符号或节点编号，如图7-64(a)、(b)、(c)所示。

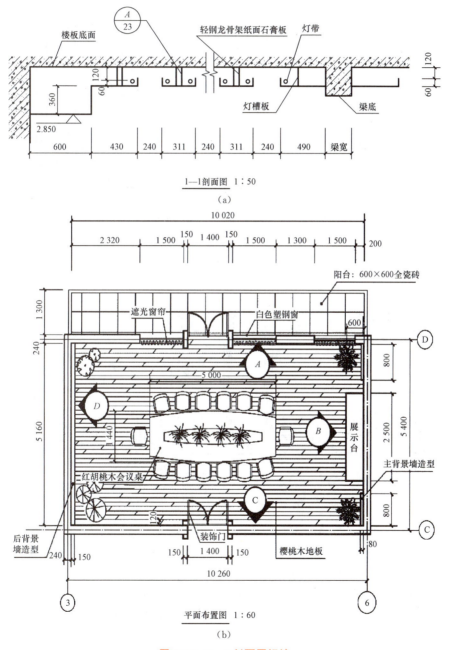

1—1剖面图 1：50

(a)

平面布置图 1：60

(b)

图7-64 1—1剖面图识读

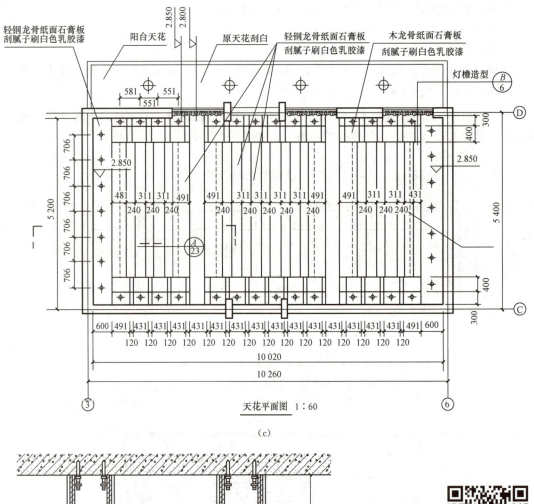

天花平面图 1:60

(c)

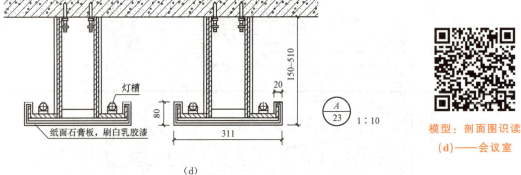

(d)

图7-64 1—1剖面图识读(续)

(2)识读图形和尺寸。分清建筑主体结构的图形和尺寸、装饰结构的图形和尺寸。明确装饰工程各部位的构造方法、构造尺寸、材料要求、工艺要求和细部做法,如图7-64(a)所示。

(3)识读索引,找到详图。识读立面图,找到索引符号,按照索引符号,找到详图,如图7-64(a)、(d)所示。

【例7-13】 识读客厅电视背景墙剖面图,如图7-65所示,回答问题:

(1)识读图名。

(2)识读图形和尺寸。

(3)识读索引,找到详图。

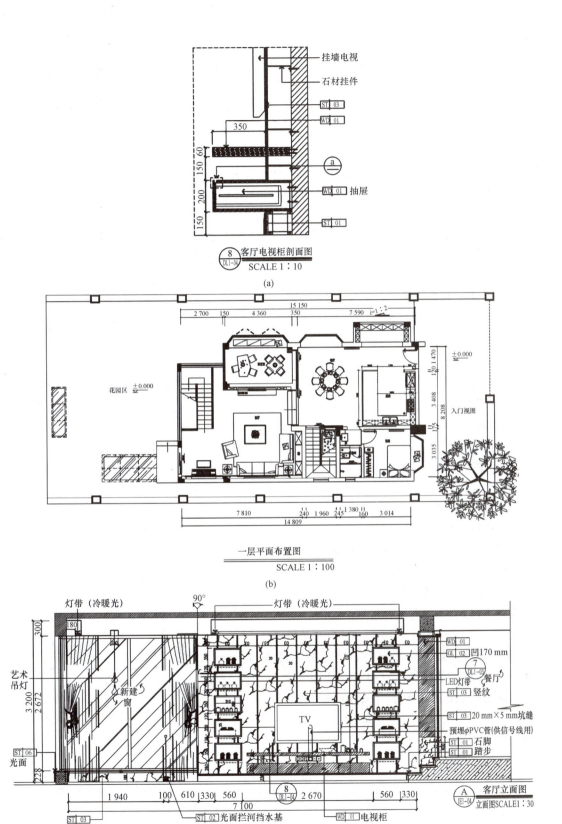

挂墙电视
石材挂件
ST 03
WD 01
350
60
150
150
200
200
a
WD 01 抽屉
150
ST 01

8
DL1-04 客厅电视柜剖面图
SCALE 1 : 10

(a)

15 150
2 700   150   4 360   350   7 590   1:2

花园区 ±0.000

120 1 470 ±0.000
3 408 入门视图
175
3 035

7 810   240 1 960 245 1 380 160   3 014
14 809

一层平面布置图
SCALE 1 : 100

(b)

灯带（冷暖光）   90°   灯带（冷暖光）

300   180   WD 01
艺术吊灯   GL 02 凹170 mm
3 200
2 672   新建窗   7
DL1-03 餐厅
                                            LED灯带
                                            ST 03 竖纹
                         TV   ST 03 20 mm×5 mm坑缝
                                            预埋φPVC管(供信号线用)
ST 06   石脚
光面   ST 01 踏步
228
1 940 100 610 330 560   8
DL1-04   2 670   560 330   A 客厅立面图
7 100   JE1-04 立面图SCALE1：30
ST 03   ST 02 光面拦河挡水基   WD 01 电视柜

(c)

图 7-65   识读客厅电视背景墙剖面图

案例分析：

（1）客厅电视柜剖面图，编号为 8，在 DL1-04 图纸上可以找到，如图 7-65（a）所示；电视柜在客厅背景墙的前方，找到客厅背景墙的立面图，如图 7-65（b）所示；电视柜剖切的位置及方向如图 7-65（c）所示。

（2）首先找到原建筑的墙体，沿着从里向外的顺序逐次识读，首先墙体上方有膨胀螺钉，将石材的挂件固定在墙体上、石材固定在石材挂件上，挂墙电视安装在石材上，依次往下，可以看到电视柜直接通过膨胀螺钉固定在墙体上，往下是木质的抽屉，它也是通过膨胀螺钉固定在墙体上，再往下是石材的背景墙和踢脚线，距地高度（电视柜距地高度为 150，抽屉的高度为 200），依次可以读出其余的尺寸，如图 7-65（a）所示。

（3）识读索引找到详图，完成剖面图的识读。

效果图：客厅电视背景墙
剖面图识读（c）
——客厅背景墙

3. 室内剖面图画法

绘制室内剖面图，如图 7-65（a）所示，步骤如下：

（1）绘制图形。

1）绘制剖面主体、装修构件构造层次轮廓。

2）绘制细部结构。

（2）标注注释。

1）标注装修构件尺寸，标高，图例、符号、详图索引符号、说明文字、图名、比例。

2）引出说明剖面层次构造、材料。

（3）检查并加深图线。

1）粗实线——剖切到建筑结构体轮廓。

2）中实线——装饰构造层次。

3）细实线——材料图例线及分层引出线。

【例 7-14】 绘制电视背景墙剖面图，如图 7-66 所示。

案例分析：首先绘制图形，将电视背景墙的图形轮廓和细部的结构绘制出来，如图 7-67（a）所示。其次标注注释，标注出尺寸，引出说明，如图 7-67（b）所示。最后检查加深，如图 7-67（c）所示。

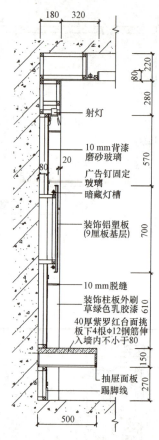

图 7-66　绘制电视背景墙剖面图

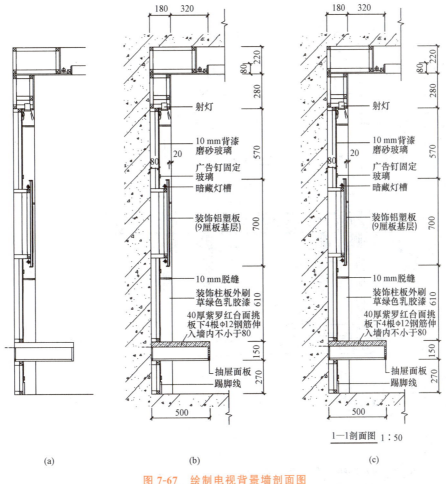

图 7-67　绘制电视背景墙剖面图

二、室内详图绘制、识读

1. 室内详图概述

(1)室内详图的形成。装饰平面图、天花图和内墙立面图中，有一些装饰内容仍然未表达清楚，根据情况，还需绘制详图。即放大比例画出在其他视觉图中难以表达清楚的部位，如图 7-68 所示。

(2)室内详图的分类。详图通常有剖面图详图、局部节点大样图。

1)剖面图详图：将装饰面整个或局部剖切，表达内部构造和装饰面与建筑结构相互关系的图样，如图 7-68(a)所示。

2)节点大样：将平面图、立面图和剖面图中未表达清楚的部分，以大比例绘制的图样，如图 7-68(b)所示。

2. 室内详图的识读

(1)识读图名，寻找联系。在平面图、立面图中找到相应的剖切符号或索引符号，弄清楚剖切、索引位置及投影方向，如图 7-69 所示。由图可知，详图比例为 1∶2，是从立面图中床头背景墙剖开向右看得到的。

微课：室内详图
绘制识读

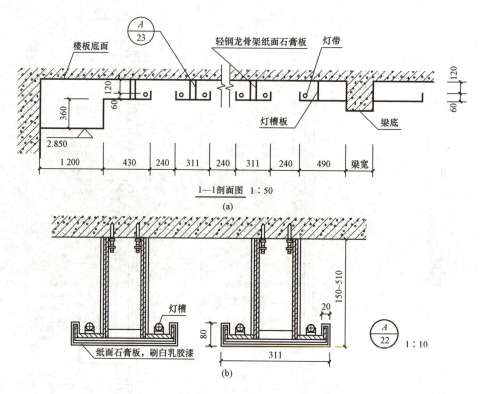

图 7-68　剖面图、详图

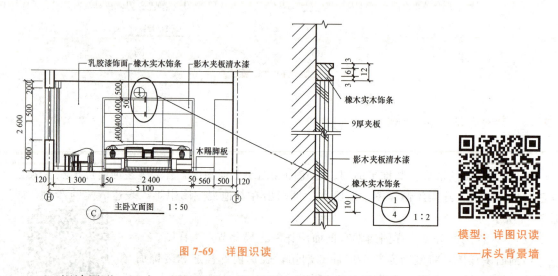

图 7-69　详图识读

模型：详图识读
——床头背景墙

　　(2)识读图形、尺寸。了解有关构件、配件和装饰面连接形式、材料、截面形状等内容，如图 7-69 所示。由详图可知，背景墙上方橡木实木饰条及其截面，中间影木夹板清水漆等及详细尺寸。

　　【例 7-15】　识读剖面图及节点详图。

　　案例分析：找到图名、比例，如图 7-70(a)所示；在立面图中找到索引符号，如图 7-70(b)所示，弄清楚索引位置及视图投影方向，由详图图名 A，可以在 1—1 剖面图中找到详图的索引符号，详图是天花在该位置的详图。

由详图可知，如图7-70(a)所示，可以反映灯带、纸面石膏板的构造、尺寸及与楼板的连接方式。

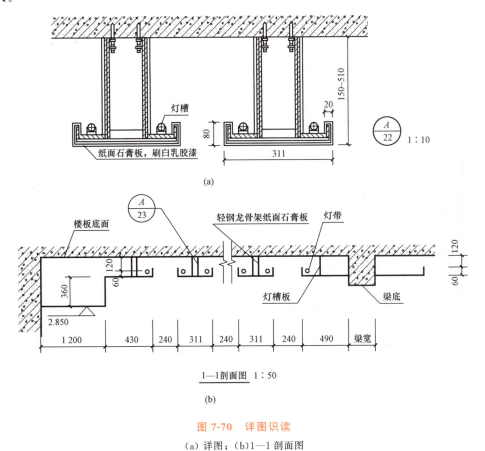

(a)

(b)

图 7-70 详图识读

(a)详图；(b)1—1剖面图

【例7-16】 识读剖面图及节点详图。

案例分析：如图7-71所示，找到图名、比例；在立面图中找到索引符号，如图7-71所示，弄清楚索引位置及视图投影方向，由详图图名1，可以在1—1剖面图中找到详图的索引符号，表明是该处的详细表示。

如图7-71所示，由详图可知，详图上可以看到水曲柳木线的截面形状、标高、隔断墙结构，桐木线白橡板墙裙等结构及其尺寸。

3.室内详图的画法

详图绘制步骤如下：

(1)取适当比例，根据物体尺寸绘制轮廓，如图7-72(a)所示。

(2)绘制细节，重要部分用粗、细线条区分，如图7-72(b)所示。

(3)绘制材料符号，如图7-72(c)所示。

(4)标注尺寸与文字说明，书写图名和比例，如图7-72(d)所示。

绘制详图注意事项如下：

(1)凡是剖到的建筑结构和材料的断面轮廓线以粗实线绘制，其余以细实线绘制。

(2)详细标注加工尺寸、材料名称及工程做法。

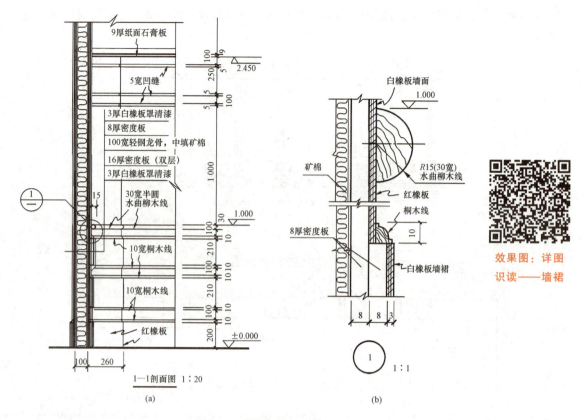

图 7-71 详图识读

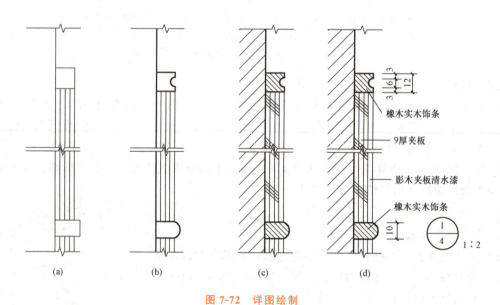

图 7-72 详图绘制

(a)轮廓；(b)区分；(c)材料；(d)标注尺寸、图名等

【小链接】 阅读《火灾事故》资料，感悟安全意识、责任担当。

小链接：火灾事故　　　微课：详图绘制

任务实施

1. 任务内容

本任务是识读剖面图并绘制详图，参考样例如图 7-73 所示。

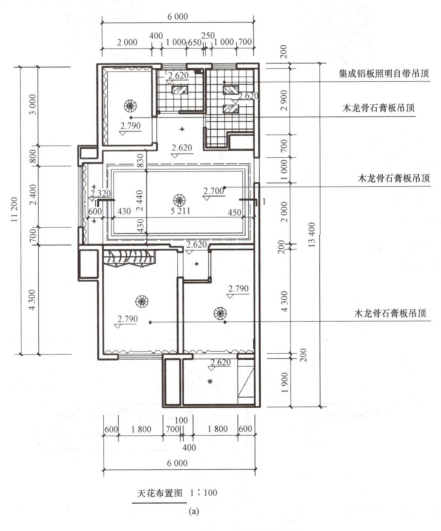

天花布置图　1∶100

(a)

图 7-73　识读剖面图并绘制详图

（a）天花布置图

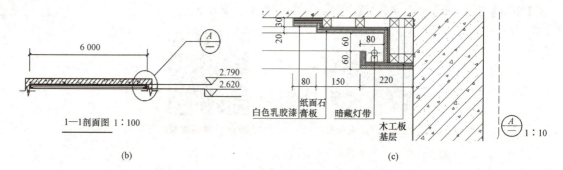

1—1剖面图 1:100

(b)

白色乳胶漆 纸面石膏板 暗藏灯带 木工板基层

(c)

图 7-73 识读剖面图并绘制详图(续)

(b)1—1剖面图；(c)详图

模型：识读剖面图并绘制详图

(b)1—1剖面图——三室两厅天花剖面图

模型：识读剖面图并绘制详图

(c)详图——三室两厅天花剖面详图

2. 任务要求

(1)识读剖面图、节点大样图，如图 7-73(b)所示。

(2)抄绘节点大样图，如图 7-73(c)所示。

3. 操作提示

(1)准备工作：

1)确定图幅、比例、固定图纸、削制铅笔等。

2)识读图形等。

(2)绘制底稿(H 铅笔)：

1)绘制结构轮廓，如图 7-74(a)所示。

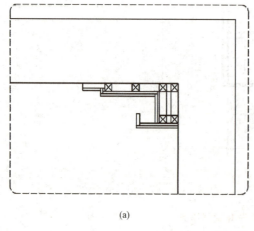

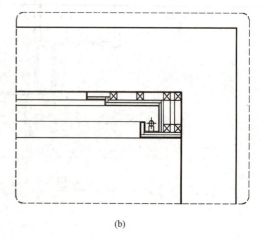

(a)

(b)

图 7-74 绘制详图

(a)结构轮廓；(b)细节区分

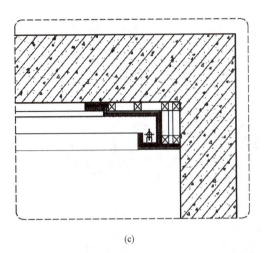

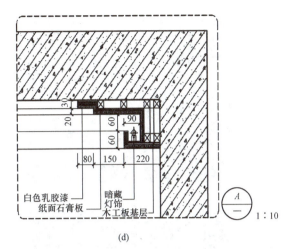

(c)   (d)

图 7-74   绘制详图(续)

(c)材料；(d)标注

2)绘制细节，用粗线区分，如图 7-74(b)所示。

3)绘制材料符号，如图 7-74(c)所示。

4)尺寸与文字说明，书写图名和比例等，如图 7-74(d)所示。

(3)检查加深：HB、2B 铅笔加深图线。

【小提示】 一般详图绘图步骤：第一，布图；第二，底稿，绘制结构；第三，绘制细节等；第四，标注文字、尺寸等；第五，检查加深。

任务拓展

1. 详图的作用是什么？

2. 详图的识图方法是什么？

3. 一般在详图中，线型如何使用？

项目总结

    本项目通过完成制图符号及图例绘制、室内平面布置图绘制、室内地面布置图绘制、室内天花布置图绘制、室内立面图绘制、识读剖面图并绘制详图六项任务，学习了符号和图例，室内装饰工程图的形成、识读、绘制等内容；通过学习，同学们可以达到正确识读绘制室内装饰工程图的水平。

测验：室内装饰工程图绘制检测

项目实训

实训：(20 分)依据效果图，如图 7-75 所示，填图绘制平面布置图。

任务要求：按照效果图，填图绘制平面布置图，如图 7-76 所示。

填图：绘制客厅、餐厅、主卧、次卧平面布置图(家具等未说明尺寸自定)。

(a)

(b)

(c)

(d)

图 7-75　效果图

(a)餐厅；(b)客厅；(c)主卧；(d)次卧

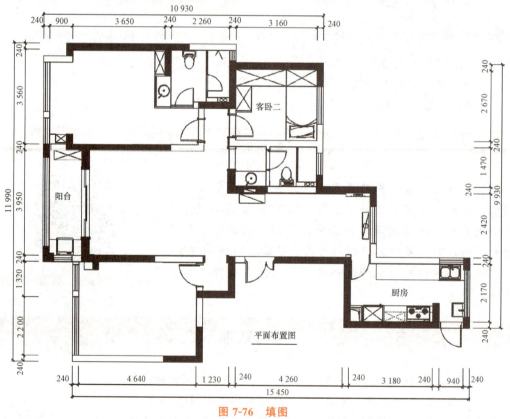

图 7-76　填图

项目八　房屋构造详图

知识图谱

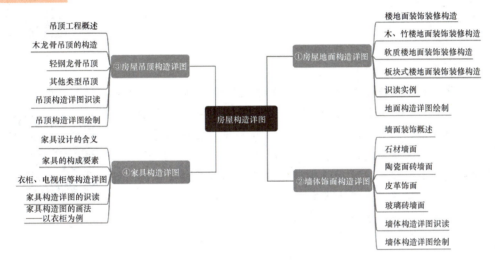

知识图谱内容：

③房屋吊顶构造详图
- 吊顶工程概述
- 木龙骨吊顶的构造
- 轻钢龙骨吊顶
- 其他类型吊顶
- 吊顶构造详图识读
- 吊顶构造详图绘制

④家具构造详图
- 家具设计的含义
- 家具的构成要素
- 衣柜、电视柜等构造详图
- 家具构造详图的识读
- 家具构造图的画法——以衣柜为例

房屋构造详图

①房屋地面构造详图
- 楼地面装饰装修构造
- 木、竹楼地面装饰装修构造
- 软质楼地面装饰装修构造
- 板块式楼地面装饰装修构造
- 识读实例
- 地面构造详图绘制

②墙体饰面构造详图
- 墙面装饰概述
- 石材墙面
- 陶瓷面砖墙面
- 皮革饰面
- 玻璃砖墙面
- 墙体构造详图识读
- 墙体构造详图绘制

学习目标

1. 了解房屋构造详图的特点和主要内容。
2. 掌握房屋构造详图的读图技能，读懂各类房屋构造详图。
3. 能够初步应用建筑制图相应标准绘制各类房屋构造详图。

学习重点

1. 正确识读及绘制房屋地面构造详图。
2. 正确识读及绘制房屋墙体构造详图。
3. 正确识读及绘制房屋吊顶构造详图。
4. 正确识读及绘制家具面构造详图。

微课：项目导入

学习指南

在进行本项目的学习时，建议参考以下方法：

1. 回顾项目七的重点知识，熟练掌握制图符号及图例的使用，正确识读室内设计制图。

2. 观看视频，重点理解室内设计构造详图的形成及绘制过程。

3. 观看模型及微课视频，掌握室内设计构造详图的绘图技能，并根据任务实施，提升实操能力。

任务一　房屋地面构造详图

任务目标

1. 了解楼地面工程设计要求；掌握各类楼地面构造要求及构造详图的识读及绘制方法。
2. 能够正确识读与绘制楼地面构造详图。
3. 养成严谨务实的工作态度，具备团队合作精神。

微课：任务导入

任务导入

室内装饰工程详图是以较大比例绘制的能表明在平面图、立面图、剖面图中无法表达的部位的详细图样。室内装饰工程详图涉及的内容非常广泛，数量很大。它是平面图、立面图、剖面图的深入和补充，更是指导装修施工的重要依据。室内装饰工程详图与建筑详图表现方法相同。常见的室内装饰工程详图有地面构造装修详图、墙体构造装修详图、吊顶构造装修详图、隔断装修构造详图及家具构造详图。

微课：房屋地面构造详图

绘制地面构造装修详图时，若地面（坪）做有花饰或图案，则应绘出地面花饰平面图，并标出相应的材料与尺寸。对地面的构造则应用断面图标明，用分层注解方式标明。

知识拓展

知识拓展：建筑业巨头
——唐大权

知识拓展：青年强则国家强

知识拓展：上海市劳动模范
——何小玲

知识准备

■ 一、楼地面装饰装修构造

1. 定义

楼地面装饰装修构造是指建筑物楼层与地坪层的面层构造。

楼地面构造基本上可分为基层和面层两个主要部分。有时，为了满足找平、结合、防水、防潮、弹性、保温隔热及管线敷设等功能上的要求，在基层和面层之间还要增加相应的附加构造层，又称为中间层。

2. 楼地面饰面的功能

（1）保护支承结构物。保护楼板或地坪是楼地面饰面应满足的基本要求。楼地面的饰面层可以起到耐磨的作用。

（2）保证正常使用要求。因房屋的使用性质不同，对房屋楼地面的要求也不同。一般要求坚固、耐磨、平整、不易起灰和易于清洁等。对于人们居住和长时间停留的房间，要求面层有较好的蓄热性和弹性；对于厨房、卫生间等房间，则要求耐水和耐火等。

3. 设计要求

（1）隔声要求，满足坚固、耐久性。隔声包括隔绝空气传声和隔绝固体传声两个方面：空气传声的隔绝方法，首先是避免地面裂缝、孔洞，其次是可增加楼板层的堆积密度或采用层叠结构。固体传声的隔绝方法，首先是防止在楼板产生太多的冲击能量，可利用富有弹性的材料作面层（即弹性地面），如橡皮、地毯、软木砖等，使其吸收一定冲击能量；其次是在结构或构造上采用间断的方式来隔绝固体传声，如浮筑层或夹心地面。

（2）满足安全性及防水防潮要求。对于一些特别潮湿的房间，如卫生间、浴室、厨房等，要处理好防潮、防水问题，通常是设置具有防水性能的各种铺面，如水磨石、马赛克等。

（3）满足舒适感及热工要求。从材料特性的角度考虑，水磨石地面、大理石地面等热传导性能较高，而木地面、塑料地面热传导性能低。从满足人们的卫生和舒适度角度出发，对于起居室、卧室等地面，不宜采用蓄热系数过小的材料，避免冬季使人感觉不舒服。在采暖或空调建筑中，当上下两层温度不同时，应在楼面垫层中放置保温材料，以减少能量损失。

（4）满足装饰性要求。楼地面装饰应从整体上与天花及墙面的装饰呼应，巧妙处理界面，以便产生优美的空间序列感；楼地面的装饰应与空间的实用技能紧密联系，如室内走道线的标志具有视觉诱导功能；楼地面饰面材料的质感可与环境共同构成统一、对比的关系；楼地面的图案和色彩的设计运用，能够起到烘托室内环境气氛与风格的作用。

■ 二、木、竹楼地面装饰装修构造

1. 定义

木楼地面是由木地板、竹地板、软木地板等铺钉或胶合而成的楼地面面层。木楼地面具有良好的弹性、蓄热性和接触感，不起灰，易清洁；纹理优美、清晰，能获得纯朴、自然的美感，具有良好的装饰效果，但耐火性能差，潮湿环境下易腐蚀、产生裂缝和翘曲变形现象。

2. 特点及适用范围

特点：具有无毒、无污染、热导系数小、绝缘性好、有弹性、足感好、纹理色泽自然优美、质感舒适等特点。

适用范围：木楼地面一般适用于有较高的清洁和弹性使用要求的场所，如比较高级的住宅、宾馆、剧院舞台、精密机床间等。

3. 类型

根据材质不同，木地板一般可分为普通纯木地板、复合木地板、软木地板。

（1）有地垄墙−高架式木、竹地面构造组成。有地垄墙−高架式木、竹地面构造组成如图 8-1 所示。

（2）空铺式木、竹地面构造组成。空铺式木楼地面用于面层与基层距离较大的场合，需要用地垄墙、砖墩或钢木支架的支撑才能达到设计要求的标高。在建筑的首层，为减少回填土方量，或者为便于管道设备的架设和维修，需要一定的敷设空间时，通常考虑采用架空式木地面。由于支撑木地面的格栅架空搁置，使其能够保持干燥，防止腐烂损坏。空铺式木、竹地面构造组成如图 8-2 所示，是在结构层找平的基础上，固定木格栅，然后将木、竹面层地板铺钉在格栅上。

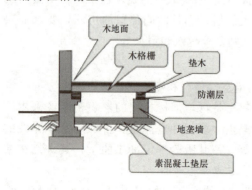

图 8-1　楼地面剖面图示意

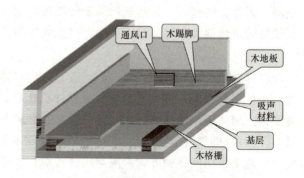

图 8-2　楼空铺式木、竹楼地面剖面图示意

（3）实铺式木地面构造。实铺式木地面又称悬浮式木地面，是将强化复合木地板、竹木复合地板、软木复合地板等直接铺装于结构层的构造做法。

不再需要用地垄墙等架空支撑，构造比较简单，适合地面标高已经达到设计要求的场合，如图 8-3 所示。

（4）粘贴式木、竹楼地面构造。粘贴式木楼地面是在结构层（钢筋混凝土楼板或底层素混凝土）上做好找平层，再用粘结材料将各种木板直接粘贴而成，具有构造简单、占空间高度小、经济等优点。

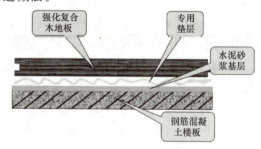

图 8-3　实铺式木地面构造

粘贴式木楼地面的基层一般是水泥砂浆或混凝土，为便于粘贴木地板，要求基层具有足够的强度和适宜的平整度，表面无浮尘、浮渣。胶结材料可采用胶粘剂或沥青胶结材料。目前应用较多的胶粘剂有合成橡胶溶剂型、氯丁橡胶型、环氧树脂型、果氨脂及聚醋酸乙烯乳液等，如图 8-4 所示。

（5）木地板楼地面材料展示。生活中常用木地板楼地面材料有长条木地板楼地面、拼花木地板楼地面、木地板楼地面、竹地板楼地面、软木地板楼地面等，如图 8-5 所示。

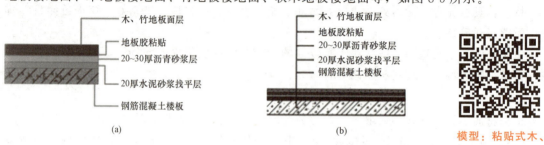

(a)　　　　　　　　　(b)

图 8-4　粘贴式木、竹楼地面构造

模型：粘贴式木、
竹楼地面构造

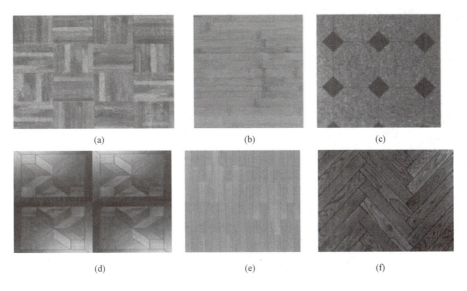

(a)　　　　　　　　(b)　　　　　　　　(c)

(d)　　　　　　　　(e)　　　　　　　　(f)

图 8-5　木地板楼地面材料

■ 三、软质楼地面装饰装修构造

1. 塑料地板

塑料地面具有脚感舒适、易于清洁、美观、吸水性较小、绝缘性好、耐磨等优点。产品有高中低三个档次，为不同装饰标准提供了选择空间。塑料地面适用于办公室、住宅及有抗腐蚀、抗静电要求的楼地面，如图 8-6 所示。

（1）塑料地板地面要求。塑料地板应满足板块和卷材的品种、规格、颜色、等级；应符合设计要求和现行国家标准的规定；应有出厂合格证。块材板面应平整、光洁，色泽均匀、厚薄一致、边缘顺直、密实无气孔、无裂纹，板内不允许有杂质和气泡。

（2）塑料地板基本构造。塑料地板基本构造如图 8-7 所示。

图 8-6　塑料地板

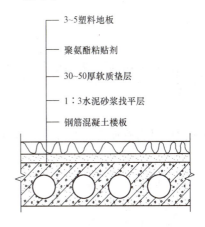

3~5塑料地板

聚氨酯粘贴剂

30~50厚软质垫层

1∶3水泥砂浆找平层

钢筋混凝土楼板

图 8-7　塑料地板地面构造示意

2. 地毯地面施工

地毯是一种高级地面装饰材料，地毯楼地面具有吸声、隔声、弹性、保温性能好、脚感舒适等特点。地毯色彩图案丰富，本身就是工艺品，能给人以华丽、高雅的感觉。一般，地毯具有较好的装饰和实用效果，而且施工、更换简单方便，适用于展览馆、疗养院、实验室、游泳馆、运动场地，以及其他重要建筑空间的地面装饰。

（1）地毯的类型及要求。

1）纯毛地毯。

2）混纺地毯。

3）化纤地毯。

4）地毯及衬垫品种、规格、颜色、花色及其材质必须符合设计要求和现行国家地毯产品标准的规定。地毯的阻燃性应符合现行国家标准的防火等级要求。

模型：塑料地板
地面构造示意图

（2）地毯地面的基本构造。如图 8-8 所示为两种地毯地面的构造：第一种是固定式铺贴；第二种是活动式铺贴。固定式铺贴是在原来的结构层的基础上依次做找平、衬垫、铺地毯；活动式铺贴是在楼层结构层的基础上做找平、铺地毯。

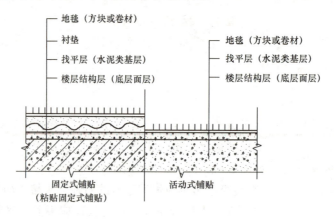

图 8-8　地毯面层构造

■ 四、板块式楼地面装饰装修构造

1. 定义

板块式楼地面装饰装修是指采用生产厂家定型生产的板块材料，在施工现场铺设和黏结的楼地面面层。

2. 面层材料

板块面层材料有地砖、石材板、料石、塑料板、镭射玻璃板和活动地板等。

3. 基本构造层次

板块式楼地面基本构造层次如图 8-9 所示。

4. 各类板块面层类型

板块式楼地面的分类主要包括陶瓷地砖面层、石板材面层、镭射玻璃板面层和橡胶板面层。

5. 块材式楼地面构造做法

块材式楼地面构造做法如图 8-10 所示，主要包括以下几项：

（1）基层上洒水润湿。

（2）刷一层素水泥浆。

（3）20～30 mm 厚 1：3 干硬性水泥砂浆找平。

（4）铺贴石材。

（5）用橡胶锤锤击。

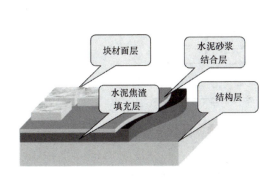

图 8-9 板块式楼地面基本构造层次

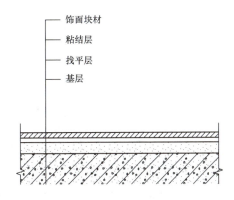

图 8-10 块材式楼地面构造做法

6．不同材料板块式楼地面构造做法

（1）地砖地面。地面砖楼地面构造如图 8-11 所示。

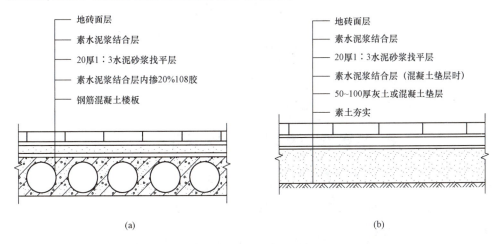

(a)　　　　　　　　　　　　　　　(b)

图 8-11 地面砖楼地面构造

（a）楼地面；（b）地面

（2）大理石、花岗石地面。大理石、花岗石广泛应用于宾馆的大堂、商场、娱乐、银行、候机厅等公共场所。

大理石、花岗石质地坚硬，耐磨耐久性好，外观大方稳重，高贵豪华。但也存在容重大、传热快、易产生冲击噪声等缺点，且价格高昂。大理石、花岗石地面构造如图 8-12 所示。

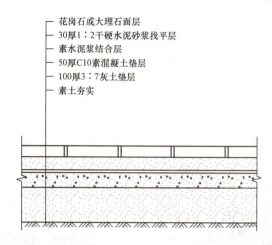

花岗石或大理石面层
30厚1:2干硬水泥砂浆找平层
素水泥浆结合层
50厚C10素混凝土垫层
100厚3:7灰土垫层
素土夯实

图 8-12 大理石、花岗石地面构造

■ 五、识读实例 ···

识读某地面铺设构造详图，如图 8-13 所示，回答问题。

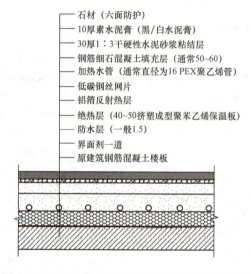

石材（六面防护）
10厚素水泥膏（黑/白水泥膏）
30厚1:3干硬性水泥砂浆粘结层
钢筋细石混凝土填充层（通常50~60）
加热水管（通常直径为16 PEX聚乙烯管）
低碳钢丝网片
铝箔反射热层
绝热层（40~50挤塑成型聚苯乙烯保温板）
防水层（一般1.5）
界面剂一道
原建筑钢筋混凝土楼板

图 8-13 石材楼地面(有地暖无防水)构造详图

(1)图名、楼地面形式是什么？

(2)构造层次有哪些？

通过识读该构造详图可得到：

(1)识读图名为石材楼地面(有地暖无防水)构造详图。

(2)构造层次从上往下依次为：

1)石材(六面防护)。

2)10 mm 厚素水泥膏(黑/白水泥膏)。

3)30 mm 厚 1:3 干硬性水泥砂浆粘结层。

4)钢筋细石混凝土填充层(通常 50～60 mm)。

5)加热水管(通常直径为 16 mmPEX 聚乙烯管)。

6）低碳钢丝网片。

7）铝箔反射热层。

8）绝热层（40～50 mm 挤塑成型聚苯乙烯保温板）。

9）防水层（一般 1.5 mm）。

10）界面剂一道。

11）原建筑钢筋混凝土楼板。

■ 六、地面构造详图绘制 ·······

试绘制木地板铺设构造详图。

(1)按照楼构造材料绘制轮廓线，如图 8-14(a)所示。

(2)按照不同材料填充轮廓线，如图 8-14(b)所示。

(3)画引出符号，注明文字说明。

(4)检查无误，擦去多余线条，加深轮廓线，如图 8-14(c)所示。

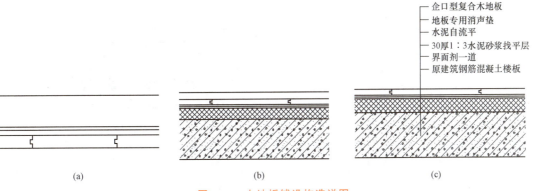

— 企口型复合木地板
— 地板专用消声垫
— 水泥自流平
— 30厚1：3水泥砂浆找平层
— 界面剂一道
— 原建筑钢筋混凝土楼板

(a)　　　　(b)　　　　(c)

图 8-14　木地板铺设构造详图

任务实施

1. 任务内容

本任务为自选两室一厅住宅或办公空间进行地面铺装设计，绘制出其分层构造详图，参考样例如图 8-15 所示。

微课：房屋地面
构造详图的绘制

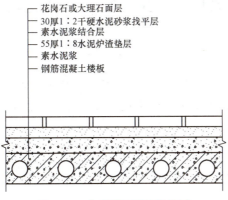

— 花岗石或大理石面层
— 30厚1：2干硬水泥砂浆找平层
— 素水泥浆结合层
— 55厚1：8水泥炉渣垫层
— 素水泥浆
— 钢筋混凝土楼板

图 8-15　大理石面层构造详图

2. 任务要求

(1)设计内容：自选两室一厅住宅或办公空间进行地面铺装设计，绘制出其分层构造详图。

(2)绘图工具：使用绘图工具设计。

(3)图纸规格：A3 图纸。

3. 操作提示

(1)准备工作：

1)选比例、定图幅；

2)固定图纸、削制铅笔等。

(2)绘制底稿(H 铅笔)：

1)按照构造材料绘制轮廓线，如图 8-16(a)所示。

2)按照不同材料填充轮廓线，如图 8-16(b)所示。

3)画引出符号，注明文字说明，如图 8-16(c)所示。

(3)检查加深(HB、2B 铅笔)：检查无误，擦去多余的线条，加深轮廓线，如图 8-16(d)所示。

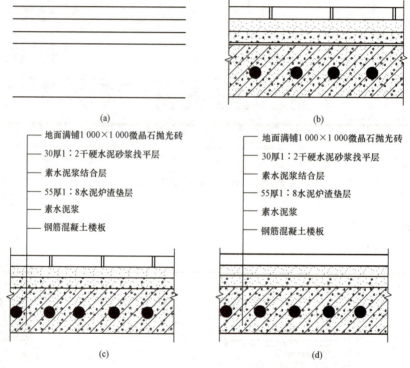

图 8-16　楼地面构造详图绘制步骤

【小提示】　在选取绘图比例时尽量根据图幅大小，选择合适比例，保证构造详图绘制清晰、大小布置适宜，在绘图时用 H 铅笔或 HB 铅笔，加深时用 2B 铅笔，注意保持图面干净、整洁。

任务拓展

1. 各类地面构造的使用对象是什么？

2. 木地板的构造层次有哪几种？

3. 了解并记录马赛克的品种和价格。

任务二 墙体饰面构造详图

任务目标

1. 了解墙面装饰的功能、分类，掌握各类墙面构造详图的识读及画法。
2. 能够正确识读与绘制墙面构造详图。
3. 养成严谨、务实的工作态度，具备团队合作精神。

任务导入

一般，进行软包装或硬包装的墙面需绘制装修详图。墙面装修详图通常包括墙体装修立面图和墙体断面图。

微课：任务导入

知识拓展

知识拓展：劳模左园忠

知识准备

地面铺装设计及分层构造详图的绘制，需要掌握墙面装饰概述、石材墙面、陶瓷面砖墙面、皮革饰面、玻璃砖墙面、墙体构造详图识读实例分析，以及墙体构造详图绘制等知识点，下面将从以上七个方面予以介绍。

■ 一、墙面装饰概述

1. 墙面装饰的基本功能

墙面装饰可用于装饰一般的住宅、商店、学校、库房办公楼等内外墙装饰。其主要功能是装饰美化建筑物。

墙面装饰的主要目的是保护墙体，增强墙体的坚固性、耐久性，延长墙体的使用年限，改善墙体的使用功能，提高墙体的保温、隔热和隔声能力，提高建筑的艺术效果，美化环境，如图 8-17 所示。

图 8-17　墙体装饰效果图

微课：墙体饰面
构造详图

2. 墙面装饰分类

按装饰效果不同，墙面装饰可分为以下几项：

(1)抹灰类墙体饰面。

(2)贴面类墙体饰面。

(3)涂刷类墙体饰面。

(4)镶板(材)类墙体饰面。

(5)卷材类内墙饰面。

(6)其他材料类，如玻璃幕墙等。

■ 二、石材墙面

1. 分类

大理石饰面板材的安装方法有湿法挂贴(贴挂整体法构造)、干挂固定(钩挂件固定构造)等构造方法。

2. 大理石饰面构造详图

(1)湿法挂贴。湿法挂贴主要施工工艺流程为基层处理、弹线、分块、焊接和绑扎钢丝网、饰面板钻孔、剔槽、挂丝、饰面板安装、临时固定、灌浆、清理嵌缝。

一般情况下，在墙体施工时候，钢筋预埋件便预埋到墙体中，后期会在预埋件中架设竖直方向的钢筋，然后再设置横向钢筋，形成钢筋网，之后将大理石面层背面剔槽，在上面挂丝，将大理石面层绑扎到钢筋网上，最后灌浆、清理、灌缝，就形成了大理石墙面，如图 8-18 所示。

首先识读图 8-19，大理石墙面构造详图，在原先混凝土墙体基础上，预埋有直径为 10 mm、间距为 600 mm 的钢筋，在预埋钢筋的基础上，设置了直径为 10 mm 的水平预埋筋和直径为 10 mm 的垂直预埋筋，形成钢筋网。在 20 mm 厚的花岗石的背后剔槽、穿孔，将花岗石绑扎到预埋钢筋网上，之后用水泥砂浆嵌缝，用水泥石粉浆加色勾缝，形成大理石墙面。

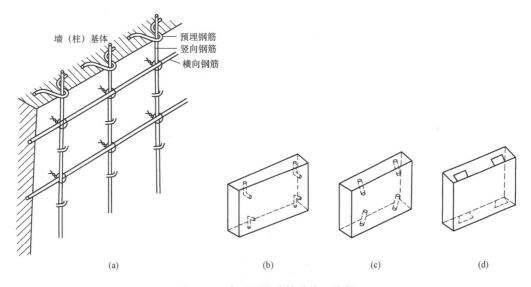

图 8-18　大理石湿法挂贴施工流程

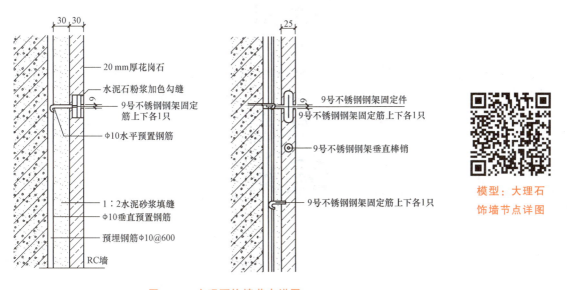

图 8-19　大理石饰墙节点详图

模型：大理石
饰墙节点详图

（2）干挂固定。干挂固定是在基层上按板材高度固定金属锚固件，在板材上下沿开槽口，将金属扣件插入板材上下槽口与锚固件连接，在板材表面嵌缝中填嵌防水油膏。

湿挂法施工工艺流程：基层处理→弹线、分块→焊接或绑扎钢丝网→饰面板钻孔、剔槽、挂丝→饰面板安装→临时固定→灌浆→清理→嵌缝。

石材干挂做法构造详图如图 8-20 所示。

首先用 M12 膨胀螺栓，将镀锌钢板、槽钢及镀锌角钢固定到原来的钢筋混凝土墙体中，在石材的背面设置不锈钢挂件，通过 M10 的螺栓将不锈钢挂件与槽钢相连接，形成大理石墙面。

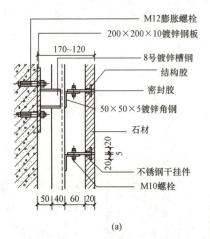

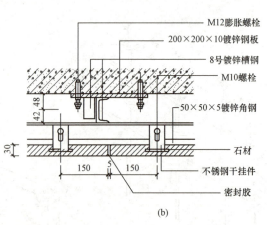

图 8-20　石材干挂做法

模型：石材干挂做法

【小链接】　阅读《能人荟聚，争当"状元"！》资料，了解鲁班故事，通过学习古代劳动人民勤劳智慧的象征人物鲁班，坚定民族自信、文化自信，弘扬工匠精神。

小链接：能人荟聚，争当"状元"！

三、陶瓷面砖墙面

1. 分类

陶瓷面砖墙面可分为以下几类：

(1)釉面砖。

(2)墙地砖。

(3)马赛克。

1)陶瓷马赛克。

2)玻璃马赛克。

图 8-21 所示为陶瓷面砖墙面效果图。

2. 构造详图

图 8-22 所示为陶瓷马赛克面砖构造详图。

在原来钢筋混凝土墙面的基础上，先做了混合界面剂，然后做了 12 mm 厚的 1∶0.2∶3

水泥砂浆找平，然后做刮毛处理，再做 6 mm 厚 1∶0.2∶3 水泥砂浆找平，再做刮毛处理，刷素水泥浆一道，然后做马赛克背网，最后贴陶瓷马赛克。图 8-22(a) 和 (b) 的区别是图 (b) 中加了一层 JS 防水层。

图 8-21 陶瓷面砖墙面效果图

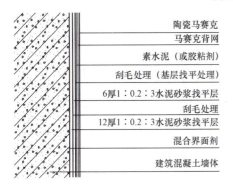

(a)

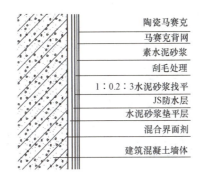

(b)

模型：陶瓷马赛克面砖构造详图

图 8-22 陶瓷马赛克面砖构造详图

■ 四、皮革饰面 ···

1. 层次构造

皮革饰面的构造层次一般为：在墙体中预埋木砖；20 mm 厚水泥砂浆找平；刷冷底子油一道；一毡二油防潮层；钉立木墙筋网；铺钉衬板；裱贴锦缎或包皮革、人造革。

2. 皮革与人造革饰面构造详图

皮革与人造革饰面构造详图如图 8-23 所示。

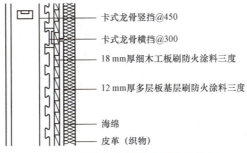

图 8-23 皮革与人造革饰面构造详图

1. 玻璃砖墙面的分类

建筑用玻璃按加工工艺的不同可分为平板玻璃、压延玻璃和工业技术玻璃，用于饰面主要是平板玻璃。

2. 玻璃砖墙面的构造详图

观察图 8-24 所示的构造详图，可以得到如下结论：

(1)直接粘贴式玻璃墙面在生活中常用到两种类型：一种是设置了一定倾斜角度的，如图 8-24(a)所示；另一种是垂直的，如图 8-24(b)所示。

(2)玻璃与玻璃之间的缝隙的处理有三种[图 8-24(c)]：第一种是用硅酮弹性嵌缝膏的方法；第二种是用 508 胶粘木压条的方法；第三种使用 508 胶粘金属压条的方法。

需要注意的是，玻璃面层会因胶粘剂而产生化学反应，所以不宜选用普通水银镜面玻璃。

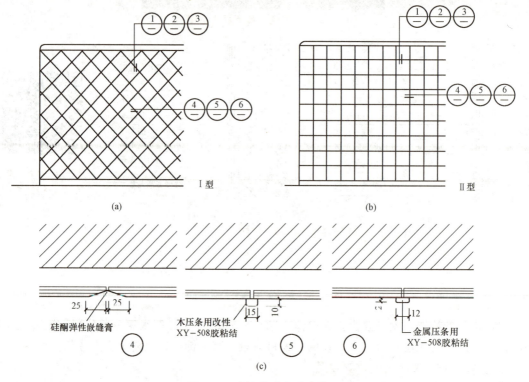

图 8-24　直接粘贴式玻璃墙面

玻璃砖墙面在施工时一定要注意如下问题：

(1)玻璃墙面、柱面面层用双面弹性胶带粘贴按操作要求进行施工。

(2)玻璃面层由于胶粘剂会产生化学作用，不宜选用普通水银镜面玻璃，玻璃分块必须小于 300 mm×300 mm。

3. 玻璃砖墙面构造详图识读

观察图 8-25，可以得到如下结论：

(1)该玻璃砖墙面构造详图为干挂式玻璃砖墙面。

(2)通过铝方通及铝角码、玻璃胶将玻璃墙面挂到原有的钢筋混凝土墙面上。

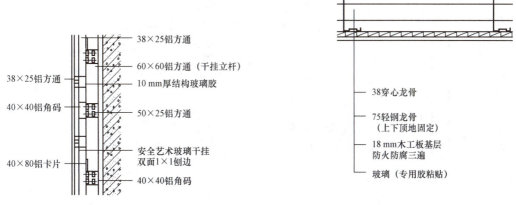

图 8-25　玻璃砖墙面构造详图

■ 六、墙体构造详图识读

1. 陶瓷马赛克饰面构造详图识读

陶瓷马赛克饰面构造详图识读，如图 8-26 所示。

(1)图名、比例分别是什么？

(2)构造层次有哪些？

(3)墙体饰面砖可采用哪些材料？

至少列举三种。

通过识读图 8-26 可得到如下结论：

(1)比例和图名。图名为陶瓷马赛克饰面构造详图，比例为 1∶20。

(2)构造层次。

1)在原砖墙的基础上做 15 mm 厚的 1∶3 水泥砂浆打底。

2)3~4 mm 厚 1∶1.5 水泥砂浆。

3)在马赛克背面刮 1~2 mm 厚水泥色浆。

4)同色水泥砂浆勾缝。

(3)墙体饰面砖可采用材料有釉面砖、玻璃马赛克、陶瓷马赛克、马赛克等，这些墙体饰面砖可以采用直接粘贴的方式进行。

2. 练一练

识读图 8-27 乳胶漆饰面构造详图。

(1)图名、比例分别是什么？

图名为乳胶漆饰面构造详图，比例为 1∶20。

(2)构造层次有哪些？

1)在混凝土墙体上刷界面剂一道。

2)做 10 mm 厚 1∶0.2∶3 水泥石灰砂浆打底扫毛。

3)做 6 mm 厚 1∶0.2∶3 水泥石灰砂浆找平层。

4)刮腻子三遍磨平，封闭底涂料一道。

5)白色乳胶漆两道。

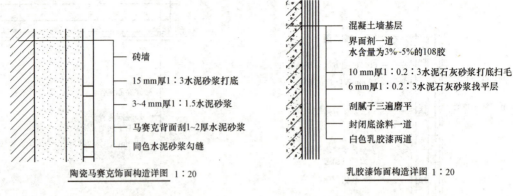

图8-26 陶瓷马赛克饰面构造详图

图8-27 乳胶漆饰面构造详图

七、墙体构造详图绘制

以乳胶漆饰面构造详图的绘制过程为例。

(1)选比例、定图幅。根据原图尺寸及图幅，选定合适的绘图比例，保证构造详图在绘制时清晰、美观。

(2)画出墙面的主要造型轮廓线，如图8-28(a)所示。

(3)对墙面造型轮廓线材料进行填充，如图8-28(b)所示。

(4)画出尺寸标注、剖面符号、详图索引、文字说明，如图8-28(c)所示。

(5)描粗整理图线。

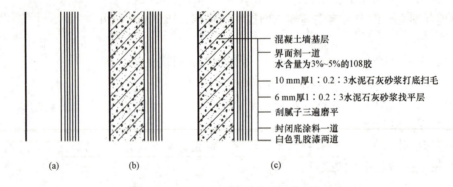

图8-28 乳胶漆饰面构造详图绘制步骤

【小互动】 分组讨论：同学们，从各类墙体构造详图的识读及绘制中可以发现，只有以严谨认真、一丝不苟的工作态度，才可以正确识读及绘制墙体构造详图，请同学们分组讨论，在工作、学习、生活中，我们该如何做人、做事？

任务实施

1. 任务内容

本任务选择某住宅楼卫生间作为设计载体，对卫生间墙面进行设计，如图8-29所示。根据设计效果，绘制其墙面构造详图。

微课：墙体饰面构造
详图的绘制

图 8-29　某卫生间效果图

2. 任务要求

(1)设计内容：根据给出的一层卫生间效果图，选择某一墙面，绘制出其卫生间墙体构造详图。

(2)绘图工具：使用绘图工具设计。

(3)图纸规格：A4 图纸。

3. 操作提示

(1)准备工作：

1)选比例、定图幅；

2)固定图纸、削制铅笔等。

(2)绘制底稿(H 铅笔)：

1)画出墙面的主要造型轮廓线，如图 8-30(a)所示。

2)对墙面造型轮廓线材料进行填充，如图 8-30(b)所示。

3)画出尺寸标注、剖面符号、详图索引、文字说明。

(3)检查加深(HB、2B 铅笔)：描粗整理图线，如图 8-30(c)所示。

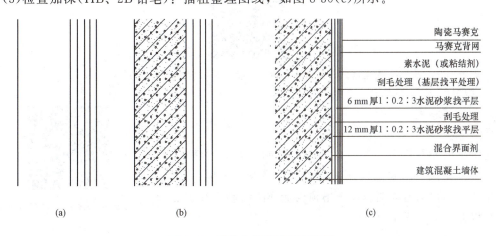

陶瓷马赛克
马赛克背网
素水泥（或粘结剂）
刮毛处理（基层找平处理）
6 mm 厚 1∶0.2∶3 水泥砂浆找平层
刮毛处理
12 mm 厚 1∶0.2∶3 水泥砂浆找平层
混合界面剂
建筑混凝土墙体

(a)　　　　　(b)　　　　　(c)

图 8-30　墙体构造详图绘制步骤

【小提示】　在墙体构造详图绘制时，注意比例选取，保证图面大小适宜、美观。绘图时用 H 铅笔或 HB 铅笔，加深时换 2B 铅笔，保证图面干净、整洁。

任务拓展

1. 各类墙面构造的使用对象是什么?
2. 大理石饰面湿挂法构造层次分为几种?
3. 了解并记录陶瓷面砖的品牌和价格。

任务三　房屋吊顶构造详图

任务目标

1. 掌握各类吊顶构造详图的识读及绘制方法。
2. 能够正确识读与绘制吊顶构造详图。
3. 养成严谨、务实的工作态度,具备团队合作精神。

微课:任务导入

任务导入

天花是位于楼盖和屋盖下的装饰构造。各界面设计都不应是孤立的而是相互关联的,如天花与墙面、天花与灯光、天花与平面布局、与家具的呼应关系及墙面与地面。房屋吊顶可以增强室内装饰效果,给人以美的享受,天花的造型、高低、灯光布置和色彩处理,都会使人们对空间的视觉、音质环境产生不同的感受。

知识拓展

知识拓展:河南——打造建筑设计强省 助力家乡振兴

知识准备

建筑物纸面石膏板上人吊顶详图的绘制,需要同学们掌握吊顶工程概述、木龙骨吊顶的构造、轻钢龙骨吊顶、其他类型吊顶、吊顶构造详图识读、吊顶构造详图绘制等知识点,下面从以上六个方面予以介绍。

微课:房屋吊顶构造详图

■ **一、吊顶工程概述** ·······························

1. 直接式天花构造

直接式天花是指在钢筋混凝土楼板下直接喷刷涂料、抹灰，或粘贴饰面材料的构造做法，多用于民用建筑，常有以下几种做法。

(1)喷刷涂料。当装饰要求不高或板底平整时，可在板底嵌缝后直接喷刷石灰浆或涂料两道，如图8-31所示。

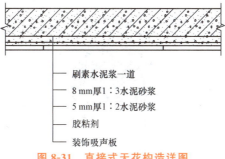

图 8-31 直接式天花构造详图

(2)抹灰。当板底不够平整或室内装修效果较高时，可在板底用水泥砂浆或混合砂浆等抹灰后再喷刷涂料。

(3)贴面。当建筑物室内装修要求较高或有保温、隔热、吸声要求时，可在板底用胶粘剂直接粘贴，适用于天花装修的墙纸、吸声板及泡沫塑胶板等，如图8-31所示。

2. 吊顶工程构造

吊挂式天花，简称吊顶，是由吊筋、骨架和面层三部分组成的，遮盖屋架或梁板的构造。其作用是保温隔热、隐藏管道、增强装饰效果等，如图8-32所示。

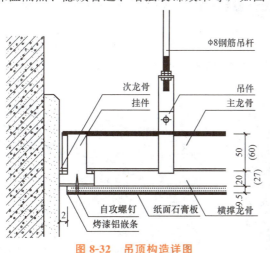

图 8-32 吊顶构造详图

模型：吊顶构造详图

(1)吊杆或吊筋。吊杆有金属吊杆和木吊杆两种，一般多用钢筋或型钢制作的金属吊杆。

(2)龙骨骨架。龙骨骨架可用木材、轻钢、铝合金等材料制作，分为主龙骨和次龙骨，由主龙骨、次龙骨形成的网格架体承受面层的质量并通过吊筋传递到楼板或屋面板，主龙骨断面比次龙骨大，间距约为2 m。次龙骨间距视面层材料而定，间距一般不超过0.6 m。

(3)吊顶面层板。天花面层主要作用是装饰室内空间，并且还兼有吸声、反射和隔热等特殊的功能。面层分为板材面层和抹灰面层两类。板材面层既可以加快施工速度，又容易保证质量，板材吊顶有木材板材、矿物板材、金属板材、塑料板材和玻璃板材等。抹灰面层可以使吊顶表面变得光滑、平整，具有良好的装饰效果，能够增强吊顶的耐久性，防止吊顶因受潮、风化等原因而损坏，根据不同的需求，抹灰面层还可以具有防火、隔音、保温等功能。可以分为普通抹灰、高级抹灰、装饰性抹灰等。

【小链接】 阅读《梁思成建筑奖获得者——彭一刚》资料，感受工作的热情及动力，加深职业认同感，学习获奖者们爱岗敬业、争创一流、艰苦奋斗、勇于创新、淡泊名利、甘于奉献的劳动模范精神。

小链接：梁思成建筑奖获得者——彭一刚

3. 吊顶的类型

(1)按天花骨架所用材料分类。按天花骨架所用材料可分为木龙骨吊顶[图 8-33(a)]、轻钢龙骨吊顶[8-33(b)]和铝合金龙骨吊顶[8-33(c)]。

图 8-33　吊顶分类

(a)木龙骨吊顶；(b)轻钢龙骨吊顶；(c)铝合金龙骨吊顶

(2)按承载能力分类。按承载能力分为上人吊顶[图 8-34(a)]和不上人吊顶[图 8-34(b)]。

图 8-34　吊顶分类

(a)上人吊顶；(b)不上人吊顶

(3)按骨架是否外露分类。按骨架是否外露分为明龙骨吊顶[图 8-35(a)]和暗龙骨吊顶[图 8-35(b)]。

(a)　　　　　　　　　　　　　　　　　(b)

图 8-35　吊顶分类

(a)明龙骨吊顶；(b)暗龙骨吊顶

■ 二、木龙骨吊顶的构造

1. 木龙骨吊顶组成

木龙骨吊顶主要由吊杆、木龙骨和面层组成，是住宅家居中常见的一种吊顶形式，如图 8-36 所示。

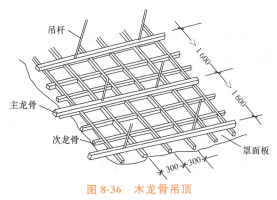

图 8-36　木龙骨吊顶

施工过程为施工准备→施工实施→质量检测→验收使用。

2. 木龙骨规格

主要考虑龙骨受力的刚度、稳定性及主龙骨、副(次)龙骨的分布情况使用。

副(次)龙骨一般的规格：20 mm×30 mm，25 mm×30 mm，25 mm×35 mm，30 mm×40 mm。

主龙骨一般的规格：30 mm×40 mm，40 mm×60 mm。更大的 60 mm×80 mm 或者 100 mm 的很少用于家庭装修。木龙骨在不同的用途上使用不同的规格，没有特殊的规定。

3. 木龙骨吊顶构造

吊装一般先从一个墙角开始，将拼装好的木龙骨架托起至标高位，对于高度低于 3.2 m 的吊顶骨架，可在高度定位杆上做临时支撑，高度超过 3.2 m 时，可用钢丝在吊点做临时固定。

龙骨架与吊筋的固定方法有多种，视选用的吊杆材料和构造而定，常采用绑扎、钩挂、木螺钉固定等龙骨架分片连接，如图 8-37(a)所示。

吊装在同一平面后，要进行分片连接形成整体，其方法是将端头对正，用短方木进行连接，短方木钉于龙骨架对接处的侧面或顶面，对于一些重要部位的龙骨连接，可采用铁件进行连接加固，如图 8-37(b)、(c)所示。

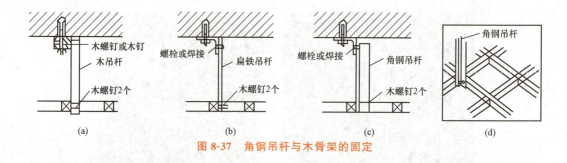

图 8-37　角钢吊杆与木骨架的固定

(a)　　　　　　(b)　　　　　　(c)　　　　　　(d)

三、轻钢龙骨吊顶

轻钢龙骨的突出优点是自重轻、刚度大、耐火性及抗震性能好、节约木材、干作业施工简便等。

轻钢龙骨的断面形状可分为 U 形、T 形、C 形、Y 形、L 形等，分别作为主龙骨、次龙骨、边龙骨配套使用。其常用规格型号有 U60、U50、U38 等系列，在施工中轻钢龙骨应做防锈处理。

轻钢龙骨吊顶的构造如下。

1. 主龙骨（大龙骨）

主龙骨是轻钢吊顶龙骨体系中的主要受力构件，整个吊顶的载荷通过主龙骨传给吊杆。主龙骨的受力模型为承受均布载荷和集中载荷的连续梁。故主龙骨必须满足强度和刚度的要求。

2. 次龙骨（中、小龙骨）

次龙骨（中、小龙骨）的主要作用是固定饰面板，中、小龙骨多数是构造龙骨，其间距由饰面板尺寸决定。

轻钢龙骨按截面形状分为 U 形骨架和 T 形骨架两种形式。

3. 零配件

零配件有吊杆、吊挂件、连接件、挂插件、花篮螺钉、射钉和自攻螺钉等。

4. 罩面板

轻钢龙骨骨架常用的罩面板材料有装饰石膏板、纸面石膏板、吸声穿孔石膏板、矿棉装饰吸声板、钙塑泡沫装饰板、塑料装饰板、浮雕板、钙塑凹凸板等。

5. 胶粘剂

应按主黏材的性能选用，使用前做黏结试验。

图 8-38 所示为轻钢龙骨吊顶的基本构件。

吊杆与主次龙骨连接构造如图 8-39 所示。

四、其他类型吊顶

1. T 形金属龙骨吊顶

通过识读图 8-40，可以看到 T 形金属龙骨吊顶构造，主要包括直径为 6 mm 的吊筋、间距龙骨、次龙骨。

2. 金属装饰板吊顶

（1）金属装饰板吊顶的构造。金属装饰板吊顶的形式根据吊顶装饰板形状不同分为方板吊顶和条板吊顶两类，如图8-41所示。

（2）罩面板安装。罩面板安装可以分成两种形式：第一种是罩面板与罩面板之间无嵌条连接，第二种是罩面板与罩面板之间有嵌条连接，如图8-42所示。

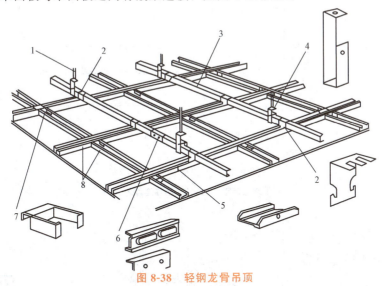

图 8-38　轻钢龙骨吊顶

1—吊杆；2—主次龙骨挂插件；3—主龙骨；4—吊挂件；5—次龙骨连接件；
6—主龙骨连接件；7—次龙骨插接件；8—次龙骨

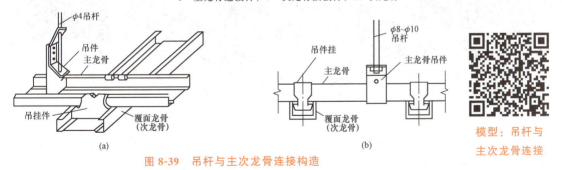

图 8-39　吊杆与主次龙骨连接构造

（a）不上人型吊顶吊杆与主次龙骨连接；（b）上人型吊顶吊杆与主次龙骨连接

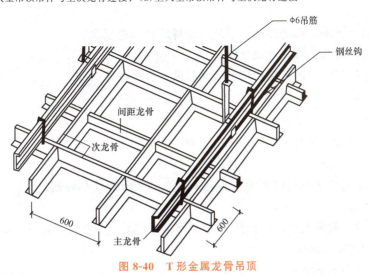

图 8-40　T形金属龙骨吊顶

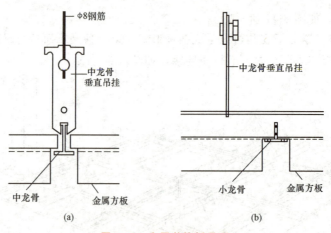

图 8-41　金属装饰板吊顶

(a)吊挂连接正立面；(b)吊挂连接侧立面

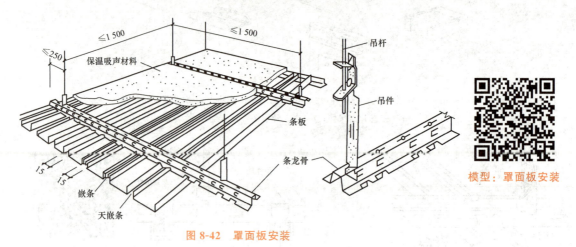

模型：罩面板安装

图 8-42　罩面板安装

■ 五、吊顶构造详图识读 ·····················

1. 识读内容

(1)识读图名、比例：根据图名，了解吊顶材质及构造层次。

(2)了解吊顶的装饰造型式样和尺寸。

(3)根据文字说明，了解吊顶所用承载龙骨吊件、吊杆等。

(4)注意一些符号。

2. 识读实例

【例 8-1】　识读方形金属吊顶板卡入式示意图，如图 8-43 所示。

(1)图名、龙骨材质是什么？

通过图 8-43，可以了解到图名为方形金属吊顶，龙骨是 U 形轻钢龙骨。

(2)有几类龙骨？

图中一共出现了两种龙骨，一种是 U 形轻钢承载龙骨；另一种是嵌龙骨。

(3)嵌龙骨的间距为多少？

嵌龙骨的间距为 600 mm。

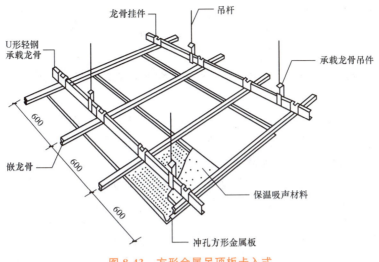

图 8-43 方形金属吊顶板卡入式

【例 8-2】 识读吊顶示意图，如图 8-44 所示。

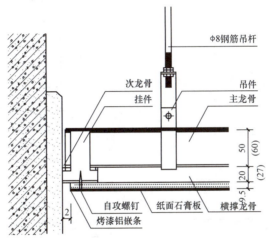

图 8-44 轻钢龙骨纸面石膏板吊顶详图 1：20

（1）图名、比例、吊顶材料是什么？吊杆是什么？

图名为轻钢龙骨纸面石膏板吊顶详图，比例为 1：20；吊顶材料为纸面石膏板，吊杆是直径为 8 mm 的钢筋。

（2）有几类龙骨？

有主龙骨、次龙骨、横撑龙骨。

（3）主龙骨及横撑龙骨为多高？

主龙骨为 50 mm 或 60 mm，横撑龙骨为 20 mm 或 27 mm。

■ **六、吊顶构造详图绘制** ·····

以纸面石膏板吊顶造详图为例。

1. 绘制步骤

（1）选比例、定图幅；

(2)画吊顶主要造型轮廓线;

(3)画出尺寸标注、剖面符号、详图索引、文字说明;

(4)描粗整理图线。

凡剖到建筑结构和材料的断面轮廓线以粗实线绘制,其余以细实线绘制。

2. 绘制实例

【例 8-3】 纸面石膏板上人吊顶平面图,绘制过程如图 8-45 所示。

(1)选比例、定图幅;

(2)画吊顶主要造型轮廓线,如图 8-45(a)、(b)所示。

(3)画出尺寸标注、剖面符号、详图索引、文字说明,如图 8-45(c)所示。

(4)描粗整理图线。

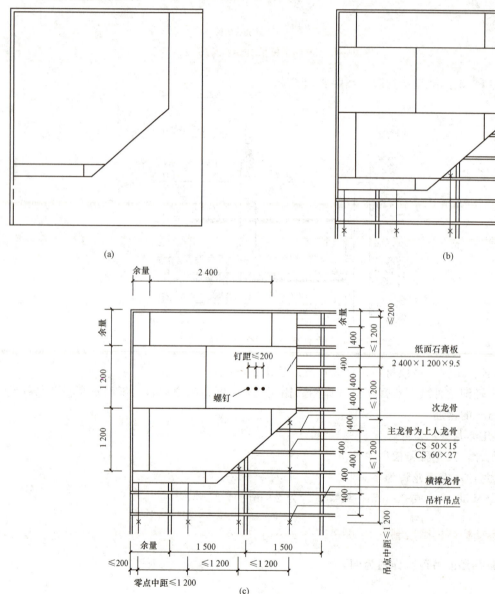

图 8-45 纸面石膏板上人吊顶平面图

【例 8-4】 上人吊顶详图，绘制过程如图 8-46 所示。

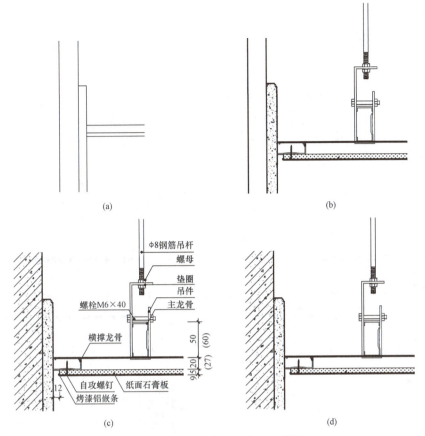

图 8-46　纸面石膏板上人吊顶详图

(1)选比例、定图幅。

(2)绘制顶面剖面层次，如图 8-46(a)、(b)所示。

(3)绘制装饰材料剖面，依次标注清楚，如图 8-46(c)所示。

(4)检查并加深、加粗图线。

(5)标注尺寸。

(6)标注说明文字、图名比例，如图 8-46(d)所示。

微课：房屋吊顶
构造详图的绘制

任务实施

1. 任务内容

本任务为抄绘某建筑物纸面石膏板上人吊顶详图，如图 8-47 所示。

2. 任务要求

(1)设计内容：绘制轻钢龙骨纸面石膏板上人吊顶细部节点详图。

(2)绘图工具：使用绘图工具设计。

(3)图纸规格：A4 图纸。

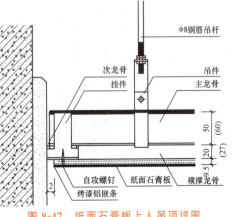

图 8-47　纸面石膏板上人吊顶详图

271

3. 操作提示

(1)准备工作：

1)选比例、定图幅；

2)固定图纸、削制铅笔等。

(2)绘制底稿(H 铅笔)：

1)绘制顶面剖面层次，如图 8-48(a)、(b)所示；

2)绘制装饰材料剖面，依次标注清楚，如图 8-48(c)、(d)所示；

3)标注尺寸，标注说明文字、图名比例，如图 8-48(e)所示。

(3)检查加深(HB、2B 铅笔)：加深图线，先圆弧再直线。

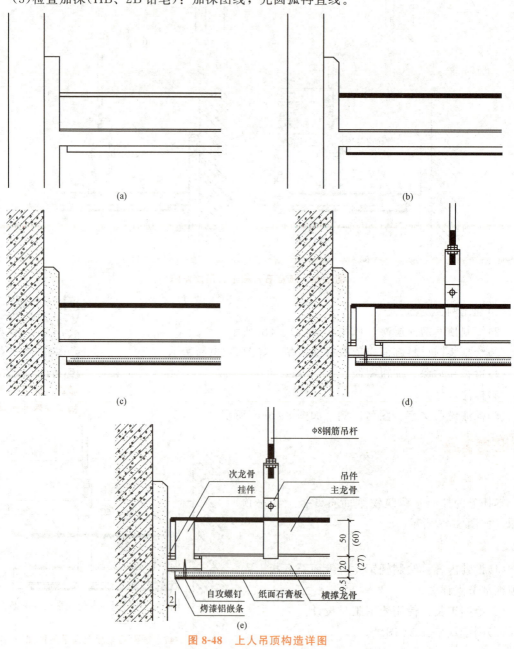

图 8-48　上人吊顶构造详图

【小提示】 (1)吊顶工程所用材料的品种、规格和颜色应符合设计要求。饰面板、金属龙骨应有产品合格证。木吊杆、木龙骨的含水率应符合现行国家标准的有关规定。饰面板表面应平整，边缘应整齐，颜色应一致。

(2)板材应在自由状态下进行安装，固定时应从板的中间向板的四周固定。

(3)纸面石膏板螺钉与板边距离：纸包边宜为 10～15 mm，切割边宜为 15～20 mm；水泥加压板螺钉与板边距离宜为 8～15 mm。

(4)板周边钉距宜为 150～170 mm，板中钉距不得大于 200 mm。

(5)安装双层石膏板时，上下层板的接缝应错开，不得在同一根龙骨上接缝。

(6)石膏板的接缝应按设计要求进行板缝处理。

任务拓展

1.归纳天花装饰装修的常见类型。

2.归纳吊顶龙骨的种类及各自的用途。

任务四　家具构造详图

任务目标

1.掌握家具组合及其在设计中的运用。

2.掌握各类家具构造详图的识读及画法。

3.能够正确识读与绘制家具构造详图。

4.培养精益求精的大国工匠精神，激发科技报国的家国情怀和使命担当。

任务导入

家具构造详图可以清晰地表达家具内外详细构造，反映零部件的结构、形状及相互间装配关系。

微课：任务导入

【小链接】 阅读《智能家居》资料，了解现代文化品位、审美情趣与感情触动，加强创新意识和创新理念，超越传统，大胆创新，坚持以人为本，在满足人们安全、舒适与便利的前提下，打造舒适品质生活，满足精神需求。

小链接：智能家居

知识拓展：才情天纵的
四大古典家具"设计师"

知识拓展：安全生产规范

知识准备

微课：家具构造详图

　　家具构造详图的绘制，需要掌握家具设计的含义，家具的构成要素，衣柜、电视柜等构造详图，家具构造详图的识读，家具构造详图的画法等知识点，下面从以上五个方面予以介绍。

■ 一、家具设计的含义

1. 广义

　　从广义上说，家具的含义（又称家私），是指人类维持正常生活，从事生产实践和开展社会活动所必不可少的一切器具。常见家具如图 8-49 所示。

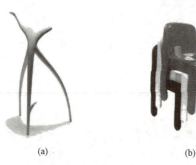

(a)　　　　　　　　　　(b)

图 8-49　常见家具示意图

2. 狭义

　　从狭义上说，家具是指在生活工作和社会实践交往中供人们坐卧、支撑、存储物品的一类器具与设备。

3. 家具最宽泛的定义

　　家具最宽泛的定义是指现代家具的设计几乎涵盖了所有的环境产品、城市设施、家庭空间、公共空间和工业产品。

■ 二、家具的构成要素 ···

在家具设计和制造的范畴里，家具材料是指用于家具主体结构制作、家具表面装饰、局部黏结和零部件紧固的与家具相关的各种材料总称。

家具的构成要素包括基本要素，如材料、结构、外观形式及功能。其中，材料包括主要材料和辅助材料。

1. 主要材料

主要材料可分为以下几项：

(1)结构材料。在家具中主要起结构支撑作用，用于家具的主体结构，可以承受人体及所放物品的应力，并可保持家具制品的结构强度、刚性和稳定性。

(2)表面装饰材料。对家具的表面具有保护和装饰作用，可以赋予家具产品装饰效果和表面综合抗耐性。在生活中常用的主要材料包括木材、人造板、细木工板、空心板、竹材。

2. 辅助材料

辅助材料主要指用于家具生产的各种类型的胶粘剂和金属连接件等。

在生活中常用的辅助材料包括胶料、五金件、合页、连接件和玻璃等。

■ 三、衣柜、电视柜等构造详图 ···

1. 衣柜

(1)直型柜的结构知识。板式衣柜的组合是侧板包顶(底)板，侧板与顶(底)板的连接是用三合一和木梢连接的，如图 8-50 所示。

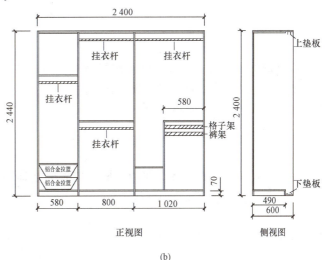

(a)   (b)

图 8-50　家具构造详图

(2)衣柜的正视图、侧视图及衣柜结构详图。通过看正视图可以了解到衣柜的内部空间组合及衣柜的高度和宽度，通过侧视图学生可以了解衣柜的高度及衣柜的深度。

通过衣柜的立面图可以了解到衣柜的内部功能分区，通过识读图 8-50(b)、(c)，可以了解到衣柜的高度为 2 400 mm、宽度为 2 400 mm、

模型：衣柜立面图

厚度为 600 mm。如图 8-51 所示，分别为衣柜的立面图，即外立面图和衣柜的剖立面图。通过识读衣柜立面图，可了解到衣柜的外部形状及外部材料装饰情况；通过识读剖立体图，可了解到衣柜的内部功能分区。

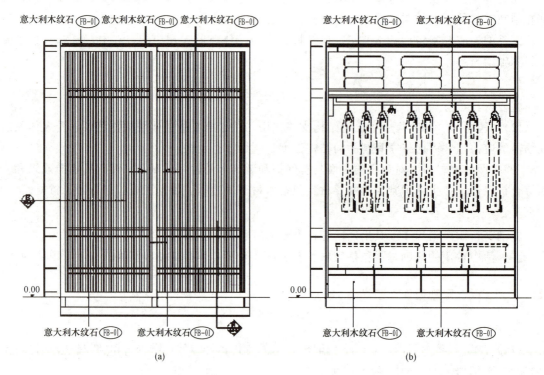

(a)   (b)

图 8-51　衣柜立面图

2. 电视柜构造详图

通过识读图 8-52，可以了解到该图为电视柜的侧立面图，电视柜的高度为 420 mm、宽度为 500 mm；通过立面图了解到电视柜的长度为 2 212 mm；正视图中，长度为 4 m，电视柜的高度为 325 mm；侧视图中，宽度为 550 mm；通过详图得到电视柜的详细构造，如材质及详细构造做法。

3. 鞋柜构造详图

通过识读鞋柜构造详图，可以了解到鞋柜的装饰装修要求及材质，还有鞋柜的内部尺寸及鞋柜外部尺寸，如图 8-53 所示。

■ 四、家具构造详图的识读

1. 识读要求

(1)应首先根据图名，了解家具的名称及绘制比例。

(2)通过尺寸标注了解家具的尺寸。

(3)了解家具的材质、构件、配件和装饰面的连接形式、截面形状和尺寸等内容。

(4)找到相应的剖切符号或索引符号。

(5)家具内部空间的功能。

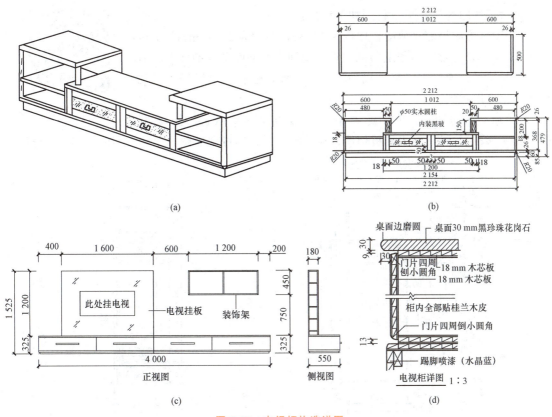

图 8-52　电视柜构造详图

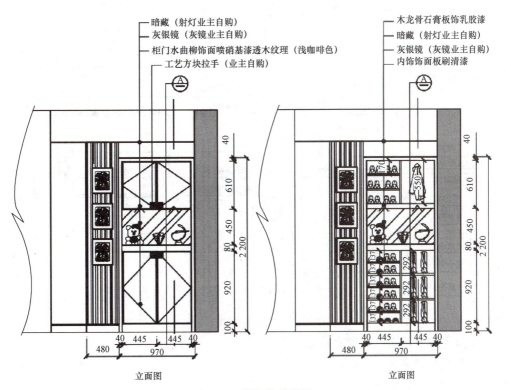

图 8-53　鞋柜构造详图

通过识读图 8-54，可以得到如下结论：

(1)图名为衣柜的立面图，比例为 1∶10，高度为 2 400 mm，宽度为 1 600 mm，通过立面图上的剖切符号找到它的剖面图，剖面图上有一个索引符号，通过索引符号找到详图，另外，还有一个标号为 1 的详图，也可以找到。

模型：鞋柜构造详图

(2)通过平面图可以看到衣柜的长度为 1 600 mm，深度为 600 mm，采用的材质为大芯板柜体、玻璃推拉门，通过立面图，了解衣柜的内部功能分区。

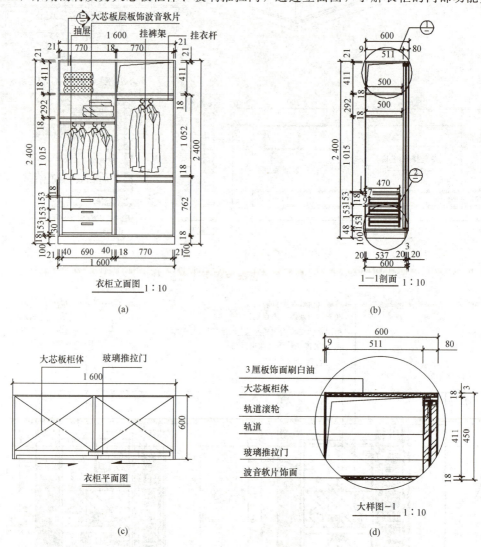

图 8-54　衣柜构造详图

(a)衣柜立面图 1∶10；(b)1—1 剖面图 1∶10；(c)衣柜平面图；(d)大样图—1 1∶10

2. 实例

(1)家具名称及图名、比例是什么？

(2)家具尺寸是多少？

(3)主要材质是什么？

(4)有无剖切符号、详图符号、索引符号？

通过识读图 8-55，可以得到如下结论：图名为衣柜立面图，比例为 1：20，衣柜的长度为 3 000 mm，高度为 2 400 mm，主要材质为大芯板；衣柜的深度为 600 mm，通过剖面图看到有一个索引符号，可以找到编号为 1 的详图。

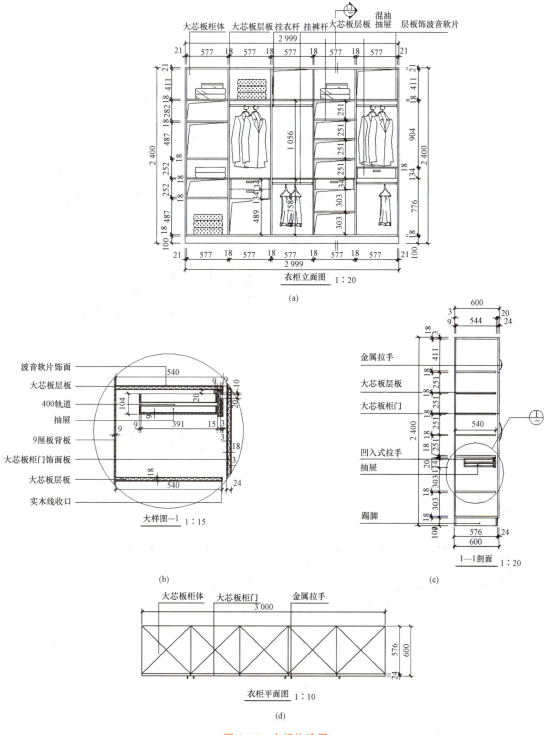

图 8-55　衣柜构造图

(a)衣柜立面图 1：20；(b)大样图—1 1：15；(c)1—1 剖面图 1：10；(d)衣柜立面图 1：10

（1）取适当比例，根据家具尺寸，绘制衣柜外轮廓线，如图 8-56(a)所示。

（2）根据衣柜内部布局及相关尺寸、所采用板材的厚度，将衣柜进行内部分区，如图 8-56(b)所示。

（3）绘制装饰材料剖面、标注，如图 8-56(c)所示；由里向外，画出材料剖面，依次标注清楚。

（4）检查并加深、加粗图线；装饰构造层次用中实线，材料图例线及分层引出线等用细实线。

（5）详细标注相关尺寸与文字说明，书写图名和比例，如图 8-56(d)所示。

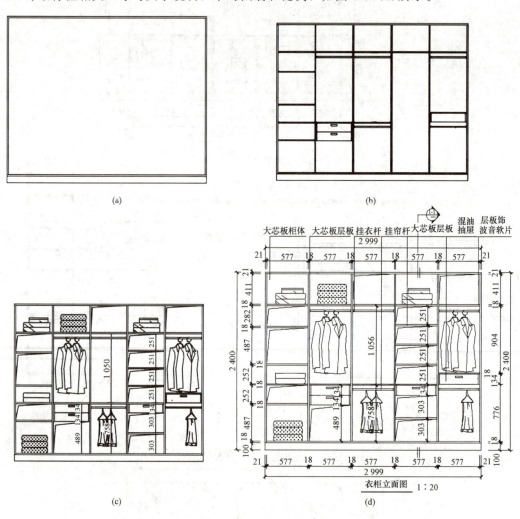

图 8-56　衣柜构造详图绘制步骤

1. 任务内容

本任务是家具详图绘制。

本任务为选用卧室为载体，抄绘卧室衣柜的立面图、剖面图，参考样例如图 8-57 所示。

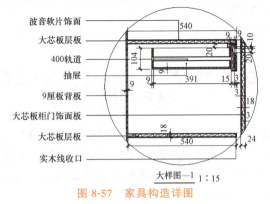

图 8-57　家具构造详图

微课：房屋家具
构造详图的绘制

2. 任务要求

(1)设计内容：依据绘图方法绘制家具详图。

(2)绘图工具：使用绘图工具设计。

(3)图纸规格：A4 图纸。

3. 操作提示

(1)准备工作：

1)选比例、定图幅。

2)固定图纸、削制铅笔等。

(2)绘制底稿(H 铅笔)：

1)绘制剖面层次，如图 8-58(a)所示。

2)绘制装饰材料剖面，依次标注清楚，如图 8-58(b)所示。

3)标注尺寸，标注说明文字、图名比例，如图 8-58(c)所示。

(3)检查加深(HB、2B 铅笔)：加深图线，先圆弧再直线。

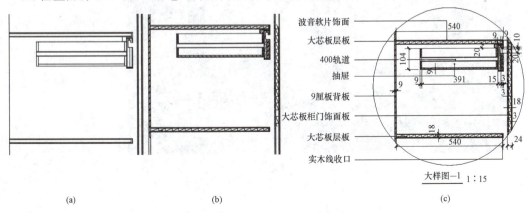

(a)　　　　　　　　　(b)　　　　　　　　　(c)

图 8-58　家具详图绘制步骤

【小提示】 （1）家具构造绘制一般采用细实线。

（2）详细标注加工尺寸、材料名称及工程做法。

（3）注意剖切符号、索引符号及详图符号。

任务拓展

1. 家具设计的基本原则是什么？

2. 家具的构成要素有哪些？

3. 家具尺寸标注时注意问题有哪些？

项目总结

本项目通过完成房屋地面构造详图绘制、墙体饰面构造详图绘制、房屋吊顶构造详图绘制、家具构造详图绘制四项任务，学习了房屋地面、墙体饰面、吊顶、家具构造详图的定义、分类、构造详图的识读与绘制，其中，构造详图的识读与绘制是整个项目八学习的重点。通过学习，同学们可以达到正确识读与绘制构造详图的水平。

项目实训

实训：（10 分）按照图 8-59 所示装饰效果，绘制该卧室的墙体构造详图及地面构造详图。

任务要求：

（1）按照比例抄绘图形并标注尺寸。

（2）线型分明，粗细匀称，图面整洁。

（3）图纸选用 A3 幅面。

测验：房屋构造
详图检测

图 8-59　装饰效果图

项目九　综合应用

知识图谱

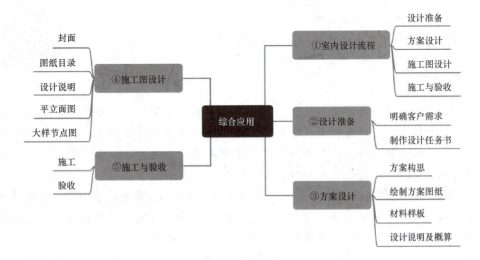

学习目标

1. 了解室内设计流程的工作方法，掌握设计流程的基本内容。
2. 掌握设计准备阶段的工作任务。
3. 掌握方案设计阶段的工作程序及任务。
4. 掌握施工图设计的基本知识和注意事项。
5. 掌握施工与验收的工作内容。

微课：项目导入

学习重点

1. 设计准备的工作内容。
2. 方案设计阶段包含的工作内容。
3. 施工图设计阶段的基本知识和图纸内容。
4. 施工与验收阶段的工作内容。

学习指南

在进行本项目的学习时，建议参考以下方法：
1. 回顾前面知识点，查漏补缺。

2. 熟悉每个流程中的重难点，重点突破。

3. 建立大局观和整体意识，将知识点串联成一个完整的结构。

任务一　室内设计流程

1. 掌握室内设计项目工作的基本流程。

2. 能够完成各设计阶段的任务。

3. 培养团队意识、社会责任感、大局意识。

微课：任务导入

任务导入

　　室内设计是根据建筑物的使用性质、所处环境和相对应的标准，运用物质技术手段和设计原理，创造功能合理、舒适优美、满足人们物质和精神生活需求的室内环境。在创造改善室内环境时，一般会遵从一定的程序和步骤。本任务通过室内设计流程来学习室内设计项目所需要经历的各个阶段和每个阶段所需要完成的工作内容。

　　【小链接】　阅读《梦想改造家——废弃农场变身温暖的家》资料，资料中，6 位设计师组团协作，从客观环境到心理情绪都考虑在内，改造出的不仅是更舒适的居所，更是一处点亮孩子自信与勇气的家园！通过阅读资料，培养团队意识、社会责任感。

小链接：梦想改造家——废弃农场变身温暖的家

知识准备

■　一、设计准备

　　设计准备是项目开始设计前的准备工作，这个阶段的主要内容是搜集各种与设计相关的资料和信息。

　　寻找客户，了解客户对设计的要求。一般来说，设计公司都设有装饰顾问岗位，负责联系业务寻找客户，还有些设计项目是委托设计，比较大的公装项目是需要进行招投标的，因此客户的来源是多种多样的。下面以家装项目为例进行分析。前期与客户沟通的过程一般称为"谈单"。

微课：室内设计流程

与客户交流(图 9-1)，明确需求是设计的前提，需要了解客户的年龄、职业、性格、个人喜好、装修风格定位、装修预算等方面的内容，也只有详细地明确了客户的一些基本情况才能设计出符合客户需求的作品。这个过程需要一定的沟通能力，一个优秀的设计师同时也是一名优秀的推销员，能够把自己和方案推销出去。因此在以后的学习、生活过程中一定要加强沟通交流方面的能力。

根据设计任务收集设计基础资料(图 9-2)，包括项目所处的环境、自然条件、场地关系、土建施工图纸及土建施工情况等必要的信息。此外，还需要了解房屋的一些基本情况，这个步骤通常称为"量房"，到现场进行测量，了解楼层、采光、方位、管道等的分布情况，为设计构思提供依据。

图 9-1　设计沟通

图 9-2　基础资料

■ 二、方案设计

在这个阶段，需要分析前期收集的资料，对空间进行初步设计，并完成以下工作：
(1)室内空间布局设计。
(2)装饰材料应用搭配。
(3)室内空间色彩设计。
(4)厨卫设备选择与布置。
(5)家具和室内装饰物的选择。
(6)室内外景观设计。

■ 三、施工图设计

这个阶段是方案设计的深化阶段，将确定的方案用施工图的方式表现出来，并作为施工和预算的依据。

用 CAD 软件绘制正式的施工图：包括平面图、立面图、剖面图、细部大样节点详图等。

制作效果图：效果图是室内空间视觉形象设计方案的最佳表现形式，也是空间概念和表达设计意图的表现形式，通过真实、准确的效果图向客户表达设计师的设计意图。

■ 四、施工与验收

这个阶段是将图纸通过施工方式转换为实体状态，施工完成并通过验收后交付业主，并负责后期检查、维修。

（1）进场施工阶段。在进场施工之前应先组织施工人员，将设计方案与施工项目经理进行交底。在施工过程中为了确保设计的无误，设计师还应到施工现场进行监督和验收。施工顺序大致按以下步骤进行。

1）打线槽：所有管线线槽（给排水、强弱电）以及按设计要求的墙体拆除、开洞等。

2）布线：电路、水路、气路的安装布置。

3）土建及墙地砖装饰：填埋线槽，建墙，各项天花、地面、墙面修补，地砖墙砖铺贴。

4）装饰及家具制作：按设计要求制作所有装饰面、天花以及家具等。

5）家具及墙体等饰面：所有木质家具、装饰面的面饰、天花及墙面的粉饰。

6）灯具、洁具安装。

7）其他，木地板窗帘安装、自购五金挂件的安装。

8）验收。

（2）室内装修验收的尾期验收，需要业主、设计师、工程监理、施工负责人四方参与，对工程材料、设计、工艺质量进行整体验收，合格后才可签字确认。

（3）工程完工后，如果业主发现任何问题，如证实属于施工质量问题后，装饰公司必须无条件地为用户换工换料。按合同约定，由装饰公司负责一定期限家装工程的维修工作。

任务实施

1. 任务内容

制作室内项目工作流程表总结室内设计项目基本工作流程，案例如图9-3所示。

微课：工作流程表制作

图9-3 室内设计流程

2. 任务要求

（1）总结项目从开始到结束的基本工作流程。

（2）按先后顺序排列。

（3）绘制流程表，表格清晰易懂，见表9-1。

表 9-1　工作流程表

工作阶段	工作内容

3. 操作提示

(1)准备工作。

准备绘图工具，绘制表格。

(2)编制流程内容，见表 9-1。

1)首先按先后顺序将室内项目所需要经历四个阶段列出。

2)将各个阶段所需要完成的具体的工作内容分项列出。

3)将工作阶段和工作内容分为两列，第一列为工作阶段，第二列为具体工作内容，将前面总结的流程按先后顺序汇总在表格中。

任务拓展

(1)设计师怎样统筹规划各个阶段？

(2)验收的标准有哪些？

任务二　设计准备

任务目标

1. 掌握设计准备阶段的工作方法。

2. 能够完成设计准备阶段的工作内容。

3. 培养民族自信、工匠精神。

微课：任务导入

任务导入

当设计师接到一个设计项目后，就需要在前期正确地把握设计方向，对设计工作进行认真准备和细致研究，做到知己知彼，这样才能顺利地完成工作任务。确立具体的目标和达成目标的纲领是设计准备阶段的主要工作。本任务将介绍和分析设计准备阶段的工作内容。

【小链接】　阅读《设计师是如何工作的》资料。室内设计领域远不止简单地美化室内空间。

设计师在建筑学、计算机辅助设计或美术等领域要接受广泛的教育。一个成功的室内设计师是一个善于交际、讨人喜欢的人，能引导客户朝着有利的方向发展，通过学习以上知识，可激发学生一丝不苟的职业精神。

小链接：设计师是如何工作的

知识准备

一、明确客户需求

收集一手资料，作为设计依据。

（1）与客户交流。收集客户的年龄、职业、性格、个人爱好、装修风格等方面的资料。制作业主需求意向表，如图 9-4 所示，初步统计客户信息。

家居装饰业主需求意向表

一、客户基本情况

1. 姓名：_____先生（女士）；
2. 年龄：_____岁；
3. 职业：_____；
4. 学历：_____；
5. 家庭成员（同住）情况：
（1）父、母：_____年龄：父_____母_____
（2）夫、妻：_____年龄：夫_____妻_____
（3）子、女：_____年龄：子_____女_____
6. 建筑面积：_____；
7. 建筑户型：_____；
8. 装修风格：_____；浪漫欧式□ 英式田园□ 典雅中式□ 时尚现代□ 风雅日式□
其他风格要求：_____

二、玄关部分（门厅）

1. 是否有考虑安排：   设置鞋柜□ 衣柜□ 镜子□（整装）
2. 是否介意入门能够直观金室？   介意□ 无所谓□
3. 玄关的设计是否要考虑其文化属性或氛围？   浓当兼顾□ 重点考虑□ 无所谓□
4. 对玄关有无其他特别要求？（灯光、色彩等）_____

三、客厅部分

1. 客厅背景造型： 其他
2. 接待客人（偶尔□ 经常□ 基本不接待□），接待人数约为_____人
3. 是否与餐厅合为一体？（是□ 否□）
4. 客厅内的视听设施有哪些？规格？尺寸？_____
是否需要特别的设施？_____
5. 对客厅有无特殊的灯光设计要求？（主灯□ 电视背景射灯□ 沙发背景射灯□ 地灯□
冷色光源□ 暖色光源□ 彩色光源□ 主灯分置□ 主灯调光装置□）
其他_____
6. 客厅的基本色调：偏暖色系□ 偏冷色系□
7. 客厅地面：实木地板□ 复合地板□ 玻化砖□ 仿古砖□ 普通防滑砖□ 环氧水泥地□
有部分地台□ 其他特别要求_____
8. 是否有其他使用功能要求？_____

四、餐厅部分

1. 餐厅使用人数_____人，餐桌、椅如何配置？（1×2□ 1×4□ 1×6□ 1×8□）
2. 是否需要配置酒柜□ 碗柜□ 陈列柜□？有□ 无□藏酒？
3. 是否需要在餐厅看电视（是□ 否□）？棋牌等娱乐活动（是□ 否□）

图 9-4 业主需求意向表

意向表中的内容包括：

①客户基本情况：包括姓名、年龄、职业、学历、家庭组成情况、建筑面积、户型和装饰风格等。通过客户的背景统计，设计师能够获得业主的基本情况信息，年龄、职业和学历都在一定程度上影响设计的方向，家庭组成情况会影响到项目的空间布局，建筑面积和户型是项目的基础，大致能获取项目规模和可改造性，喜爱的装饰风格会对设计产生比较大的影响，设计师应尽可能地在理想和客户的需求之间找到平衡点。

②室内设计要求：包括玄关、客厅、餐厅、卧室、书房、儿童房等具体空间和室内色彩及灯光的设计要求。

这些细致的统计会极大地方便后续设计工作，减少分歧和设计返工，保障设计的成功实施。

（2）现场测量。现场测量是项目必不可少的一个环节，可以通过物业找到相应楼栋的竣工图，但土建施工会存在一定的误差，因此必须进行实地的测量，才能获得准确的详细信息，最好是能和客户一起量房，在量房的过程中可以进行详细的沟通。现场测量需要准备测量工具。测量工具一般包括卷尺、红外测距仪、水平尺和其他相关的检测工具，如图 9-5 所示。

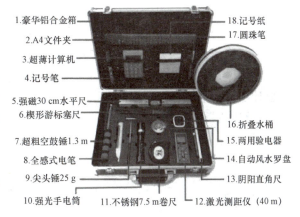

1.豪华铝合金箱　2.A4文件夹　3.超薄计算机　4.记号笔　5.强磁30 cm水平尺　6.楔形游标塞尺　7.超粗空鼓锤1.3 m　8.全感式电笔　9.尖头锤25 g　10.强光手电筒　11.不锈钢7.5 m卷尺　12.激光测距仪（40 m）　13.阴阳直角尺　14.自动风水罗盘　15.两用验电器　16.折叠水桶　17.圆珠笔　18.记号纸

图 9-5　测量工具

对墙体尺寸、门窗位置、梁柱剪力墙分布状况、地面水平状况、天花高度、插座数量及位置和卫生间给排水管的位置等进行详细的测量绘制，如图 9-6 所示。这项工作一定要细致，因为这个是后期所有设计工作的依据，如果这个过程出现错误就会步步出错，导致后期施工和设计尺寸对不上，造成设计失误。测量绘制完成后，及时地转换为 CAD 图纸，即房屋的原始平面图，如图 9-7 所示，以便后期设计使用。

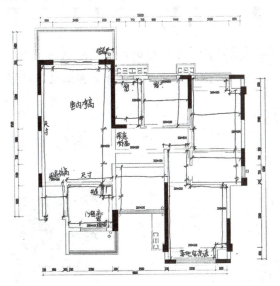

图 9-6　现场量房

图 9-7　原始户型图

【小链接】 阅读《共振创意设计集团》资料，了解设计企业，拓宽自身视野，激发学生全方位发展的兴趣，培养学生建立团队意识，提升学生创新意识。

小链接：共振创意设计集团

■ 二、制作设计任务书

室内装饰的内容，无论怎样分类和划分，最后在与客户沟通时都要通过设计文件体现出来，称之为设计任务书。设计任务书是装饰设计的内容、要求、工程造价的总依据。

设计任务书大致包含以下信息：

(1)设计项目名称、建设地点。

(2)设计项目概况。

(3)设计依据。

(4)设计风格。

(5)设计范围。

(6)具体设计要求。

(7)进度要求。

(8)造价控制。

(9)设计文件要求。

设计任务书中的详细内容。

业主档案及具体设计要求：客户需求意向表统计信息的总结。

通用要求：需要满足的功能、风格、流线、人体工程学和心理需求等方面的设计要求。

设计深度要求：主要是对方案设计深度进行的规定。

设计依据：主要是设计需要遵从的规范和规定的汇总。

设计文件、图面要求、交图规定：设计图纸相关的阶段规定，包括草图、效果图、施工图的图纸数量和其他规定，装饰公司内部会有自己内部的控制体系，对设计文件都会进行详细的规定，确保设计文件的标准化。

其他方面如果有特殊需要备注的，可以在其他栏里详细记录。

任务实施

1. 任务内容

制作室内设计任务书，如图9-8所示。

2. 任务要求

参考右侧设计任务书表格制作室内设计任务书。

3. 操作提示

(1)准备工作。找到一个项目和业主，初步统计客户意向信息。

微课：制作室内设计任务书

项目名称	××公寓设计
户型图	—
业主档案	胡先生，单身白领，思想前卫，喜欢现代风格
设计要求	功能：客厅、卧室、厨房、餐厅、客厅
设计依据	业主需求及室内装饰相关规范
设计文件	平面布置图1张、天花布置图1张、地面铺装图1张、墙面立面图4张、效果图2张、设计说明
图面要求	A3
交图规定	……
其他	……

图 9-8　设计任务书

（2）汇总信息，参考图 9-8 所示。

1）现场量房，制作户型图。

2）制作业主档案、编制设计要求。

3）查找相关规范制作设计依据和设计文件要求。

任务拓展

（1）量房时都需要注意哪方面的问题？

（2）怎样根据业主的需求构思设计方案？

任务三　方案设计

任务目标

1. 掌握方案设计阶段的工作方法。

2. 能够完成方案设计阶段的工作内容。

3. 培养敢想敢为的原创精神、工匠精神。

任务导入

　　方案设计阶段是在设计准备阶段的基础上，进一步收集、分析、运用与设计任务有关的资料和信息，构思立意，进行初步方案设计，

微课：任务导入

深入设计，进行方案的分析与比较，确定初步设计方案，提供设计文件。

知识拓展：天才简史——高迪

知识准备

方案设计阶段主要是通过对设计项目相关的资料进行分析，从而进行设计方案的构思、立意，制作设计项目的初步设计方案，然后与业主进行沟通并提供初步方案的设计文件。下面我们将从方案构思、方案图纸、材料样板、设计说明及概算四个方面进行介绍。

工作内容包括：方案构思，绘制平面图、天花图、立面图等方案图纸，并提供色彩效果图，准备选用的主要材料样板，编制设计说明及项目造价概算。

微课：方案设计

■ 一、方案构思

设计风格：是一种长久以来随着文化的潮流形成的一种持续不断、内容统一、有强烈的独特性的文化潮流。例如，欧式风格就是欧洲各国文化传统所表达的强烈的文化内涵。

常用的装饰风格如图 9-9 所示。

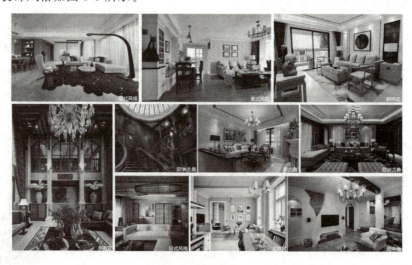

图 9-9 装饰风格

每一种风格都有自己的个性，客户由于经历不同，可能会倾向于某种设计风格，因此同学们在学习的过程中，要提炼各种风格的特征、元素。风格确定之后，便可以开始制作方案图纸了。

■ **二、绘制方案图纸** ···

　　需要用思维能力、想象力、观察力和记忆力，综合解决设计要素之间的矛盾关系，根据先前获得的资料数据，结合专业知识、经验，从中寻找灵感的片段，并创造性地搭配组合成新的关系。

　　平面草图(图9-10)：包括室内空间的功能分区、交通流向、家具与陈设的摆放位置、设备的安装等内容。在这个过程中，需要根据业主需求，结合房屋结构，优化平面布局，充分改良不合理的结构，使空间被充分地合理利用。在作平面草图时，需要综合考虑立面造型、管线排布甚至材质色彩搭配、空间协调比例等因素，反复推敲，反复沟通、修改，最终完成确认后的平面图。

　　立面草图(9-11)：解决室内各界面立面上的视觉效果设计，包括室内立面的形式、材料、色彩、照明等。

图 9-10　平面草图

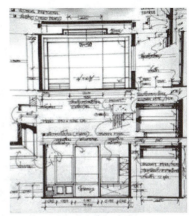

图 9-11　立面草图

　　空间意向图草图(图9-12)：包含室内布置、色彩、光影、材质等诸多信息。在设计实施前对设计结果有直观和形象的预见。

图 9-12　空间意向图草图

　　方案平面图(图9-13)：根据原始平面图、方案草图，经过墙体拆改，空间重塑，绘制完成平面布置图。

　　方案立面图(图9-14)：包括所设计的造型、造型的基本做法、所选用的材料、色彩的处理、细节处节点大样、尺寸。

　　方案效果图(图9-15)：一般设计项目中，业主对设计成果比较着急，往往一两天时间就想要看到成果，因此前期方案效果图一般会用 SketchUp 或者云渲染软件（如酷家乐）（图 9-16）进行快速建模，与客户确定方案。

图 9-13　平面布置图

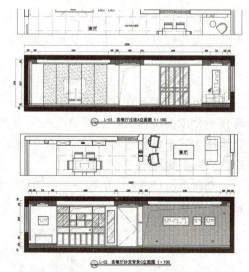

图 9-14　方案立面图

图 9-15　方案效果图

图 9-16　相关软件

■ 三、材料样板 ···

　　配合方案图纸，准备主要的材料样板，主要包括墙地主材砖、地板、油漆涂料、卫生洁具、灯具、装饰五金以及采购的成型门等（图 9-17）。

图 9-17　材料样板

设计公司一般会有样板间，或者材料展示区，可以直接用编号或者材料样板给客户展示材料的质量、色彩、质地等信息。

■ 四、设计说明及概算

设计说明：一般包括项目概况、设计立意构思及主要材料等方面的信息（图 9-18）。

概算：一般包括工程数量、数量单位、项目单价与总价、工程用料说明等方面的信息（图 9-19）。

设计说明

使用面积：150 平方米。

主要材料：大理石、米色抛光地砖、复合木地板、水墨刺绣、墙纸、黑色镜面不锈钢。

本案例位于合肥北郊的大房郢水库南岸，设计风格为新中式风格，以具有东方文化内涵的荷为设计主题，灵感源于居室男主人具有浓厚的东方情怀，女主人对荷花情有独钟。设计思路以荷为主线，从荷的文化与形态兼顾荷的色彩展开整个方案的设计。

主题墙运用东方韵味的水墨荷花刺绣，配饰选用具有生命色彩的墨绿为跳色，顿时整个空间生机盎然，给人以无限的遐想。同时尽显设计主题"忆荷"。

入户的端景运用具有意境的艺术挂画，处理手法简洁。作为整个设计的引入符号，意境深远。

玄关运用了简洁的中式艺术屏风，配以成品鞋柜，既大方又实用，竖向屏风中的实木线条将整个空间进行了拉伸，隐约可见的沙发背景让人心旷神怡……

沙发墙运用了竖向素色条纹壁纸和玄关进行呼应，镜面的运用拉伸了整个空间。背景点缀了铁艺蝴蝶，配以树影般的地毯和绿色窗帘，让空间自然、灵动。

创意的酒柜采用虚实的镜面，参差排列的装饰品，渐变的椭圆形白色瓷瓶给空间以柔美、素雅的感受，主人在闲暇的午后，撩动琴弦，蝶在"荷"间自由飞翔……

微风徐徐，女主人从南阳台进入客厅，暖色的灯光通过镜面的映射，家显得无限温馨。

微风徐徐，此时男主人奏着古琴，山间潺潺的溪流，蝴蝶在荷花间偶徉着，女主人沏一壶茶，阅读着《爱莲说》，静静地回味着……

图 9-18　设计说明

序号	项目	材料名称	数量	单价/元	金额/元	小计/元
1	木工地板材料	板材	60	50	3 000	22 000
		吊顶	100	100	10 000	
		地板	100	80	8 000	
		门、橱柜	50	20	1 000	
2	泥工材料	水泥	50	20	1 000	1 500
		沙	50	10	500	
3	油漆工材料	主料			4 000	6 000
		辅料			1 600	
		工具			400	
4	电材料	电线	100	20	2 000	8 400
		电线管、暗盒等	20	30	600	
		开关、插座等	20	40	800	
		灯具	10		5 000	
5	水材料	水龙头	8	100	800	6 300
		PPR水管	50	30	1 500	
		台盆	1	800	800	
		马桶	1	1 200	1 200	
		淋浴	1	800	800	
		水、辅料			1 200	
6	地暖设备	主料			7 200	8 400
		辅料			1 200	
7	家具类	床	2	1 500	3 000	16 000
		衣柜	2	2 000	4 000	
		餐桌	1	2 000	2 000	
		书柜	2	1 000	2 000	
		窗帘	4	1 250	5 000	
8	厨房用料	油烟机	1	2 000	2 000	3 900
		燃气灶	1	400	400	
		人造大理石	5	300	1 500	
9	其他				2 500	2 500
10	人工工资				55 000	55 000
11	总价/元				130 000	130 000

图 9-19　概算

【小链接】 阅读《西班牙圣家族教堂内部实拍》资料，进一步了解高迪的创作美学与理念，培养原创精神、工匠精神。

小链接：西班牙圣家族教堂内部实拍

任务实施

1. 任务内容

根据设计任务书（图 9-8）和原始户型图（图 9-20）设计初步方案。

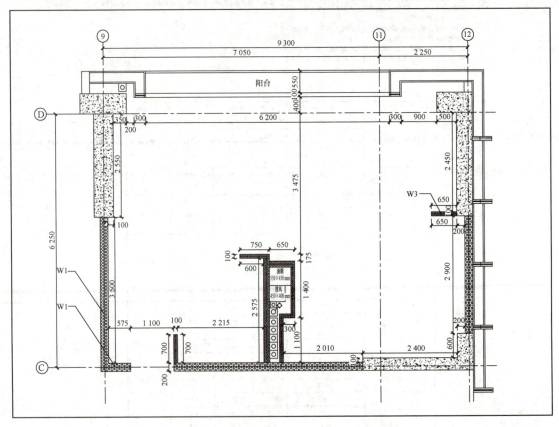

图 9-20 原始户型图

2. 任务要求

（1）按照设计任务书进行设计。

（2）户型内部填充墙可进行改造。

（3）管道井位置不可移动。

微课：公寓方案设计

3. 操作提示

(1)分析设计任务书及户型平面,初步构思方案。

(2)根据初步构思,改造墙体,设计功能分区和室内流线,绘制方案草图。

(3)根据方案草图,绘制方案平面图和立面图。

(4)制作效果图(图 9-21),制作材料样板或材料表。

(5)根据立意构思、项目概况和设计内容,编制设计说明。

(6)根据材料表和定额编制概算。

图 9-21　方案设计效果图

任务拓展

(1)如何做好空间重组?

(2)如何加强细节设计?

任务四　施工图设计

任务目标

1. 掌握施工图设计阶段的工作方法。

2. 能够完成施工图设计阶段的工作内容。

3. 培养爱国主义精神、工匠精神、传承与创新精神。

微课:任务导入

任务导入

装饰工程施工图必须规范、详细、完整。施工图设计一般由设计单位完成,然后交由施工单位按图施工，施工图是编制工程预算、拨付工程款以及安排材料和设备的主要依据，施工图的完整性和准确性是切实保障工程质量的重要依据。

【小链接】 阅读《白天鹅宾馆》资料，了解作为改革开放以来我国第一家由中国人自己设计、自己建造、自己管理的现代化大型五星级酒店，在中国酒店业的发展进程中具有的里程碑意义，培养爱国主义精神和工匠精神。

小链接：白天鹅宾馆

知识准备

■ 一、封面

封面是施工图纸的第一张，一般包括有以下信息。

(1)项目工程名称。

(2)图纸阶段。

(3)公司名称。

(4)出图日期。

文档：施工图纸　微课：施工图设计

■ 二、图纸目录

图纸目录是施工图纸的明细和索引。

在图纸目录里，每一张图纸都要有相应的序号，图纸封面编号为0、图纸目录为1。

施工图里，不同图纸有相应的编号，可以用拼音首字母表示，目录编号为 ML，设计说明编号为 SM，平面图编号为 PM，立面图编号为 LM，天花剖面图编号为 TP，立面剖面图为 P，大样图为 D。

图纸内容为图纸的具体名称。

备注或者图幅用于备注图纸的特殊性。

■ 三、设计说明

装饰设计说明一般包括：

(1)设计依据：一般包含设计任务书及遵从的相关规范。

(2)施工图范围：施工图设计应包含的设计内容。

(3)施工图与施工说明：主要材料的特性控制说明、施工工艺说明和图纸的特殊说明。

(4)电气设计说明：包含电源进线、布线、导线及穿管标准、保护接地、电气定位及其他说明。

■ 四、平立面图 ··

1. 原始结构图

前期实地测量的平面图纸，结构构件、门窗应标注详细，方便后期审图使用。

2. 平面布置图

需要注意的是平面布置必须是客户最终签字确定后的方案，主要使用空间及辅助空间的设计包括隔墙位置及材料、固定家具、移动家具和厨卫设备的布置，待定或需特殊注明的地方用文字标注出来，图中标注的房间名称必须和报价单中的房间名称一致。图内可不画出地面铺装，图面更加清晰、简洁。

3. 家具尺寸图

注意活动家具和固定家具的详细尺寸以及定位尺寸。需要了解常用家具的具体尺寸，尺规绘制时需要注意绘制比例，CAD制图时复制进去的图块如果尺寸符合常用尺寸，不要轻易地缩放，否则会造成空间比例严重失调，后期实现的方案和图纸表现会有很大误差，这也是新手常常会犯的错误。

4. 地面材质图

地面材质图(或称地面铺装图)需要表达的内容包括室内楼地面材料选用、颜色、分格尺寸以及地面标高，楼地面的拼花造型，铺贴方向，索引符号、图名及必要的文字说明，需要注意不同材质交接处(如过门石和波打线等)的设计，地面铺装与固定家具的衔接。另外，在阳台、卫生间、厨房等经常用水或有进水可能的空间，在设计标高时一般会比室内0.00标高低20~30 mm，同时需要注意标高是以米为单位进行标注的。

5. 天花投影图

天花投影图(也称吊顶平面图)需要根据方案图纸深化材质、造型尺寸、标高、灯位布置以及中央空调出风口设计等信息。吊顶在学习过程中可能是一个比较难的项目，要多结合大样图纸和效果图理解吊顶图纸的形成，以及具体的构造措施，这样在绘制吊顶图时就会相对容易得多。在吊顶平面图里经常容易忘记的是标高信息，在不同标高设定的位置一定要加进去。经常出错的是材质设计，比如在厨房和卫生间设计石膏板吊顶，由于石膏板有吸收水汽的特性，在这两个空间中是不适合的，因此一定要注意材质在不同空间中的转换。

6. 灯光设计图或灯具布置图

设计好灯具的类型、间距及定位，做到功能性照明和氛围性照明的平衡。注意各种灯具的表示方法。

7. 空调布置图

当设置中央空调时，需要考虑室内机位的布置，以及出风口、回风口及检修口的设计。

8. 插座布置图

室内项目电气一般分为强电和弱电，不同的插座类型用不同的图例表示，插座布置需要考虑常用设备的安装位置以及高度，充分考虑实用性以及安全性。

9. 给排水布置图

家装项目的给排水，相对容易设计，用水空间为厨房、卫生间、有地漏设计的阳台。一般结合厨卫设备进行设计，组织好供水路线、管线材质及规格。

10. 立面索引图

为了方便找到各个空间相应的立面图，一般会在平面图的最后加一张立面索引，需要理解索引符号的含义及编号的规则。

11. 立面图

在立面图表达中，一般会将相应的平面截取出来，对应着绘制立面图，在立面图中需要表达出吊顶造型轮廓、墙面硬装、地面铺装等信息，标注出材质、硬装尺寸、门窗洞口尺寸及详图索引等。需要注意的是，尺寸标注的是定位吊顶高度、地面铺装高度、门窗洞口、不同材质交接、材质分格及固定家具的尺寸。注意不要标注成活动家具尺寸。

■ 五、大样节点图

大样节点图一般分为吊顶剖面图、固定家具大样图和细部节点构造图。

1. 吊顶剖面图

详细绘制吊顶造型，龙骨饰面板材质、灯槽和中央空调室内机进出风口位置等信息。

2. 固定家具大样图

固定家具如玄关、橱柜、衣柜等固定家具的分格材质等详细信息。

3. 细部节点构造图

门窗口、不同材质交接、细节造型、线脚等的详细尺寸和材质的设计。

绘制完成施工图设计后，会进行项目预算及材料样板的最终确认，作为施工图的最终依据。

【小链接】 阅读《白天鹅的一千日蜕变》资料，进一步了解白天鹅宾馆在改造过程中的设计思考和应用，培养传承与创新精神。

小链接：白天鹅的一千日蜕变

‖ 任务实施

1. 任务内容

根据上一任务做好的初步方案完成施工图设计，原始户型如图 9-22 所示。

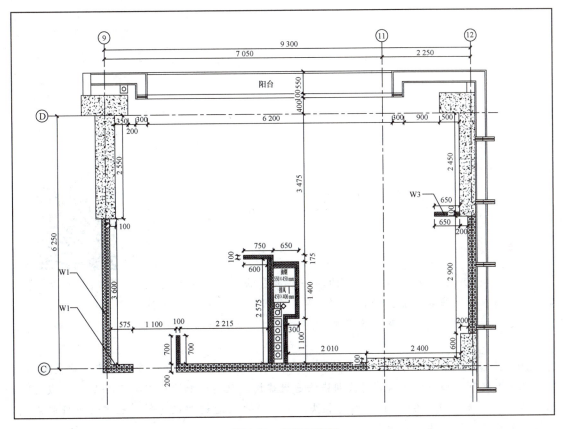

图 9-22　原始平面图

2. 任务要求

(1)图纸表达完整。

(2)图纸深度达到施工图标准。

3. 操作提示

(1)准备工作：准备绘图工具，准备铅笔、中性笔或针管笔、橡皮擦、大直角三角板。

微课：公寓施工图设计

(2)绘制施工图：

1)制作平面施工图。

2)制作立面施工图。

3)制作大样节点图。

4)制作封面、目录、设计说明。

(3)检查加深：用中性笔或针管笔将线稿加深，用橡皮擦将铅笔线稿擦除干净，完成施工图绘制。

任务拓展

(1)方案设计与施工图设计的区别是什么？

(2)施工图设计需要注意哪些细节？

文档：施工图绘制

任务五　施工与验收

任务目标

1. 掌握施工与验收的工作内容。
2. 能够完成施工与验收的工作内容。
3. 培养安全责任意识、法律意识、安全生产责任意识。

微课：任务导入

任务导入

　　装饰工程是设计与施工紧密结合的，一个优秀的设计如果想要完美地呈现出来，就需要在施工阶段加强控制，因此设计师不仅要懂设计，还要对施工有一定的了解，除了施工的顺序和控制，还要懂得怎样进行验收、检验施工质量。

　　【小链接】　阅读《泉州隔离酒店坍塌事故》资料，了解坍塌事故。坍塌的建筑物是泉州市新星机电工贸有限公司综合楼，因长期违法违规建设、改建和加固施工导致坍塌，造成29人死亡、50人不同程度受伤，直接经济损失5 794万元。通过阅读资料，从事故中吸取教训，培养安全责任意识、法律意识。

小链接：泉州隔离酒店坍塌事故

知识准备

■ 一、施工

1. 材料准备与进场

　　(1)材料准备。根据设计方案，明确装修过程中所涉及的面积。特别是贴砖面积、墙面漆面积、地板面积等，以及各种所需要的材料(包括主要材料和辅助材料)，并提前准备妥当，尽量不要漏项，为后期的施工做准备(图9-23)。

图 9-23　装饰材料

（2）材料进场。

1）第一次材料进场（图 9-24）。

水电工的辅助材料：包括电线、PVC 管、PVC 管的直接、弯头、三通等，水电的 PPR 管、PPR 的直接头、弯头、三通等。

木工的基层材料：各种规格的木龙骨、承载层和饰面板等。

木工的辅助材料：各种规格的木龙骨、承载层和饰面板等。

漆工的材料：包括底漆、刷子等。

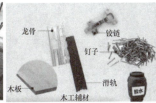

图 9-24　第一次材料进场

2）第二次材料进场（图 9-25）。包括面漆、墙料、底料、水泥、沙石、地砖和墙面砖等。

图 9-25　第二、三次材料进场

3）第三次材料进场。包括电源插座、插板、灯泡、灯具、各种面板、各种玻璃和开关等。

2. 材料施工

（1）第一阶段施工。首先是电工根据施工要求进场进行电路的改造、打槽、埋管。水工与电工的施工基本上同步，也涉及水路的改造、打槽、走管。同时木工进场，放线，吊水平、吊天花板、包门套、窗套等，如果需要，还需制作木柜框架、木门，所有的木制面板都要刷清漆。

(2)第二阶段施工。

1)墙面施工(图 9-26)。清洁墙面，处理不好将直接影响墙面的最后效果，使墙面表面干净光滑。开始刷第一道腻子。

图 9-26　墙地面施工

2)地面施工(图 9-26)。铺贴卫生间墙砖、阳台地面砖、铺贴厨房墙砖、浴缸基础砌筑、卫生间、厨房地面防水层、卫生间地面、厨房地面。这时应注意保护地面，一般可撒锯末或铺纸板。

3)清洁。这次清洁很重要，为后面上漆做准备。

(3)第三阶段施工。

1)漆工：砂补、上第一遍漆。

2)墙面工：刷第二道腻子，然后砂平，上第一遍乳胶漆。

3)清洁。

4)漆工：上第二遍、第三遍漆。

5)墙面工：上第二道、第三道乳胶漆。

(4)收尾工作。安装开关插座、灯具、五金洁具、窗帘杆、玻璃制品等。

最后做全面的清洁，工作量比较大，一般会请专业的保洁公司来做。

■ 二、验收

1. 入场前验收

看拆改项目是否符合合同规定，是否存在安全隐患，墙面处理是否干净，进场材料的数量、等级、规格是否与事先约定的相符。

2. 水电路的验收

这是隐蔽工程的项目验收，是非常重要的。

第二阶段的验收应该是一次水路、电路改造的单独验收，消费者要在专业第三方监理和水工、电工的操作下检查所有的改造线路是否通畅、布局是否合理、操作是否规范，并重新确认线路改造的实际尺寸。只有线路改好后，腻子工才可以接下去封墙、刮腻子(图 9-27)。

3. 防水和泥水活的验收

第三阶段的验收是要做 24 小时闭水试验，检查砌墙和墙地砖的铺贴和房间的找平情况。

图 9-27　验收

4. 按图纸对木工活儿尺寸进行验收

第四阶段的验收要在木工基础做完之后进行，此时，房间内的吊顶和石膏线也都应该施工完毕，厨房和卫生间的墙面砖已经贴好，同时需要粉刷的墙面应刮完两遍腻子。这个阶段的验收工作非常重要，消费者应该仔细核对图纸，确认各部位的尺寸，如发现不符的地方，要及时提示施工队修改。

5. 木工活儿质量验收

当所有细木制品的饰面板贴好、木线粘钉完毕后，消费者就可以进行第四阶段的验收了。这个时间基本处于工期过半的时候，这个阶段的检查要偏重于木制品的色差和纹理以及大面积的平整度和缝隙是否均匀。木制品完工后，油漆工就可以开始进行底漆处理工作了，同时，所有地砖也应该在这个阶段内贴完，这是分阶段验收中的第五阶段（图 9-28）。

图 9-28　验收

6. 完工后的验收

最后一个阶段中的验收内容是最全面而彻底的。消费者要检查洁具和五金的安装情况，木制品的面漆是否到位，墙面、顶面的涂料是否均匀，电工安装好的面板及灯具位置是否合适，线路连接是否正确。另外，消费者应要求施工队将房间彻底清扫干净后方可撤场。

▌任务实施

1. 任务内容

本次任务是根据公寓施工图简述施工顺序和验收过程（图 9-29）。

微课：公寓施工验收流程

图 9-29　公寓效果图

2. 任务要求

根据先后顺序进行叙述。

3. 操作提示

施工与验收大致可以分为以下阶段：

(1)现场设计交底。

(2)开工材料准备。

(3)土建改造。

(4)水电铺设。

(5)木工工程。

(6)泥工工程。

(7)油漆工程。

(8)水电扫尾。

(9)工程验收交付使用。

任务拓展

(1)施工时如果不按正常的流程会产生什么影响？

(2)室内项目验收需要依据哪些规范？

项目总结

　　室内设计是一门综合性学科，它所涉及的范围非常广泛，包含声学、力学、光学、美学、哲学、心理学和色彩学等，强调工程技术与艺术创造的渗透和结合。室内设计水平的高低、质量的优劣与设计师的专业素质和文化艺术素养紧密相连，而设计最终呈现的结果又与工程具体的施工技术、用材质量、设施配置情况，以及与业主的沟通协调密切相关。因此，设计师需要整体把握，熟悉各个阶段的工作任务，才能有条不紊地将项目实施完成。

实训：(20分)抄绘室内立面施工图，如图9-30所示。

任务要求：

(1)严格按要求作图。

(2)按室内施工图绘制方法，抄绘室内立面施工图。

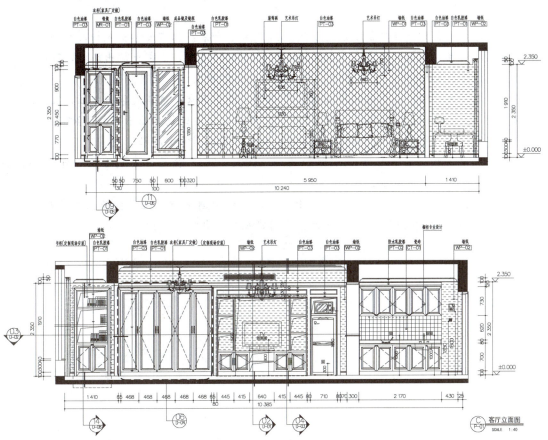

图 9-30　立面施工图

测验：综合应用检测

参 考 文 献

[1]白丽红，闫小春.建筑工程制图与识图[M].4 版.北京：北京大学出版社，2023.

[2]罗晓良，朱理东，温和.建筑制图与识图[M].2 版.重庆：重庆大学出版社，2023.

[3]江方记.建筑工程制图与识图[M].重庆：重庆大学出版社，2015.

[4]陈雷，王珊珊，陈妍.室内设计工程制图[M].2 版.北京：清华大学出版社，2018.

[5]赵晓飞.室内设计工程制图方法及实例[M].北京：中国建筑工业出版社，2007.

[6]靳克群，靳禹.室内设计制图与透视[M].天津：天津大学出版社，2007.

[7]中华人民共和国住房和城乡建设部.GB/T 50001—2017 房屋建筑制图统一标准[S].北京：中国建筑工业出版社，2017.

[8]中华人民共和国住房和城乡建设部，中华人民共和国国家质量监督检验检疫总局.GB/T 50103—2010 总图制图标准[S].北京：中国建筑工业出版社，2017.